填充纯色

为小熊上色

钻石

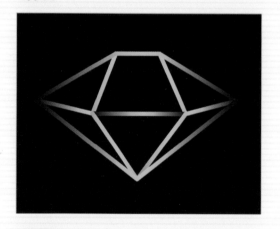

唐装老鼠

荷花

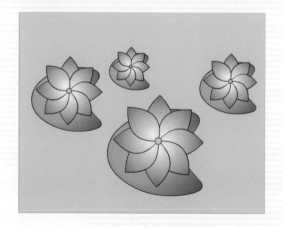

木偶跑步

送礼娃娃

日夜轮换

节日贺卡

飞行的小蜜蜂

小汽车启动

百叶窗

描边文字

波纹效果

翩翩起舞的蝴蝶

放大镜

家庭影院

天鹅飞翔

扬帆远航

下雪效果

浪花一朵朵

烛光闪烁

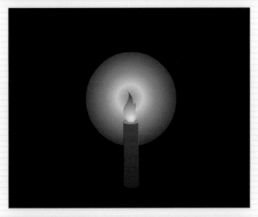

链接网站

更换背景

动态按钮

金企鹅计算机畅销图书系列

新世纪计算机教育名师课堂
中德著名教育机构精心打造

中文版 Flash 8 实例与操作

德国亚琛计算机教育中心

北京金企鹅文化发展中心

联合策划

主编　孙志义

航空工业出版社

北京

内 容 提 要

Flash 是目前最优秀的动画制作软件之一，本书结合 Flash 的实际用途，按照系统、实用、易学、易用的原则详细介绍了 Flash 8 的各项功能，内容涵盖 Flash 8 动画制作入门、绘制矢量图形、色彩应用、编辑图形、动画基础与逐帧动画、制作补间动画、制作特殊动画、声音应用、位图和视频应用、动作脚本应用、动画的输出与发布等。

本书具有如下特点：（1）全书内容依据 Flash 8 的功能和实际用途来安排，并且严格控制每章的篇幅，从而方便教师讲解和学生学习；（2）大部分功能介绍都以"理论+实例+操作"的形式进行，并且所举实例简单、典型、实用，从而便于读者理解所学内容，并能活学活用；（3）将 Flash 8 的一些使用技巧很好地融入到了书中，从而使本书获得增值；（4）各章都给出了一些精彩的综合实例，便于读者巩固所学知识，并能在实践中应用。

本书可作为中、高等职业技术院校，以及各类计算机教育培训机构的专用教材，也可供广大初、中级电脑爱好者自学使用。

图书在版编目（C I P）数据

中文版 Flash 8 实例与操作 / 孙志义主编. -- 北京
航空工业出版社，2010.6
ISBN 978-7-80243-496-7

I. ①中… II. ①孙… III. ①动画—设计—图形软件
，Flash 8 IV. ①TP391.41

中国版本图书馆 CIP 数据核字(2010)第 067075 号

中文版 Flash 8 实例与操作
Zhongwenban Flash 8 Shili yu Caozuo

航空工业出版社出版发行
（北京市安定门外小关东里 14 号 100029）
发行部电话：010-64815615   010-64978486

北京忠信印刷有限责任公司印刷　　　　全国各地新华书店经售

2010 年 6 月第 1 版　　　　　　　　2010 年 6 月第 1 次印刷

开本：787×1092   1/16　　印张：18.75   字数：445 千字

印数：1—5000　　　　　　　　　　　　定价：35.00 元

致亲爱的读者

亲爱的读者朋友，当您拿到这本书的时候，我们首先向您致以最真诚的感谢，您的选择是对我们最大的鞭策与鼓励。同时，请您相信，您选择的是一本物有所值的精品图书。

无论您是从事计算机教学的老师，还是正在学习计算机相关技术的学生，您都可能意识到了，目前国内计算机教育面临两个问题：一是教学方式枯燥，无法激发学生的学习兴趣；二是教学内容和实践脱节，学生无法将所学知识应用到实践中去，导致无法找到满意的工作。

计算机教材的优劣在计算机教育中起着至关重要的作用。虽然我们拥有 10 多年的计算机图书出版经验，出版了大量被读者认可的畅销计算机图书，但我们依然感受到，要改善国内传统的计算机教育模式，最好的途径是引进国外先进的教学理念和优秀的计算机教材。

众所周知，德国是当今制造业最发达、职业教育模式最先进的国家之一。我们原计划直接将该国最优秀的计算机教材引入中国。但是，由于西方人的思维方式与中国人有很大差异，如果直接引进会带来"水土不服"的问题，因此，我们采用了与全德著名教育机构——亚琛计算机教育中心联合策划这种模式，共同推出了这套丛书。

我们和德国朋友认为，计算机教学的目标应该是：让学生在最短的时间内掌握计算机的相关技术，并能在实践中应用。例如，在学习完 Word 后，便能从事办公文档处理工作。计算机教学的方式应该是：理论+实例+操作，从而避开枯燥的讲解，让学生能学得轻松，教师也教得愉快。

最后，再一次感谢您选择这本书，希望我们付出的努力能得到您的认可。

北京金企鹅文化发展中心总裁

致亲爱的读者

亲爱的读者朋友，首先感谢您选择本书。我们——亚琛计算机教育中心，是全德知名的计算机教育机构，拥有众多优秀的计算机教育专家和丰富的计算机教育经验。今天，基于共同的服务于读者，做精品图书的理念，我们选择了与中国北京金企鹅文化发展中心合作，将双方的经验共享，联合推出了这套丛书，希望它能得到您的喜爱！

德国亚琛计算机教育中心总裁

本套丛书的特色

一本好书首先应该有用，其次应该让大家愿意看、看得懂、学得会；一本好教材，应该贴心为教师、为学生考虑。因此，我们在规划本套丛书时竭力做到如下几点：

> **精心安排内容。** 计算机每种软件的功能都很强大，如果将所有功能都一一讲解，无疑会浪费大家时间，而且无任何用处。例如，Photoshop 这个软件除了可以进行图像处理外，还可以制作动画，但是，又有几个人会用它制作动画呢？因此，我们在各书内容安排上紧紧抓住重点，只讲对大家有用的东西。

> **以软件功能和应用为主线。** 本套丛书突出两条主线，一个是软件功能，一个是应用。以软件功能为主线，可使读者系统地学习相关知识；以应用为主线，可使读者学有所用。

> **采用"理论+实例+操作"的教学方式。** 我们在编写本套丛书时尽量弱化理论，避开枯燥的讲解，而将其很好地融入到实例与操作之中，让大家能轻松学习。但是，适当的理论学习也是必不可少的，只有这样，大家才能具备举一反三的能力。

> **语言简练，讲解简洁，图示丰富。** 一个好教师会将一些深奥难懂的知识用浅显、简洁、生动的语言讲解出来，一本好的计算机图书又何尝不是如此！我们对书中的每一句话，每一个字都进行了"精雕细刻"，让人人都看得懂、愿意看。

> **实例有很强的针对性和实用性。** 计算机教育是一门实践性很强的学科，只看书不实践肯定不行。那么，实例的设计就很有讲究了。我们认为，书中实例应该达到两个目的，一个是帮助读者巩固所学知识，加深对所学知识的理解；一个是紧密结合应用，让读者了解如何将这些功能应用到日后的工作中。

> **融入众多典型实用技巧和常见问题解决方法。** 本套丛书中都安排了大量的"知识库"、"温馨提示"和"经验之谈"，从而使学生能够掌握一些实际工作中必备的应用技巧，并能独立解决一些常见问题。

> **精心设计的思考与练习。** 本套丛书的"思考与练习"都是经过精心设计，从而真正起到检验读者学习成果的作用。

> **提供素材、课件和视频。** 完整的素材可方便学生根据书中内容进行上机练习；适应教学要求的课件可减少老师备课的负担；精心录制的视频可方便老师在课堂上演示实例的制作过程。所有这些内容，读者都可从随书附赠的光盘中获取。

> **很好地适应了教学要求。** 本套丛书在安排各章内容和实例时严格控制篇幅和实例的难易程度，从而照顾教师教学的需要。基本上，教师都可在一个或两个课时内完成某个软件功能或某个上机实践的教学。

本套丛书读者对象

本套丛书可作为中、高等职业技术院校，以及各类计算机教育培训机构的专用教材，也可供广大初、中级电脑爱好者自学使用。

本书内容安排

➢ **第 1 章**：介绍 Flash 动画的应用领域、特点、组成元素、创作流程和制作原理，并通过一个实例让读者快速上手 Flash 动画制作。

➢ **第 2 章**：介绍绘制图形轮廓线、使用"刷子工具"，以及输入文字的方法。

➢ **第 3 章**：介绍使用"颜料桶工具"填充纯色、渐变色和位图，使用"墨水瓶工具"改变线条属性，以及使用"滴管工具"采样填充色、线条和文本属性的方法。

➢ **第 4 章**：介绍选择、复制、移动、组合、排列、对齐、平滑、伸直、优化对象，以及变形对象、扩展填充、柔化填充边缘、将线条转换为填充等编辑对象的方法。

➢ **第 5 章**：介绍绘制卡通人物和卡通动物所需的基础知识及绘制方法，以及透视的基本原理。

➢ **第 6 章**：介绍帧的种类及基本操作，图层的作用、类型及基本操作，还介绍了 Flash 中动画的类型及逐帧动画的制作方法。

➢ **第 7 章**：介绍元件的作用和类型、元件的创建和编辑，以及动画补间动画和形状补间动画的制作方法。

➢ **第 8 章**：介绍遮罩动画、路径引导动画、多场景动画，以及时间轴特效动画的特点和创建方法。

➢ **第 9 章**：介绍图形元件、影片剪辑元件的使用技巧，以及按钮元件创建方法，还介绍了使用公用库中的按钮及管理元件的方法。

➢ **第 10～11 章**：介绍在 Flash 中导入和使用外部素材的方法，包括声音的添加和编辑、外部图像与视频的添加和编辑，还介绍了如何使声音与动画、字幕同步。

➢ **第 12 章**：介绍动作脚本入门知识，包括添加动作脚本的方法，以及时间轴控制函数、影片剪辑属性和控制函数、浏览器/网络函数的应用。

➢ **第 13 章**：介绍测试、优化、导出、发布和上传 Flash 作品的方法。

本书附赠光盘内容

本书附赠了专业、精彩、针对性强的多媒体教学课件光盘，并配有视频，真实演绎书中每一个实例的实现过程，非常适合老师上课教学，也可作为学生自学的有力辅助工具。

本书的创作队伍

本书由德国亚琛计算机教育中心和北京金企鹅文化发展中心联合策划，孙志义主编，并邀请一线职业技术院校的老师参与编写。主要编写人员有：郭玲文、白冰、郭燕、丁永卫、朱丽静、常春英、李秀娟、顾升路、贾洪亮、单振华、侯盼盼等。

尽管我们在写作本书时已竭尽全力，但书中仍会存在这样或那样的问题，欢迎读者批评指正。另外，如果读者在学习中有什么疑问，也可登录我们的网站（http://www.bjjqe.com）去寻求帮助，我们将会及时解答。

编　者

2010 年 4 月

第 1 章　Flash 动画制作入门

　　Flash 是目前应用范围最广的动画制作软件。无论是制作网页广告、音乐动画、教学课件，还是游戏的制作，都可以找到 Flash 的身影。本章除了介绍 Flash 的相关概念外，还将通过一个简单的实例，让你快速上手 Flash 动画制作。一切尽在不言中！

1.1　了解 Flash 动画 ………………… 1
　1.1.1　Flash 动画的用途 ……………… 1
　1.1.2　Flash 动画的特点 ……………… 3
　1.1.3　Flash 动画的创作流程 ………… 4
　1.1.4　欣赏和下载 Flash 动画的方法 … 5
1.2　与 Flash 8 初次见面 …………… 6
　1.2.1　启动 Flash 8 …………………… 6
　1.2.2　熟悉 Flash 8 工作界面 ………… 6
1.3　Flash 动画快速上手
　　　——制作气球动画 …………… 11
　1.3.1　Flash 动画制作原理 …………… 11
　1.3.2　动画组成元素 ………………… 12
　1.3.3　新建、保存和打开文档 ……… 12

1.3.4　设置文档属性 ………………… 14
1.3.5　使用绘图工具——绘制气球 … 14
1.3.6　认识元件——将气球
　　　　转换为元件 ………………… 16
1.3.7　认识帧和图层——制作动画 … 16
1.3.8　测试并保存动画 ……………… 18
1.4　一些必要的知识补充 ………… 19
　1.4.1　操作的撤销、重做与重复 …… 19
　1.4.2　缩放和移动视图 ……………… 21
　1.4.3　网格、标尺和辅助线 ………… 23
本章小结 ……………………………… 24
思考与练习 …………………………… 24

第 2 章　图形的绘制

　　图形是 Flash 动画最基本的组成元素，制作 Flash 动画时，首先要绘制动画所需的各种图形。Flash 8 提供了强大的绘图工具，即使你对绘图一无所知，通过本章学习，你也能快速绘制出所需图形。

2.1　Flash 绘图的基本知识 ………… 26
　2.1.1　Flash 中图形的类型 ………… 26

2.1.2　Flash 中的两种绘图模式 ……… 27
2.1.3　绘制图形的常见思路 ………… 28

2.2 绘制和调整线条 ·············· 28
2.2.1 "线条工具"的使用
　　　——绘制钻石 ·············· 28
2.2.2 "铅笔工具"的使用
　　　——绘制火焰 ·············· 30
2.2.3 使用"选择工具"调整线条
　　　——制作翅膀 ·············· 31
2.2.4 "钢笔工具"和"部分选取工具"
　　　的使用——绘制桃心 ···· 32
2.3 绘制几何图形 ·············· 35
2.3.1 "矩形工具"的使用
　　　——绘制窗户 ·············· 35
2.3.2 "椭圆工具"的使用
　　　——绘制小青蛙 ·········· 36

2.3.3 "多角星形工具"的使用
　　　——绘制流星 ·············· 38
2.4 "刷子工具"的使用
　　　——为房顶添加积雪效果 ·· 39
2.5 "文本工具"的使用 ········ 40
2.5.1 文本的类型 ·············· 41
2.5.2 创建文本 ·············· 41
2.5.3 设置文字样式 ·········· 41
2.5.4 美化文字 ·············· 44
综合实例1——绘制打鱼小船 ······ 46
综合实例2——小兔玩具 ·········· 48
本章小结 ······················ 52
思考与练习 ···················· 52

第 *3* 章　色彩的应用

色彩是 Flash 作品不可缺少的组成部分，在为图形填充颜色时，不但要熟练掌握填充工具的使用，还要掌握基本的色彩知识⋯⋯

3.1 配色原理 ·················· 54
3.1.1 色彩的三原色与三要素 ··· 54
3.1.2 配色技巧 ·············· 55
3.2 "颜料桶工具"的使用 ······ 55
3.2.1 填充纯色——填充小兔玩具 56
3.2.2 填充渐变色——填充易拉罐 57
3.2.3 填充位图——为小恐龙
　　　填充鳞片 ·············· 60
3.3 "填充变形工具"的使用
　　　——调整小鸡的填充 ····· 61

3.4 "墨水瓶工具"的使用
　　　——改变钻石边线 ········ 63
3.5 "滴管工具"的使用 ········ 64
3.5.1 吸取填充色和位图 ······ 64
3.5.2 吸取线条属性 ·········· 66
3.5.3 吸取文本属性 ·········· 66
综合实例——唐装老鼠 ·········· 67
本章小结 ······················ 70
思考与练习 ···················· 71

第 *4* 章　图形的编辑

Flash 提供了强大的图形编辑功能，利用这些功能并配合绘图工具、填充工具的使用，不但可以制作出复杂、精美的图形，还可以大大减少绘图时间⋯⋯

4.1　对象的基本编辑 ···············73
　4.1.1　选择舞台上的对象 ·········73
　4.1.2　移动、复制和翻转对象
　　　　——为男孩添加眼睛 ·······75
　4.1.3　组合、分离与排列
　　　　——编辑卡通造型 ·········76
　4.1.4　"对齐"面板的使用
　　　　——对齐小方块 ···········78
4.2　对象的变形操作 ···············79
　4.2.1　旋转和倾斜对象
　　　　——俯冲的导弹 ···········79
　4.2.2　缩放对象——放大人物头部 ···80
　4.2.3　扭曲对象——制作透视效果 ···81
　4.2.4　封套的应用
　　　　——制作拱形文字 ·········82

4.2.5　"变形"面板的使用
　　　　——制作小花 ···········83
4.3　"橡皮擦工具"的使用 ·······84
4.4　其他图形处理技巧 ···········85
　4.4.1　平滑、伸直和优化图形 ···86
　4.4.2　扩展填充——制作描边字 ···87
　4.4.3　柔化填充边缘
　　　　——制作爆炸效果 ·······88
　4.4.4　将线条转换为填充
　　　　——调整袋鼠胡须 ·······89
综合实例——绘制荷花 ···········90
本章小结 ···························92
思考与练习 ·························92

第 5 章　动画造型设计

　　通过对前面章节的学习，相信读者已具备在 Flash 中绘制简单图形的能力，但要制作出专业的动画，仅掌握这些知识还远远不够。本章将介绍卡通人物、卡通动物绘制技巧及简单的透视原理，让你从业余进入专业……

5.1　卡通人物头部绘制技法 ·······94
　5.1.1　头部结构 ·················94
　5.1.2　五官的绘制 ···············95
5.2　卡通人物手和脚
　　　的绘制技法 ···············101
　5.2.1　手的绘制技法 ···········101
　5.2.2　脚的绘制技法 ···········103
5.3　卡通人物身体的绘制技法 ···104
　5.3.1　人体比例 ···············104
　5.3.2　身体的类型 ·············105
　5.3.3　人体动势线和三轴线 ·····106
5.4　卡通动物的绘制技法 ·······107

5.4.1　哺乳动物的绘制
　　　　——绘制小狗 ···········107
5.4.2　禽类的绘制——绘制小鸟 ···108
5.4.3　鱼类的绘制——绘制鲨鱼 ···109
5.5　绘画中的简单透视 ·········110
5.6　Flash 绘图技巧 ···········112
　5.6.1　绘制脸形的技巧 ·········112
　5.6.2　上色技巧 ···············113
综合实例——绘制送礼娃娃 ·····113
本章小结 ·························122
思考与练习 ·······················122

第 6 章　动画基础与逐帧动画

时间轴中的帧和图层是制作 Flash 动画的基础，掌握它们就等于取得了制作 Flash 动画的"金钥匙"。本章就来介绍帧和图层的基本编辑方法，并通过一个实例介绍逐帧动画的制作方法。

6.1　帧的基本操作 ……………… 124
　　6.1.1　帧的种类 …………… 124
　　6.1.2　创建帧 ……………… 125
　　6.1.3　选择帧 ……………… 126
　　6.1.4　复制和移动帧 ……… 127
　　6.1.5　删除帧和清除帧 …… 128
　　6.1.6　翻转帧——改变飞碟的
　　　　　飞行方向 ………… 129
　　6.1.7　设置帧的显示状态 … 129
　　6.1.8　设置帧频 …………… 130
　　6.1.9　绘图纸功能的使用 … 130
6.2　图层的基本操作 …………… 131
　　6.2.1　图层的作用和类型 … 131
　　6.2.2　创建图层 …………… 132

6.2.3　选择图层 …………… 133
6.2.4　删除图层 …………… 133
6.2.5　重命名图层 ………… 134
6.2.6　改变图层顺序 ……… 134
6.2.7　隐藏、显示与锁定图层 … 134
6.2.8　设置图层属性 ……… 136
6.2.9　图层文件夹的使用
　　　——管理多图层 …… 136
6.3　Flash 中动画的类型 ……… 138
　　6.3.1　逐帧动画 …………… 138
　　6.3.2　补间动画 …………… 138
综合实例——制作走路逐帧动画 … 139
本章小结 ……………………… 142
思考与练习 …………………… 142

第 7 章　补间动画的制作

由于逐帧动画制作难度较大，因此易于实现的补间动画在 Flash 中得到了更为广泛的应用。补间动画分为动画补间动画和形状补间动画两种类型，其中动画补间动画的组成元素主要是元件实例……

7.1　元件和元件实例 …………… 144
　　7.1.1　元件的作用和类型 … 144
　　7.1.2　创建元件和元件实例 … 145
　　7.1.3　编辑元件和元件实例 … 147
7.2　制作动画补间动画 ………… 149
　　7.2.1　动画补间动画的特点 … 149
　　7.2.2　创建动画补间动画
　　　　　——制作小汽车启动动画 … 149

7.2.3　改进动画补间动画
　　　——变色文字 ……… 151
7.3　制作形状补间动画 ……… 153
　　7.3.1　形状补间动画的特点 … 153
　　7.3.2　创建形状补间动画
　　　　　——鸡蛋变小鸡 … 153
　　7.3.3　形状提示的使用
　　　　　——公鸡变孔雀 … 154

综合实例1——日夜轮换·········156

综合实例2——制作节日贺卡···159

本章小结·········162

思考与练习·········162

第 8 章 特殊动画的制作

利用引导路径动画和遮罩动画可以制作蝴蝶飞舞、渐隐渐现和百叶窗等动画效果；利用多场景动画可以组织复杂的动画内容；利用时间轴特效动画可以快速创建各种动画效果。本章就来学习引导路径动画、遮罩动画、多场景动画以及时间轴特效动画的创建方法。

8.1 遮罩动画·········164

8.1.1 遮罩动画的特点·········164

8.1.2 创建遮罩动画——波纹效果···165

8.1.3 遮罩应用技巧·········167

8.2 路径引导动画·········168

8.2.1 路径引导动画的特点·········168

8.2.2 创建路径引导动画

——海底世界·········168

8.2.3 引导应用技巧·········170

8.3 多场景动画·········171

8.4 时间轴特效动画·········174

8.4.1 时间轴特效动画的特点·········174

8.4.2 创建时间轴特效动画

——电子相册·········174

综合实例1——百叶窗·········177

综合实例2——两只蝴蝶·········179

本章小结·········183

思考与练习·········183

第 9 章 元件的使用技巧与管理

在前面的学习中我们多次使用了元件，元件是 Flash 动画的重要组成元素，分为图形元件、影片剪辑和按钮元件 3 类。本章将分别对这 3 种元件的特点及应用进行详细介绍，还将介绍如何在"库"面板中管理这些元件，以及如何使用"公用库"中的素材。

9.1 图形元件的使用·········185

9.1.1 图形元件的特点·········185

9.1.2 图形元件的适用范围·········186

9.1.3 图形元件使用实例

——唱歌动画·········186

9.2 影片剪辑的使用·········189

9.2.1 影片剪辑的特点·········189

9.2.2 影片剪辑的应用——萤火虫···189

9.3 按钮元件的使用·········190

9.3.1 按钮元件的特点·········191

9.3.2 按钮元件的创建方法

——创建播放按钮·········191

9.4 元件的管理·········192

9.4.1 复制元件·········193

9.4.2 删除与重命名元件·········193

9.4.3 转换元件类型·········194

9.4.4 查找空闲元件·········194

9.4.5 排序元件·········195

9.4.6 元件文件夹的使用·········195

9.5 公用库的使用·········197

综合实例 1——天鹅飞翔 ············ 198
综合实例 2——控制动画播放 ····· 201

本章小结 ···························· 203
思考与练习 ························ 203

第 10 章　在动画中应用声音

不论是制作 Flash 动画、MTV 还是网页广告，如果有声音的支持就能使作品更加生动，例如为下雨的场景加上雨声、风声，或为动画短剧加上一段优美的音乐，而要在 Flash 中应用声音，首先要将声音导入。本章将介绍导入、添加和编辑声音的方法。

10.1　Flash 支持的声音格式 ······ 205
10.2　添加声音 ······················ 205
　10.2.1　导入声音 ··············· 206
　10.2.2　添加声音 ··············· 206
10.3　编辑声音 ······················ 207
　10.3.1　设置同步选项 ········· 207
　10.3.2　设置声音效果 ········· 208
　10.3.3　编辑封套 ··············· 208

10.4　声音与字幕的同步 ··········· 210
　10.4.1　计算声音长度 ········· 210
　10.4.2　制作字幕 ··············· 211
　10.4.3　添加字幕 ··············· 212
10.5　设置输出音频 ················· 213
综合实例——制作 MTV ············ 215
本章小结 ···························· 226
思考与练习 ························ 226

第 11 章　在动画中应用外部图像和视频

除了声音外，我们还可以将外部的图像和视频文件导入到 Flash 中作为素材使用，这样不但可以节省制作时间，也方便了不善绘画的用户。本章将介绍导入、编辑和应用外部图像及视频文件的方法。

11.1　导入图形或图像 ············ 228
　11.1.1　Flash 支持的图形和
　　　　　图像格式 ············ 228
　11.1.2　导入图形或图像 ······ 229
11.2　编辑位图 ······················ 229
　11.2.1　分离位图 ··············· 230
　11.2.2　选取位图区域 ········· 230
　11.2.3　将位图转换为矢量图 ··· 232
　11.2.4　设置位图输出属性 ····· 232
　11.2.5　从外部编辑位图 ······ 233

11.3　导入视频 ······················ 234
　11.3.1　Flash 支持导入的视频格式 ·· 234
　11.3.2　导入视频 ··············· 234
11.4　设置视频 ······················ 237
　11.4.1　拆分视频 ··············· 237
　11.4.2　用行为控制视频播放 ········ 238
综合实例 1——制作电子相册 ····· 240
综合实例 2——制作家庭影院 ····· 243
本章小结 ···························· 246
思考与练习 ························ 247

第 12 章 动作脚本的应用

利用 Flash 中的动作脚本可以实现 Flash 作品与观众的互动，比如控制动画播放进程、制作 Flash 课件和 Flash 游戏等，还可以做出很多特殊动画效果，如下雪、下雨等……

12.1 动作脚本入门 …………………249
12.1.1 动作脚本相关概念 ………………249
12.1.2 动作脚本语法规则 ………………250
12.1.3 动作脚本的添加位置 …………251
12.1.4 实例名称和路径 …………………252
12.1.5 动作面板的使用 …………………253
12.2 添加动作脚本的方法 …………256
12.2.1 为按钮实例添加动作脚本 …256
12.2.2 为影片剪辑实例
添加动作脚本 ……………………258

12.3 时间轴控制函数 …………………258
12.4 影片剪辑属性和控制函数 …260
12.4.1 影片剪辑属性 …………………260
12.4.2 影片剪辑控制函数 …………261
12.5 浏览器/网络函数 ………………263
综合实例 1——扬帆远航 ……………264
综合实例 2——制作下雪效果 ……267
综合实例 3——链接网站 ……………269
本章小结 …………………………………272
思考与练习 ……………………………272

第 13 章 动画的输出与发布

要让众多观众欣赏到你制作的 Flash 动画，需要将其导出或发布成 .swf 格式的影片，并上传到 Internet 上……

13.1 测试 Flash 作品 ………………274
13.2 优化 Flash 作品 ………………276
13.2.1 制作手法优化 …………………276
13.2.2 优化动画元素 …………………276
13.2.3 优化文本 …………………………276
13.3 导出 Flash 作品 ………………277
13.3.1 导出 .swf 动画影片 …………277
13.3.2 导出 GIF 动画 …………………278

13.3.3 导出静态图像 …………………279
13.4 发布 Flash 作品 ………………280
13.4.1 设置发布格式 …………………280
13.4.2 发布动画 …………………………281
13.5 上传 Flash 作品 ………………282
本章小结 …………………………………284
思考与练习 ……………………………284

第1章

Flash 动画制作入门

本章内容提要

- 了解 Flash 动画 ··· 1
- 与 Flash 8 初次见面 ··· 6
- Flash 动画快速上手——制作气球动画 ······················ 11
- 一些必要知识的补充 ·· 19

章前导读

目前，Flash 动画已成为 Internet 上一道靓丽的风景，并逐渐成为一种文化现象。那么，你知道 Flash 动画的特点、应用领域和创作流程吗？你了解制作 Flash 动画的软件——Flash 8 的工作界面吗？你希望快速入门，制作出一个 Flash 动画，并从中了解 Flash 动画制作原理、文档基本操作，以及其他相关概念吗？下面便让我们一起来寻找答案。

1.1 了解 Flash 动画

下面，我们对 Flash 动画的用途、特点、创作流程，以及欣赏 Flash 动画的方法做一简要介绍，使读者对 Flash 动画有一个初步的了解。

1.1.1 Flash 动画的用途

目前，Flash 动画被广泛用于制作网页、网页广告、音乐 MTV 和短剧、多媒体教学课件、游戏、产品展示动画和电子相册等。

1. 网页设计

为达到一定的视觉冲击力，许多企业网站的欢迎页都是一段动感十足的 Flash 动画，如图 1-1 所示。

当需要制作一些交互功能较强的网站，如某些调查类网站时，还可以使用 Flash 软件制作整个网站，这样互动性更强。

图 1-1   利用 Flash 制作的网站引导页

2. 站标与广告

现在，打开任何网页，都会发现一些动感十足的 Flash 动画。例如，许多网站的 Logo（站标，网站的标志）和 Banner（网页横幅广告）都是 Flash 动画，如图 1-2 所示。

图 1-2   网络上的 Flash 动画广告

3. 音乐 MTV 和短剧

许多网友都喜欢把自己制作的 Flash 音乐动画、Flash 短剧等传输到 Internet 上供其他网友欣赏。图 1-3 所示为一个 Flash 音乐动画的截图。

图 1-3   Flash 音乐动画

4. 多媒体教学课件

在制作实验演示或多媒体教学课件时，Flash 动画得到大量的应用。图 1-4 所示为一个多媒体教学课件的播放界面。

5. 游戏

使用 Flash 的动作脚本功能可以制作一些有趣的小游戏，如看图识字游戏、棋牌类游戏等，图 1-5 所示为一款使用 Flash 制作的射击游戏。Flash 游戏具有体积小、趣味足等优点，为许多电脑爱好者所喜爱。

图 1-4　多媒体教学光盘的界面图

图 1-5　射击游戏

1.1.2 Flash 动画的特点

Flash 动画之所以如此流行，是与其自身的特点密不可分的。下面我们看看 Flash 动画都有哪些特点：

➤ **画面清晰**：Flash 动画主要由矢量图形组成，矢量图形具有存储容量小，并且在缩放时不会失真的优点。这就使得 Flash 动画具有存储容量小，而且在缩放播放窗口时不会影响画面清晰度的优点。

➤ **体积小**：在将 Flash 动画导出或发布为.swf 影片的过程中，程序会压缩、优化动画组成元素（例如位图图像、音乐和视频等），这就进一步减少了动画的存储容量，使其更方便在网络上传输。

　　我们在 Flash 软件中编辑制作的文档被称为 Flash 源文件，扩展名为.fla，制作好 Flash 动画后，还应在 Flash 软件中将其导出或发布为.swf 格式的影片，这样才能在本地电脑或网络上播放。

➤ **无需等待**：发布后的.swf 动画影片具有"流"媒体的特点，在网上可以边下载边播放，而不像 GIF 动画那样要把整个文件下载完了才能播放。

> ➤ **互动性强**：通过为 Flash 动画添加动作脚本可使其具有交互性，从而让观众参与其中，例如让观众控制动画的播放进程，参与 Flash 智力小游戏等。
> ➤ **制作手法简单**：Flash 动画的制作比较简单，一个动画爱好者只要掌握了软件的功能，拥有一台电脑，一套软件就可以制作出 Flash 动画。
> ➤ **制作成本低**：与传统动画制作方法相比，用 Flash 软件制作动画可以大幅度降低制作成本，同时，在制作时间上也大大缩短。

1.1.3　Flash 动画的创作流程

就像拍一部电影一样，创作一个优秀的 Flash 动画作品也要经过许多环节，每一个环节都关系到作品的最终质量。下面我们便来了解一下 Flash 动画的创作流程。

1. 前期策划

在着手制作动画前，我们应首先明确制作动画的目的以及要达到的效果，然后确定剧情和角色，有条件的话可以请专业人士编写剧本。准备好这些后，还要根据剧情确定创作风格。比如，如果是比较严肃的题材，我们应该使用比较写实的风格；如果是轻松愉快的题材，可以使用 Q 版造型来制作动画。

2. 准备素材

做好前期策划后，便可以开始根据策划的内容绘制角色造型、背景以及要使用的道具。当然，也可以从网上搜集动画中要用到的素材，比如声音素材、图像素材和视频素材等。

3. 制作动画

一切准备就绪就可以开始制作动画了。这主要包括为角色造型添加动作、角色与背景的合成、声音与动画的同步等。这一步最能体现出制作者的水平，它要求制作者不但要熟练掌握软件的使用方法，还需要掌握一定的动画知识。

4. 后期调试

后期调试包括调试动画和测试动画两方面。调试动画主要是对动画的各个细节，例如动画片段的衔接、场景的切换、声音与动画的协调等进行调整，使整个动画显得流畅、和谐。测试动画是对动画的最终播放效果、网上播放效果进行检测，以保证动画能完美地展现在欣赏者面前。

5. 发布作品

动画制作好并调试无误后，便可以将其导出或发布为.swf 格式的影片，并传到网络上供人们欣赏及下载。

1.1.4 欣赏和下载 Flash 动画的方法

通过欣赏优秀的 Flash 作品，不仅能得到感观上的享受，还能提高自己对动画的鉴赏能力，从而提高自己的 Flash 动画创作水平。目前网络上有许多专业的 Flash 网站，它们都提供精彩的 Flash 动画供访问者欣赏。图 1-6 所示为国内比较专业的 Flash 动画网站"闪吧"的主页，表 1-1 列出了国内比较优秀的 Flash 动画网站名称及网址。

如果出现无法正常播放 Flash 动画的情况，需要从网上下载最新的 Flash 播放器（Flash Player）并安装。

图 1-6 "闪吧"的主页

表 1-1 优秀 Flash 网站推荐

网站名称	网站网址
闪客帝国	http://www.flashempire.com
闪吧	http://www.flash8.net
闪客动漫天地	http://www.flashsky.com
新浪动漫	http://comic.book.sina.com.cn
搜狐动漫频道	http://comic.chinaren.com
闪盟在线	http://www.flashsun.com
TOM 网站 Flash 频道	http://flash.ent.tom.com

当你在 Internet 上看见一些精彩的 Flash 动画时，可以使用迅雷软件将其下载到本机硬盘上，以便随时欣赏。安装上迅雷软件后，如果浏览的网页中有 Flash 动画，则将鼠标光标放在动画上时，会出现一个下载提示，单击该提示，在打开的对话框中设置好保存位置，单击"确定"按钮，即可开始下载该 Flash 动画，如图 1-7 所示。

图 1-7　使用迅雷下载网页中的 Flash 动画

1.2　与 Flash 8 初次见面

了解了 Flash 动画的相关知识后，下面我们便来启动 Flash 8，看看它的工作界面都由哪些部分组成，各组成部分都有什么作用。

1.2.1　启动 Flash 8

Step 01　单击"开始"按钮，选择"所有程序" > "Macromedia" > "Macromedia Flash 8"菜单（参见图 1-8），即可启动 Flash 8 程序，打开其开始页。

Step 02　单击开始页中"创建新项目"区的"Flash 文档"（参见图 1-9），即可新建一个 Flash 文档，并进入 Flash 8 工作界面，如图 1-10 所示。

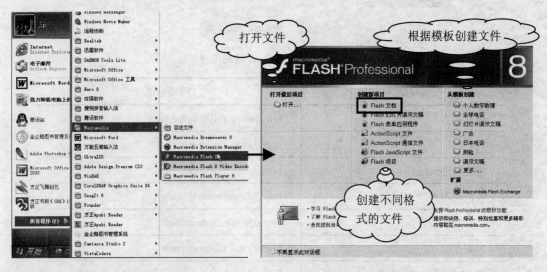

图 1-8　"开始"菜单　　　　　　　　　　　图 1-9　Flash 8 开始页

1.2.2　熟悉 Flash 8 工作界面

从图 1-10 可以看出，Flash 8 的工作界面主要由标题栏、菜单栏、文档选项卡、"时间轴"面板、工具箱、编辑栏、舞台、"属性"面板、"颜色"面板等组成。下面我们来了解一下这些组成元素在制作动画时的作用。

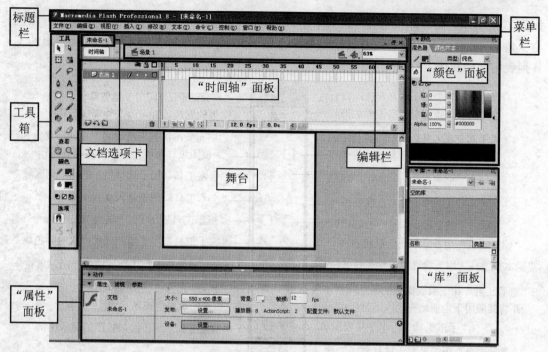

图 1-10 Flash 8 工作界面

1. 标题栏

位于界面顶部，其左侧显示了 Flash 8 程序的图标和名称以及当前打开的文档名称，右侧是 3 个窗口控制按钮 ▬ ▢ ✕，通过单击它们可以将窗口最小化、最大化和关闭。

2. 菜单栏

Flash 8 将其大部分命令分门别类地放在了 10 个菜单中（"文件"、"编辑"、"视图"、"插入"、"修改"、"文本"、"命令"、"控制"、"窗口" 和 "帮助"）。要执行某项功能，可首先单击对应的主菜单名打开一个下拉菜单，然后继续单击选择需要菜单项即可。

3. 文档选项卡

当打开多个 Flash 文档时，文档选项卡可用来在各个文档之间快速切换。此外，用鼠标右击文档选项卡，从弹出的快捷菜单中可以快速执行新建、打开、关闭和保存文档等操作，如图 1-11 所示。

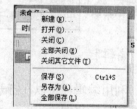

图 1-11 使用文档选项卡

4. 工具箱

利用工具箱中的工具可绘制、选择和修改图形，给图形填充颜色，缩放或平移舞台等，如图 1-12 所示。要选择某工具，只需单击该工具即可。另外，部分工具的右下角带有黑色小三角，表示该工具中隐藏着其他工具，在该工具上按住鼠标左键不放，可从弹出的工具列表中选择其他工具。

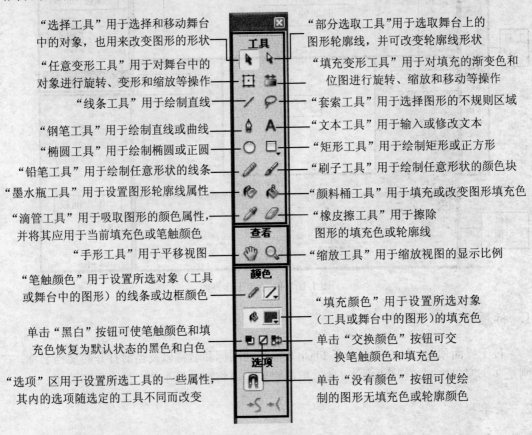

"选择工具"用于选择和移动舞台中的对象，也用来改变图形的形状

"任意变形工具"用于对舞台中的对象进行旋转、变形和缩放等操作

"线条工具"用于绘制直线

"钢笔工具"用于绘制直线或曲线

"椭圆工具"用于绘制椭圆或正圆

"铅笔工具"用于绘制任意形状的线条

"墨水瓶工具"用于设置图形轮廓线属性

"滴管工具"用于吸取图形的颜色属性，并将其应用于当前填充色或笔触颜色

"手形工具"用于平移视图

"笔触颜色"用于设置所选对象（工具或舞台中的图形）的线条或边框颜色

单击"黑白"按钮可使笔触颜色和填充色恢复为默认状态的黑色和白色

"选项"区用于设置所选工具的一些属性，其内的选项随选定的工具不同而改变

"部分选取工具"用于选取舞台上的图形轮廓线，并可改变轮廓线形状

"填充变形工具"用于对填充的渐变色和位图进行旋转、缩放和移动等操作

"套索工具"用于选择图形的不规则区域

"文本工具"用于输入或修改文本

"矩形工具"用于绘制矩形或正方形

"刷子工具"用于绘制任意形状的颜色块

"颜料桶工具"用于填充或改变图形填充色

"橡皮擦工具"用于擦除图形的填充色或轮廓线

"缩放工具"用于缩放视图的显示比例

"填充颜色"用于设置所选对象（工具或舞台中的图形）的填充色

单击"交换颜色"按钮可交换笔触颜色和填充色

单击"没有颜色"按钮可使绘制的图形无填充色或轮廓颜色

图 1-12　工具箱

经验之谈

　　Flash 为每个工具都设置了快捷键，要选择某工具，只需在英文输入法状态下按一下相应的快捷键即可。将鼠标光标放在某工具上停留片刻，会出现工具提示，其中带括号的字母便是该工具的快捷键。

5.　编辑栏

　　利用编辑栏可以在打开的场景或元件之间切换，或者选择要打开的元件，还可以调整视图的显示比例。

6.　"时间轴"面板

　　"时间轴"面板以图层和帧方式组织动画内容，如图 1-13 所示。与电影胶片类似，Flash 动画的基本单位为帧，多个帧上的画面连续播放，便形成了动画。图层就像堆叠在一起的多张幻灯片，每个图层都有独立的时间轴（时间轴由帧组成）。如此一来，多个图层综合运用，便能形成复杂的动画。

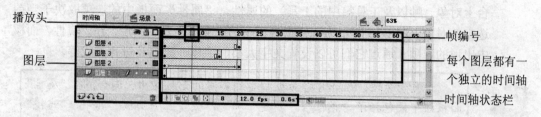

图 1-13 "时间轴"面板

"时间轴"面板的左侧区域显示了动画中包含的图层名称及其相应状态，下面是一组创建、删除图层的按钮；右侧区域显示了各图层的时间轴，其中，播放头用来定位显示哪个帧的内容；状态栏显示了当前帧的编号、帧频，以及动画播放到当前帧的运行时间。

7. 舞台

舞台也称场景，它是用户创作和编辑作品的场所。在工具箱中选择绘图或编辑工具，并在时间轴面板中选择需要处理的帧后，便可以在舞台中绘制或编辑该帧上的图形。注意，位于舞台外的内容在播放动画时不会被显示。

8. 常用面板

Flash 提供了众多的面板来辅助制作动画，下面介绍其中较为常用的面板。

选择"窗口"菜单中的面板名称菜单项可打开或关闭相应的面板，图 1-14 所示为打开"动作"面板的操作。此外，用户也可以使用快捷键来打开或关闭相应的面板，例如按【F9】键可打开或关闭"动作"面板。

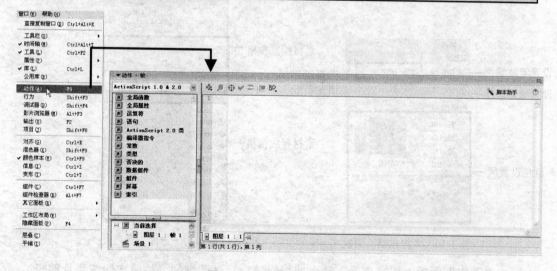

图 1-14 打开"动作"面板

➢ **"属性"面板：** 使用"属性"面板可以方便地查看和更改当前选定对象（包括舞台上对象、帧以及工具箱中的工具）的属性。"属性"面板中的选项取决于当前选定的对象，图 1-15 所示为选择工具箱中的"文本工具" $\boxed{\text{T}}$ 后，在"属性"面板中出现的选项，通过它们可以设置文字大小、字体、颜色及对齐方式等。

为便于管理，Flash 8 将面板归类到不同的面板组中。例如，在"属性"面板组中便包括了"属性"、"滤镜"和"参数"三个面板。其中，"滤镜"面板用来对文本和影片剪辑添加特殊效果；"参数"面板用来设置组件属性。单击面板组中的面板标签可在不同的面板之间切换，如图 1-15 所示。

面板标签 ——

图 1-15　"属性"面板

➢ **"颜色"面板组：** 用来设置图形填充色或笔触（线条或轮廓线）颜色，它包括"混色器"和"颜色样本"两个面板。其中，利用"混色器"面板可以调制出图形需要的颜色，包括各种纯色、渐变色和位图填充色，如图 1-16 所示；利用"样本"面板可以选择系统提供的颜色。

➢ **"库"面板：** "库"面板是保管 Flash 动画素材的一个仓库，如图 1-17 所示。制作动画时，在 Flash 中创建的元件，以及从外部导入的音乐、视频和位图等素材都存放在"库"面板中。当需要使用这些对象时，将它们从"库"面板的素材存放窗格中拖到舞台即可。

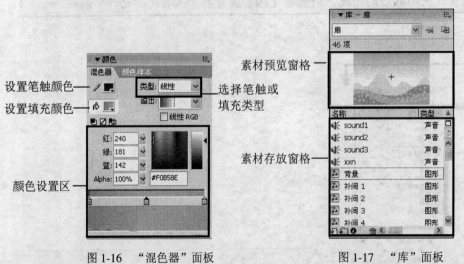

设置笔触颜色 ——
设置填充颜色 ——

颜色设置区 ——

素材预览窗格 ——

选择笔触或填充类型

素材存放窗格 ——

图 1-16　"混色器"面板　　　　　图 1-17　"库"面板

➢ **"动作"面板：** 用来查看、输入或编辑选定项（关键帧、按钮实例或影片剪辑）上的动作脚本。在制作具有交互功能的动画时，需要使用"动作"面板。

➤ **其他面板**：例如，利用"对齐"面板可以对齐舞台上被选中的对象，如图1-18左图所示；利用"信息"面板可以查看或更改舞台上被选中对象的宽度和高度，以及对象在舞台上的位置，如图1-18中图所示；利用"变形"面板可以缩放、旋转、倾斜舞台上被选中的对象，如图1-18右图所示。

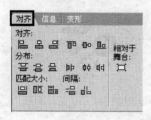 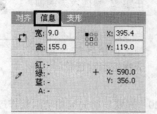 

图1-18 "对齐"、"信息"和"变形"面板

要隐藏某个面板组，可单击面板组左上角的▼按钮，此时▼按钮变为▶按钮，单击可显示隐藏的面板组。

要关闭面板组或面板，可用鼠标右击需要关闭的面板组标题栏，从弹出的快捷菜单中选择"关闭面板组"即可；要关闭全部面板，可选择"窗口">"隐藏面板"菜单项。

要移动面板组位置，可用鼠标单击并拖动面板组左上角的▦图标。

要恢复面板默认布局，可选择"窗口">"工作区布局">"默认"菜单项。

1.3　Flash 动画快速上手——制作气球动画

　　本节将通过制作图1-19所示的气球飘舞动画，使读者快速上手 Flash 动画制作，并了解 Flash 动画的制作原理和组成元素，掌握在 Flash 中新建、保存和打开文档，设置文档属性，绘制图形的方法，以及认识在制作 Flash 动画时经常会碰到的帧、图层和元件等概念。

图1-19 气球动画

1.3.1　Flash 动画制作原理

　　在制作气球动画之前，我们先来看一下 Flash 动画的制作原理。

　　传统动画和影视都是通过连续播放一组静态画面实现，每一幅静态画面就是一个帧，Flash 动画也是如此。在时间轴的不同帧上放置不同的对象或设置同一对象的不同属性，例如位置、大小、颜色、透明度等，当播放头在这些帧之间移动时，便形成了动画。图1-20所示便是一只蝴蝶扇动翅膀的动画制作方法，用户可打开本书配套素材"素材与实例">"第1章"文件夹>"蝴蝶扇动翅膀.fla"文档查看该动画。

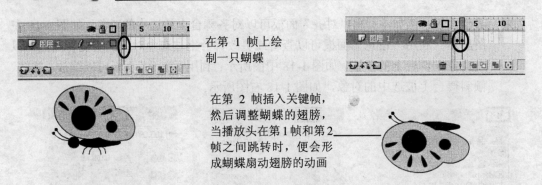

在第 1 帧上绘制一只蝴蝶

在第 2 帧插入关键帧，然后调整蝴蝶的翅膀，当播放头在第1帧和第2帧之间跳转时，便会形成蝴蝶扇动翅膀的动画

图 1-20　蝴蝶扇动翅膀的动画制作过程

制作动画的过程，便是在不同的帧上绘制或编辑、设置动画组成元素的过程。但是，如果每一帧上的对象都需要用户去绘制和设置，这样制作一个动画便会花去用户很多时间，为此，Flash 提供了多种功能辅助动画制作：利用元件可使一个对象多次重复使用；利用补间功能可自动生成各帧上的对象；利用遮罩、路径引导功能可以制作出特殊动画。这些都将在后面陆续讲到。

1.3.2　动画组成元素

通常将组成 Flash 动画的元素称为对象，组成 Flash 动画的基本对象主要有以下几个。

➢ **矢量图形**：矢量图形是 Flash 动画最基本的组成元素。用户可以通过 Flash 提供的绘图工具，绘制出动画需要的矢量图形。

➢ **位图图像**：除了自己绘制图形外，还可以从外部搜集并导入位图图像，适当修改后加入到动画中（关于矢量图形和位图图像的区别，请参考 2.1 节内容）。

➢ **声音**：可以从外部搜集并导入声音文件，加入到 Flash 动画中。

➢ **视频**：可以从外部搜集并导入视频文件，加入到 Flash 动画中。

1.3.3　新建、保存和打开文档

要在 Flash 中制作动画，首先必须掌握新建、保存和打开 Flash 文档的方法，下面介绍具体操作。

Step 01　启动 Flash 8 后，在其开始页中单击"Flash 文档"选项，可创建一个 Flash 文档，如图 1-21 所示。

用户也可选择"文件" > "新建"菜单项，在打开的对话框中选择"Flash 文档"选项，然后单击"确定"按钮新建 Flash 文档；或者右击文档选项卡，从弹出的快捷菜单中选择"新建"项。

图 1-21 创建 Flash 文档

Step 02 新建 Flash 文档后，需要将文档保存，并在制作动画过程中时常对文档执行保存操作，以免出现意外丢失当前编辑的信息。要保存 Flash 文档，应选择"文件" > "保存"菜单，或按【Ctrl+S】组合键，打开"另存为"对话框。

Step 03 在"另存为"对话框中选择文档保存路径，输入保存文件名，本例将文件名设为"气球动画"，然后单击"保存"按钮保存文档，如图 1-22 所示。

设置保存路径——

保存的文件将以.fla 格式存放在你选择的文件夹中，以后再对该文档执行保存操作时，不会打开"另存为"对话框

输入文件名称——

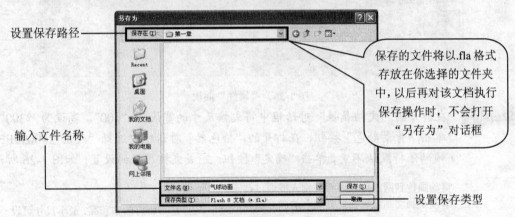

——设置保存类型

图 1-22 "另存为"对话框

经验之谈

对保存过的文档进行编辑后，如果再次保存时不希望用编辑后的文档替换原来的文档，可以选择"文件" > "另存为"菜单，或按【Ctrl+Shift+S】组合键，在打开的"另存为"对话框中重新设置文档保存路径和文件名，单击"保存"按钮，将文档另行保存。

Step 04 文档编辑完并执行保存操作后，可单击文档选项卡右侧的"关闭"按钮×，将其关闭，如图 1-23 所示。

Step 05 如果要打开先前保存的 Flash 文档，则只需打开存放文档的文件夹，然后双击图 1-24 所示的 Fash 文档图标即可。

经验之谈

除了上面提到打开 Flash 文档的方法外，还可通过在 Flash 8 工作界面中选择"文件" > "打开"菜单，或按【Ctrl+O】组合键，在打开的"打开"对话框中找到并选择要打开的文档，单击"打开"按钮。

图 1-23 关闭 Flash 文档 　　　　　　　　　　图 1-24 Flash 文档图标

设置文档属性

新建 Flash 文档后，要做的第一件事是设置其属性，一般需要设置文档（即舞台）尺寸、背景颜色和帧频。下面以设置"气球动画"文档的属性为例进行说明。

Step 01　　打开"气球动画"文档后，单击"属性"面板"大小"后面的 550 x 400 像素 按钮，如图 1-25 所示。

图 1-25 "属性"面板

Step 02　　在打开的"文档属性"对话框中将文档尺寸的宽设为"400"、高设为"300"，单击"背景颜色"按钮，在打开的"拾色器"对话框中选择"天蓝色#0099FF"，帧频保持默认不变，单击"确定"按钮，完成文档属性的设置，如图 1-26 所示。

将动画传到网上后，若希望别人能通过搜索引擎搜索到动画，可在此处输入动画标题和描述

尺寸是指舞台的宽和高。最小尺寸可设置为 18×18 像素，最大尺寸可设置为 2880×2880 像素。播放动画时，位于舞台外面的动画组成元素不会被显示

帧频是指动画的播放速度，单位是"fps"，即每秒播放多少帧。帧频越高，动画播放的速度越快。一般将帧频设置为 12～60fps 之间的一个数值

单击"背景颜色"按钮，在打开的"拾色器"对话框中可设置舞台背景颜色

使用标尺时，可通过此处设置其单位

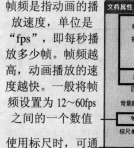

图 1-26 "文档属性"对话框

使用绘图工具——绘制气球

图形是组成 Flash 动画的基本元素。制作动画时，可利用 Flash 的工具箱提供的工具绘制出动画需要的任何图形。关于图形的具体绘制和编辑方法，请阅读本书第 2 章～第 5 章

内容。下面以绘制本例所需的气球为例，让大家简单了解在 Flash 中绘制图形的方法。

Step 01　单击工具箱中的"椭圆工具" ⬭（或按快捷键【O】）将其选中，然后单击工具箱颜色区的"填充色"按钮，在打开的"拾色器"对话框中选择"红色#CC0000"，如图 1-27 所示。

Step 02　将光标移动到舞台中，然后按住鼠标左键不放并拖动，此时会出现一条轮廓线表示所绘椭圆的形状，松开鼠标后即可绘制一个椭圆作为气球，如图 1-28 所示。

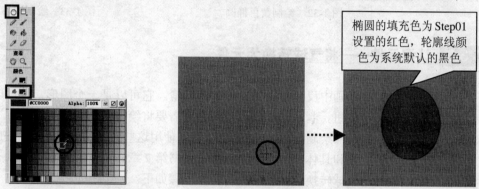

> 椭圆的填充色为 Step01 设置的红色，轮廓线颜色为系统默认的黑色

图 1-27　选择"椭圆工具"并设置其填充色　　　图 1-28　绘制红色椭圆

Step 03　单击工具箱中的"铅笔工具" ✏（或按快捷键【Y】）将其选中，然后在工具箱选项区中单击"铅笔模式"按钮，在弹出的下拉菜单中选择"平滑"模式 S，如图 1-29 所示。

Step 04　将光标移动到椭圆的正下方，然后按住鼠标左键不放并沿希望绘制的方向拖动，松开鼠标后即可绘制一条曲线作为气球线，如图 1-30 所示。

Step 05　单击"时间轴"面板上的"插入图层" ⬒ 按钮，在"图层 1"上方新建"图层 2"，如图 1-31 所示。

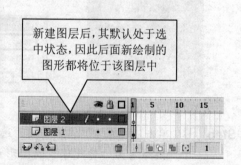

> 新建图层后，其默认处于选中状态，因此后面新绘制的图形都将位于该图层中

图 1-29　选择"线条工具"　　图 1-30　绘制线条　　　图 1-31　新建图层

Step 06　再次选择"椭圆工具" ⬭，然后单击工具箱颜色区的"填充色"按钮，在打开的"拾色器"对话框中选择"橙黄色#FFCC00"，如图 1-32 左图所示，然后参照 Step 02 的操作在"图层 2"上绘制一个椭圆，如图 1-32 右图所示。

Step 07　选择"铅笔工具" ✏，然后参照 Step04 的操作绘制一条曲线作为气球线，如图 1-33 所示。

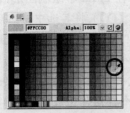 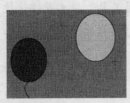 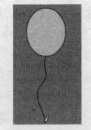

图 1-32　绘制黄色椭圆　　　　　　　　　　　图 1-33　绘制线条

1.3.6　认识元件——将气球转换为元件

元件是指可以在动画中反复使用的一种动画元素。它可以是一个图形，也可以是一个小动画，或者是一个按钮。制作动画时，我们通常需要将绘制的图形转换为元件（或先创建元件，然后在元件内部绘制图形），以后可以重复使用这些元件，而不会增加 Flash 文件大小（关于元件的类型和具体使用方法，请阅读本书第 7 章、第 9 章内容）。

将上节绘制好的气球转换成元件的具体操作步骤如下。

Step 01　单击"时间轴"面板"图层 1"的第 1 帧，以选中位于该帧上的红色气球，如图 1-34 所示。

Step 02　选择"修改" > "转换为元件"菜单项，或按快捷键【F8】，在打开的"转换为元件"对话框的"名称"编辑框中输入"红气球"，然后选择"图形"单选钮，再单击"确定"按钮，即可将选中的气球转换为图形元件，如图 1-35 所示。

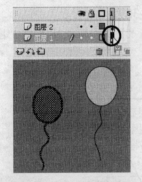 

图 1-34　选中红色气球　　　　　　　　　图 1-35　将红色气球转换为图形元件

Step 03　单击"图层 2"的第 1 帧，选中黄色的气球，然后参照 Step 02 的操作，将其转换为名为"黄气球"的图形元件，如图 1-36 所示。

Step 04　创建元件后，它们将自动保存在"库"面板中，如图 1-37 所示，用户在需要时可随时将其拖拽到舞台上。

1.3.7　认识帧和图层——制作动画

准备好动画需要的素材后，便可以利用"时间轴"面板中的图层和帧将其制作成动画

（关于帧、图层的类型和具体操作方法，请阅读本书第 6 章内容；关于 Flash 动画的类型和具体制作方法，请阅读本书第 6 章～第 13 章内容）。

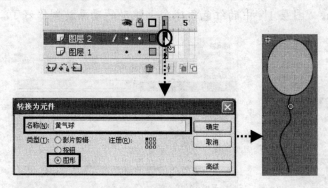 

图 1-36 将黄色气球转换为图形元件   图 1-37 "库"面板中的元件

Step 01 单击"时间轴"面板"图层 1"的第 80 帧，然后选择"插入" > "时间轴" > "关键帧"菜单项，或者按快捷键【F6】，在"图层 1"第 80 帧处插入一个关键帧（关键帧是 Flash 中的一种帧类型，用来定义动画的变化），如图 1-38 所示。

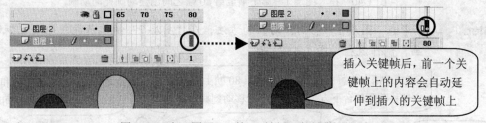

图 1-38 在"图层 1"第 80 帧插入关键帧

Step 02 单击时间轴第 1 帧以将播放头切换到此处，然后选中工具箱中的"选择工具"，将光标移动到红色气球上，按住鼠标左键不放并向下拖动，将红色气球拖到舞台下方后松开鼠标，如图 1-39 左图所示。

Step 03 参照 Step 02 的操作，将"图层 1"第 80 帧上的红色气球移动到舞台上方，如图 1-39 右图所示。

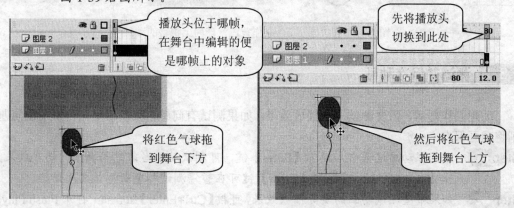

图 1-39 设置"图层 1"第 1 帧和第 80 帧上的气球

Step 04 单击选中"图层1"的第1帧，然后在"属性"面板的"补间"下拉列表中选择"动画"选项，从而在"图层1"第1帧至第80帧之间创建动画补间动画，如图1-40所示。到此，"图层1"中的红色气球向上飘动的动画就制作好了。

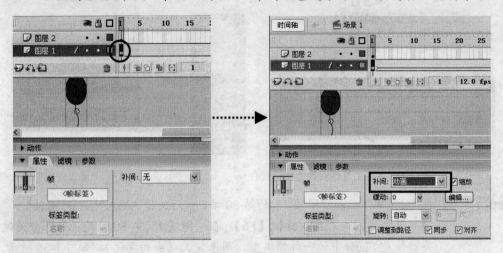

图1-40 在"图层1"第1帧至第80帧之间创建动画补间动画

Step 05 参考在"图层1"中制作动画的方法，在"图层2"制作黄色气球向上飘动的动画，制作流程如图1-41所示。

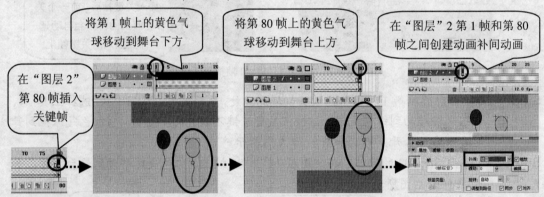

图1-41 在"图层2"制作黄色气球向上飘动的动画

1.3.8 测试并保存动画

动画制作好后，需要测试一下播放效果。如果测试有问题，可修改文档；如果没问题，则将动画保存。

Step 01 在制作动画过程中，按下【Enter】键，可测试动画当前时间轴上的播放效果，如图1-42所示；反复按【Enter】键可在暂停测试和重新测试之间切换。

Step 02 如果希望测试动画的实际播放效果，可按【Ctrl+Enter】组合键，打开 Flash Player 播放器进行测试，如图1-43所示。测试满意后，按【Ctrl+S】组件键保存动画。

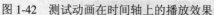

图 1-42 测试动画在时间轴上的播放效果

图 1-43 测试动画的实际播放效果

如果场景中包含影片剪辑实例，则无法通过按【Enter】键测试动画播放效果，而只能按【Ctrl+Enter】组合键测试。

本例分别在"图层 1"和"图层 2"上制作了一个气球动画。可以看出，帧是制作 Flash 动画的最基本单位，在不同的帧上绘制或编辑图形，然后通过一定的设置便能形成动画。

1.4 一些必要的知识补充

要想在 Flash 中得心应手地制作动画，还应掌握操作的撤销、重做与重复，舞台的缩放和移动，以及网格、标尺和辅助线的使用。

1.4.1 操作的撤销、重做与重复

在制作 Flash 动画的过程中，如果前面的操作不符合要求，可以将其撤销；此外，如果某些操作需要被多次使用，还可以快速重复这些操作。

1. 操作的撤销与重做

Step 01 要撤销前一步操作，可选择"编辑">"撤销×××"菜单项，或按快捷键【Ctrl+Z】，也可以单击工具栏中的"撤销"按钮。连续执行撤销命令可撤销前面所做的多步操作。

Step 02 要恢复前一步撤销的操作，可选择"编辑">"重做×××"菜单，按快捷键【Ctrl+Y】，或单击工具栏上的"重做"按钮。连续执行重做命令可恢复多步撤销的操作。

Step 03 要一次性撤销前面所做的多步操作，可选择"窗口">"其他面板">"历史记录"菜单项，打开"历史记录"面板。在该面板中向上拖动左侧的滑块，使其经过要

撤销的操作记录，或直接单击需要撤销的最终操作记录即可，如图 1-44 所示。

Step 04 要恢复"历史记录"面板中撤销的操作，则将滑块向下拖动，使要恢复的操作记录变为直白显示即可。

也可直接在需要撤销的最终操作记录上单击

滑块经过的地方以灰白显示，表示这些操作都已被撤销了

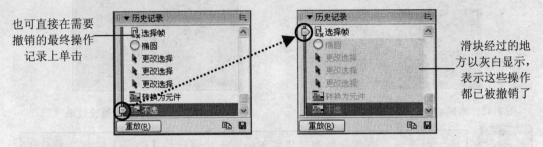

图 1-44　通过"历史记录"面板撤销操作

2. 操作的重复

若要在不同对象上重复某项操作，可通过以下方法实现。

Step 01 打开本书配套素材"素材与实例" > "第 1 章" > "重复素材.fla"文档，会看到舞台上有两个卡通造型，如图 1-45 左图所示。

Step 02 单击工具箱中的"选择工具" （或按快捷键【V】）将其选中，然后单击舞台中的小企鹅造型将其选中，再选择"修改" > "变形" > "顺时针旋转 90 度"菜单项使小企鹅旋转，如图 1-45 中图所示。

Step 03 使用"选择工具" 选中舞台中的橘子头造型，然后选择"编辑" > "重复"菜单项，此时会发现橘子头造型执行了与小企鹅造型相同的操作，如图 1-45 右图所示。最后在不保存文档的情况下将文档关闭。

图 1-45　重复操作

若要在不同对象上重复多项操作，可利用"历史记录"面板实现，具体操作如下。

Step 01 重新打开"重复素材.fla"文档，使用"选择工具" 选中舞台中的小企鹅造型，然后选择"修改" > "变形" > "顺时针旋转 90 度"菜单项，再选择"修改" > "变形" > "水平翻转"菜单项，效果如图 1-46 左图所示。

Step 02 使用"选择工具" 选中舞台中的橘子头造型，然后打开"历史记录"面板，在按住【Ctrl】键的同时依次单击选择"旋转"和"缩放"操作记录将其选中，如图 1-46 中图所示。

Step 03 单击"历史记录"面板左下方的"重放"按钮后，即可对橘子头造型执行选中的操作，如图 1-46 右图所示。

图 1-46 重复多项操作

选择历史记录面板中的记录时，按住【Shift】键依次单击前后两个记录，可同时选中连续的多个记录；按住【Ctrl】键依次单击，可同时选中不连续的多个记录。要清除历史记录，可单击面板右上角的 按钮，从弹出的菜单中选择"清除历史记录"项。默认情况下，在历史记录面板中保存了 100 步操作，我们可在 Flash 工作界面中选择"编辑">"首选参数"菜单，在打开的"首先参数"对话框的 100 层级文本框中设置保存的操作数。

1.4.2 缩放和移动视图

1. 缩放视图

制作动画时，适当地放大视图显示比例，可以对图形的细微处进行精确处理；适当地缩小视图显示比例，可以更好地把握图形的整体形态以及在舞台上的位置，如图 1-47 所示。

要对视图进行缩放，可执行以下操作。

Step 01 打开本书配套素材"素材与实例">"第 1 章"文件夹>"缩放视图.fla"文件。

Step 02 要放大或缩小视图显示比例，可单击工具箱中的"缩放工具" 将其选中，然后在舞台中单击。默认情况下，选中"缩放工具" 时光标显示为 ，表示此时单击将放大视图。如果要从放大模式切换到缩小模式，可按住【Alt】键，此时光标显示为 ，表示此时单击可缩小视图，如图 1-47 所示。

图 1-47 放大和缩小视图显示比例

Step 03 要放大视图中指定的区域，可先选择"缩放工具" 🔍，然后在视图中按住鼠标左键并拖动，拖出一个矩形框，松开鼠标后，矩形框内的区域将填满整个绘图区域，如图 1-48 所示。

图 1-48　放大视图指定区域

Step 04 要精确放大或缩小视图显示比例，可选择"视图" > "缩放比率"菜单中的子菜单项，或单击编辑栏右侧的三角按钮，从打开的下拉列表中选择显示比例，如图 1-49 所示。各选项的意义如下。

➢ **符合窗口大小**：缩放舞台以使其适合目前的窗口空间。双击工具箱中的"手形工具"可实现同样的效果。

➢ **显示全部**：显示当前帧中的全部内容（包括舞台外的对象）。

➢ **显示帧**：显示整个舞台。

2. 移动视图

将视图显示比例放大后，如果希望查看没有显示的区域，可拖动绘图区下方或右侧的滚动条。也可以选择工具箱中的"手形工具" 🖐，然后在视图上按住鼠标左键并拖动来移动视图，如图 1-50 所示。

图 1-49　缩放下拉列表　　　　　　　　　图 1-50　移动舞台

利用快捷键【Ctrl++】或【Ctrl+-】可快速将视图放大 200%或缩小 50%。此外，按住空格键可使当前所选工具快速切换为"手形工具" 🖐，松开空格键后会切换回当前所选工具。

1.4.3 网格、标尺和辅助线

通过使用网格、标尺和辅助线，可以在舞台上精确定位或编辑对象，从而合理布局动画组成元素。

1. 网格的使用

要使用网格线，可执行下面的操作。

➤ 要显示或隐藏网格线，可选择"视图">"网格">"显示网格"菜单项，或按【Ctrl＋"】组合键。图 1-51 所示为显示网格线后，根据网格放置对象的效果。

➤ 选择"视图">"网格">"编辑网格"菜单项，可打开图 1-52 所示的"网格"对话框。利用该对话框可设置网格线的颜色、网格间的距离、对象是否贴紧网格对齐以及对齐精确度等属性。

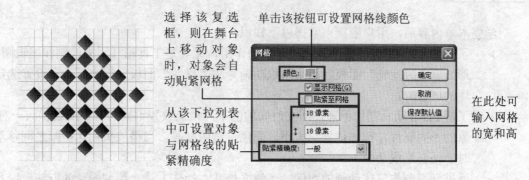

选择该复选框，则在舞台上移动对象时，对象会自动贴紧网格

单击该按钮可设置网格线颜色

从该下拉列表中可设置对象与网格线的贴紧精确度

在此处可输入网格的宽和高

图 1-51　根据网格放置对象　　　　图 1-52　"网格"对话框

2. 标尺与辅助线的使用

使用标尺可以精确定位对象在舞台上的位置，利用辅助线可以使对象对齐到舞台中某一纵线或横线上，要使用辅助线必须先显示标尺：

➤ 选择"视图">"标尺"菜单，可在舞台的上方和左方显示或隐藏标尺。

➤ 在舞台上方或左侧的标尺上按住鼠标左键并拖动，可拖出水平或垂直辅助线，如图 1-53 左图所示。反复操作可拖出多条辅助线。

➤ 拉出辅助线后，便可以将对象放置在辅助线处，对象会自动贴紧辅助线放置，如图 1-53 右图所示。

➤ 要移动辅助线，可以选择工具箱中的"选择工具" ，然后将光标移动到辅助线上，按住鼠标左键并拖动；要避免误移动辅助线，可以选择"视图">"辅助线">"锁定辅助线"菜单，将辅助线锁定，重新选择该菜单可解除辅助线的锁定。

➤ 要编辑辅助线，可以选择"视图">"辅助线">"编辑辅助线"菜单，在打开的"辅助线"对话框中设置辅助线的颜色、贴紧精确度等参数，如图 1-54 所示。

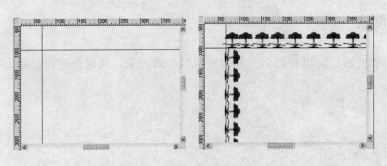

图 1-53　使用辅助线　　　　　　　　图 1-54　"辅助线"对话框

> 要清除单条辅助线，只需使用"选择工具" ▶ 将其拖出舞台即可；要清除全部辅助线，可选择"视图">"辅助线">"清除辅助线"菜单项。

本章小结

学完本章内容后，用户应重点掌握以下知识。

> 了解 Flash 8 工作界面中各组成元素的作用，尤其是工具箱（用来绘制和编辑图形）、"时间轴"面板（用来组织动画）和"属性"面板（用来显示和设置选定项的属性）。

> 了解 Flash 动画制作原理，即在时间轴的不同帧上放置不同的对象或设置同一对象的不同属性，例如位置、大小、颜色、透明度等，当播放头在这些帧之间移动时，便会形成动画。

> 通过学习制作气球动画的实例，了解文档基本操作方法，绘制图形的方法，以及元件、图层和帧的概念。

> 掌握操作的撤销与重做方法，以便在出现误操作时进行恢复；掌握视图的缩放和移动方法，以便更好地绘制和编辑图形；掌握网格、标尺和辅助线的使用方法，以便精确定位对象在舞台中的位置。

思考与练习

一、填空题

1. Flash 被广泛用于制作_____、_____、_____、_____、_____、企业介绍、产品展示动画和电子相册等。

2. _____是构成 Flash 动画的基本单位，Flash 动画组成元素实际上都位于_____上。

3. _____对话框用于设置文档尺寸、背景颜色、帧频等文档属性。

4. 撤销操作的快捷键是_____，恢复撤销的快捷键是_____。

5. 图层就像堆叠在一起的多张幻灯片，每个图层都有独立的_____。如此一来，多个图层综合运用，便能形成复杂的动画。

6. 利用工具箱中的_____可改变视图显示比例。

二、选择题

1. 制作好 Flash 动画后，还应在 Flash 软件中将其导出或发布为（　　）格式的影片，这样才能在本地电脑或网络上播放。

    A．.fla   B．.swf   C．.rm   D．.avi

2. 以下说法错误的是（　　）

    A．可以利用文档选项卡快速执行新建、打开、关闭和保存文档等操作

    B．Flash 动画的基本单位为帧

    C．位于舞台外的内容在播放动画时不会被显示

    D．按【Enter】键可预览当前时间轴上的所有动画内容

3.（　　）是指可以在动画中反复使用的一种动画元素。

    A．元件   B．帧   C．图层   D．图形

4. 要撤销前一步操作，可按快捷键（　　）；要恢复前一步撤销的操作，可按快捷键（　　）。

    A．Ctrl+S   B．Ctrl+Z   C．Ctrl+Y   D．Ctrl+N

5. 以下说法错误的是（　　）

    A．利用快捷键【Ctrl++】或【Ctrl+-】可快速将视图放大 200%或缩小 50%

    B．按住空格键可使当前所选工具快速切换为"手形工具"

    C．播放动画时将显示设置的辅助线

    D．按快捷键【Ctrl＋"】可显示或隐藏网格

三、操作题

打开本书附赠光盘中提供的任意一个 Flash 文档，练习舞台的缩放与移动，以及网格、标尺和辅助线的使用方法。

第2章

图形的绘制

本章内容提要

- ▣ Flash 绘图的基本知识 26
- ▣ 绘制和调整线条 28
- ▣ 绘制几何图形 35
- ▣ "刷子工具"的使用 39
- ▣ "文本工具"的使用 40

章前导读

图形是 Flash 动画最基本的组成元素，一个 Flash 动画作品的品质高低，很大程度上是由制作者的绘图能力和审美水平决定的。Flash 提供了强大的绘图功能，即使你对绘画一无所知，也能很快上手，绘制出精美的图形来。

2.1　Flash 绘图的基本知识

在学习 Flash 绘图工具的使用前，我们应先对 Flash 中图形的类型、绘图模式以及绘制图形的常见思路有所了解。

2.1.1　Flash 中图形的类型

图形有位图和矢量图两种类型之分。严格地说，位图被称为图像，矢量图被称为图形。它们之间最大的区别就是位图放大到一定比例时会变得模糊，而矢量图则不会。

位图是由许多色块组成的，每个色块就是一个像素，每个像素只显示一种颜色，是构成位图的最小单位。位图可以逼真细腻地表现自然界的景物，主要用于保存各种照片、广告设计作品等。制作 Flash 动画时，偶尔会使用位图作为素材。

在 Flash 中绘制的图形属于矢量图形，它是 Flash 动画的最主要组成元素。矢量图形记录的是图形的几何形状、线条粗细和色彩等。从表现形式看，矢量图形由轮廓线和填充两部分组成，也可以只有轮廓线没有填充，或只有填充没有轮廓线，如图 2-1 所示。

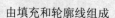
　　由填充和轮廓线组成　　　　　由轮廓线组成　　　　　　由填充组成

图 2-1　矢量图形的组成

　　我们可以方便地分别对矢量图形的轮廓线和填充进行调整，例如改变线条的形状、颜色和粗细，或改变填充颜色等，从而绘制出千姿百态的图形。

2.1.2　Flash 中的两种绘图模式

　　Flash 8 提供了合并绘制模式和对象绘制模式两种绘图模式，下面分别介绍。

1.　合并绘制模式

　　合并绘制模式是 Flash 默认的绘图模式，在该模式下绘制的图形是分散的，两个图形之间如果有交接，便会自动合并在一起，此时移动一个图形会改变另一个图形，如图 2-2 所示。本书中，如无特别说明，都是在合并模式下绘制图形。

　　绘制第 1 个图形　　　　　第 2 个图形与第 1　　　　移动第 2 个图形时，
　　　　　　　　　　　　　个图形粘在一起　　　　　会改变第 1 个图形

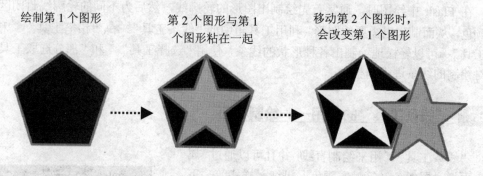

图 2-2　在合并绘制模式下绘图

2.　对象绘制模式

　　在对象绘制模式下绘制出的图形会自动组合成一个整体对象，这样两个图形叠加时互不影响，不会自动合并或改变图形形状，如图 2-3 所示。

　　要在对象绘制模式下绘图，需要在选中绘图工具后，按下工具箱选项区的"对象绘制"按钮；若要返回合并绘制模式只需再次单击"对象绘制"按钮，使其弹起即可。

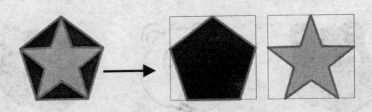

图 2-3　对象绘制模式下绘制的图形

2.1.3　绘制图形的常见思路

在 Flash 中绘制图形的常见流程如下。

➢　想好所要绘制的图形形状，或者使用笔在纸上绘制出图形的草图。

➢　使用"线条工具" ✎、"铅笔工具" ✐、"钢笔工具" ✎、"椭圆工具" ○、"矩形工具" ▢ 等绘制出图形的大致轮廓线。

➢　使用"选择工具" ▶ 或"部分选取工具" ▶ 调整轮廓线形状。

➢　在"混色器"面板中调制需要填充的颜色，使用"颜料桶工具" ◈ 为图形的不同区域上色。

➢　再次对图形的细微处进行调整。

2.2　绘制和调整线条

在 Flash 中绘图时，通常首先绘制出图形的轮廓线，然后为不同的轮廓线封闭区域填充颜色，从而制作出需要的图形。利用工具箱中的"线条工具" ✎、"铅笔工具" ✐ 和"钢笔工具" ✎ 可以轻松地绘制出各种形状的线条，使用"选择工具" ▶ 和"部分选取工具" ▶ 可对绘制的线条进行调整。

2.2.1　"线条工具"的使用——绘制钻石

"线条工具" ✎ 用来绘制直线，并且可以通过"属性"面板设置线条（笔触）颜色、粗细、样式等。下面以绘制图 2-4 所示的钻石为例，介绍"线条工具" ✎ 的使用方法。

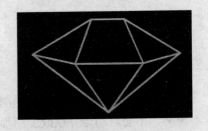

Step 01　新建一个 Flash 文档，在"属性"面板中将舞台背景颜色设为黑色。

Step 02　单击工具箱中的"线条工具" ✎（或按快捷键【N】）将其选中，并单击工具箱选项区中的"贴紧至对象"按钮 🔘，如图 2-5 所示。

图 2-4　钻石

Step 03　打开"属性"面板，将"笔触样式"设为"实线"，"笔触高度"设为"3"，"笔触颜色"设为淡青色（#00FFFF），如图 2-6 所示。

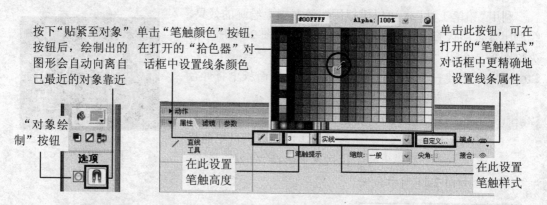

图 2-5　选择"贴紧至对象"按钮　　　　　图 2-6　设置"线条工具"属性

Step 04　将光标移动到舞台中，按住鼠标左键并向右横向拖动，松开鼠标后即可绘制一条水平线段，如图 2-7 所示。

Step 05　选择"视图" > "标尺"菜单项显示标尺，然后拖出一条水平辅助线和一条垂直辅助线，接着以横线的端点为起点，参照水平辅助线绘制两条斜线，如图 2-8 左图所示，再以斜线端点为起点，参照垂直辅助线绘制两条相交的斜线，如图 2-8 右图所示。

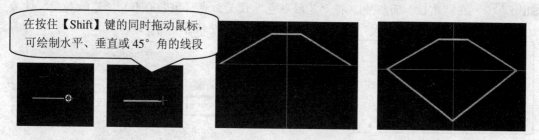

图 2-7　绘制水平线段　　　　　　　　　图 2-8　绘制钻石边线

Step 06　使用"线条工具" ／ 在水平辅助线下方绘制一条水平线段，如图 2-9 左图所示，然后在钻石边线和内部水平线段的端点之间绘制连线，如图 2-9 右图所示。本例最终效果可参考本书配套素材"素材与实例" > "第 2 章"文件夹 > "钻石.fla"。

图 2-9　绘制内部连线

2.2.2 "铅笔工具"的使用——绘制火焰

利用"铅笔工具" ✏ 可以模拟用铅笔在纸上绘画的效果，绘制出任意形状的线条和图形。下面通过绘制图 2-10 所示的火焰图形，介绍"铅笔工具" ✏ 的使用方法。

图 2-10　火焰

Step 01 新建一个 Flash 文档，在"属性"面板中将舞台背景颜色设为黑色。

Step 02 单击工具箱中的"铅笔工具" ✏（或者按快捷键【Y】）将其选中，然后单击工具箱选项区中的模式按钮，从弹出的下拉列表中选择"平滑"模式，如图 2-11 所示。

适用于绘制规则线条，并且会将近似于三角形、圆形和矩形等规则形状的线条自动转换为这些常见的几何形状

适用于绘制流畅平滑的线条

适用于绘制接近徒手画出的线条

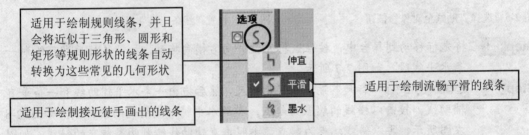

图 2-11　选择"铅笔工具"的绘图模式

Step 03 在"属性"面板中，将"笔触颜色"设为红色（#FF0000），"笔触高度"设为"3"，"笔触样式"设为"实线"，如图 2-12 所示。

"铅笔工具"的"属性"面板与"线条工具"的大致相同，只是多了一个"平滑"选项，该选项用来设置线条平滑度，数值越高，绘制出的线条越平滑

图 2-12　设置"铅笔工具"的属性

Step 04 将光标移动到舞台中，然后按住鼠标左键并拖动，绘制一条图 2-13 左图所示的曲线。

Step 05 继续使用"铅笔工具" ✏ 绘制其余的曲线，如图 2-13 右图所示。本例最终效果可参考本书配套素材"素材与实例">"第 2 章"文件夹>"火焰.fla"。

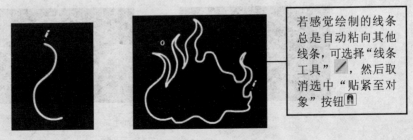

若感觉绘制的线条总是自动粘向其他线条，可选择"线条工具" ✎，然后取消选中"贴紧至对象"按钮 🧲

图 2-13　绘制火焰

"铅笔工具" ✐的 3 种绘图模式各有特点，在绘图时应根据不同的需要进行选择，图 2-14 所示为分别使用 3 种模式绘制的图形。另外，在使用"铅笔工具" ✐绘图的同时按住【Shift】键，可绘制垂直或水平的线条。

伸直　　　　　　　　平滑　　　　　　　　墨水

图 2-14　使用三种铅笔模式绘制出的图形

2.2.3　使用"选择工具"调整线条——制作翅膀

"选择工具" ▶是一个调整图形形状的"魔术师"，使用它可以方便地将图形调整为动画需要的任何形状，例如将直线调成曲线、改变曲线的弧度、改变线条节点位置等。下面通过制作图 2-15 所示的翅膀，介绍使用"选择工具" ▶调整线条的方法。

Step 01　打开本书配套素材"素材与实例" > "第 2 章" > "翅膀素材.fla" 文档，会发现舞台上有一个制作了一半的翅膀图形，如图 2-16 所示。

图 2-15　翅膀

Step 02　单击工具箱中的"选择工具" ▶（或按快捷键【V】）将其选中，然后将光标移动到左侧翅膀的上方端点，当光标呈┘形状时，按住鼠标左键并向上拖动，松开鼠标后可改变线条端点的位置，如图 2-17 左图所示；利用相同的方法调整右侧翅膀的上方端点，如图 2-17 右图所示。

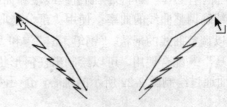

图 2-16　翅膀素材　　　　　图 2-17　调整翅膀上方端点

Step 03　将光标移动到左侧翅膀上边线的中间位置，当光标呈◡形状时，按住鼠标左键并向内稍微拖动，松开鼠标后可调整线条弧度，如图 2-18 左图所示。

Step 04 参照 Step 03 的操作调整左侧翅膀右边线的弧度，如图 2-18 右图所示。

Step 05 参照 Step 03 的操作调整左侧翅膀左上方斜线的弧度，制作出翅膀的第 1 根羽毛，如图 2-19 所示。

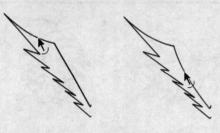

图 2-18　调整线条弧度　　　　　　　　图 2-19　制作第 1 根羽毛

Step 06 参照前面的操作调整左侧翅膀的其他羽毛，效果如图 2-20 左图所示，再以相同的方法调整右侧的翅膀，效果如图 2-20 右图所示。本例最终效果可参考本书配套素材"素材与实例" > "第 2 章"文件夹> "翅膀.fla"。

> 　　光标呈 ▸ 形状后，在按住【Ctrl】键的同时拖动线条，可以在一段线条上添加一个节点使之成为两根连接着的线段，从而在调整线段弧度时制造出更多的变化，如图 2-21 所示。此外，在使用其他工具编辑图形时，按住【Ctrl】键，可快速切换到"选择工具" ▸。

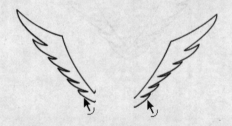
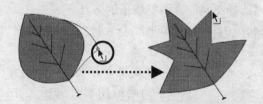

图 2-20　调整翅膀的其他羽毛　　　　　图 2-21　通过拖出节点改变图形形状

2.2.4　"钢笔工具"和"部分选取工具"的使用——绘制桃心

　　使用"钢笔工具" ♠ 可以绘制直线线段和曲线，并且可以精确调整曲线的曲率；使用"部分选取工具" ▸ 可以调整曲线的形状。"钢笔工具" ♠ 和"部分选取工具" ▸ 配合使用，可以绘制出任何形状的图形。下面通过绘制图 2-22 所示的桃心，介绍两者的使用方法。

Step 01 新建一个 Flash 文档，单击工具箱中的"钢笔工具" ♠（或按快捷键【P】）将其选中，然后单击工具箱颜色区的"笔

图 2-22　桃心

触颜色"按钮 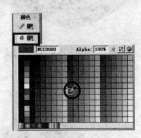，在打开的"拾色器"对话框中选择深红色（#990000）；使用同样的方法将"填充颜色" 设为红色（#CC0000），如图 2-23 左图所示。

Step 02 在"属性"面板中，将"笔触高度"设为"3"，"笔触样式"设为"实线"，如图 2-23 右图所示。

图 2-23　设置笔触颜色、填充颜色、笔触高度和笔触样式

Step 03 将光标移动到舞台上，单击创建一个直线锚点，如图 2-24 所示。

Step 04 将光标移动到第 1 个锚点左上方，然后按住鼠标左键并向右上方拖动，创建一个曲线锚点，此时第 1、2 个锚点之间会出现一条曲线路径，如图 2-25 所示。

> 使用"钢笔工具" 单击生成的锚点称为直线锚点，通过拖动生成的锚点称为曲线锚点。我们可以利用"部分选取工具" 拖动锚点，以改变图形形状；另外，还可以通过拖动曲线锚点的调节杆，来改变曲线弧度。

Step 05 将光标移动到第 2 个锚点的右侧，然后单击创建一个直线锚点，由于第 2 个锚点是曲线描点，所以第 2、3 个锚点之间会出现一条曲线路径，如图 2-26 所示。

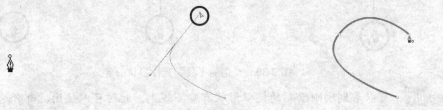

图 2-24　创建第 1 个锚点　　　　图 2-25　创建第 2 个锚点　　　　图 2-26　创建第 3 个锚点

Step 06 将光标移动到第 3 个锚点的右侧，然后按住鼠标左键并向右下方拖动，创建一个曲线锚点，如图 2-27 所示。

Step 07 将光标移动到第 1 个锚点上，当光标呈 形状时单击，即可创建一个封闭路径，此时系统会以设置好的填充颜色填充封闭路径，如图 2-28 所示。

> 从以上操作可以看出，两个曲线锚点之间，或直线锚点与曲线锚点之间会生成曲线路径。另外，两个直线锚点之间将生成直线路径，如图 2-29 所示。

图 2-27　创建第 4 个锚点　　　　　　　图 2-28　创建封闭路径

图 2-29　绘制直线路径

知识库

> 使用"钢笔工具" 绘制曲线时，鼠标光标会随着所处位置的不同而发生变化，不同的光标样式代表着不同的含义，如图 2-30 所示。

| 将光标移至路径上，当光标呈 形状时单击，可增加一个锚点 | 将光标移至曲线锚点上，当光标呈 形状时单击，可将曲线锚点转换为直线锚点，若在直线锚点上按住鼠标左键并拖动，可将直线锚点转换为曲线锚点 | 将光标移至锚点处，光标呈 形状时，单击可删除该锚点 |

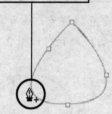 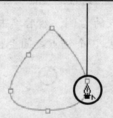 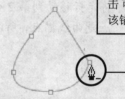

图 2-30　"钢笔工具"光标形状的含义

Step 08　可以看到刚刚绘制的桃心形状有些不规则，此时可以使用"部分选取工具"
　　　　　进行调整。单击工具箱中的"部分选取工具" （或按快捷键【A】）将其选中，
　　　　　然后将光标移动到下方锚点上，按住鼠标左键不放并向右拖动，如图 2-31 所示。

Step 09　单击右上方的曲线锚点会出现曲线调节杆，通过拖动曲线调节杆可以调整曲线
　　　　　路径的弧度，如图 2-32 所示。

图 2-31　移动锚点　　　　　　　　　图 2-32　调整曲线路径弧度

Step 10　调整完毕后，选择除"钢笔工具" 和"部分选取工具" 以外的任意工具，即可将路径转换为线条。本例最终效果可参考本书配套素材"素材与实例" > "第 2 章"文件夹> "桃心.fla"。

> 若在使用"部分选取工具" 调整曲线调节杆时按住【Alt】键，可单独调整该侧的调节杆。

2.3　绘制几何图形

利用工具箱中的"矩形工具" 、"椭圆工具" 和"多边形工具" ，可绘制出矩形、圆形、多边形和星形等常见的几何图形。这几个工具的使用方法都很简单，但使用它们的关键不是操作它们的方法，而是如何发挥想象力，巧妙地综合应用这些工具，绘制出生动有趣的图形。

2.3.1　"矩形工具"的使用——绘制窗户

使用"矩形工具" 可以绘制出矩形、正方形和圆角矩形。下面通过绘制图 2-33 所示的窗户，介绍"矩形工具" 的使用方法。

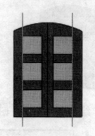

图 2-33　窗户

Step 01　新建一个 Flash 文档，单击工具箱中的"矩形工具" （或按快捷键【R】）将其选中，然后在"属性"面板中，将"笔触颜色"设为黑色，"填充颜色"设为棕色（#993300），"笔触样式"设为"实线"，"笔触高度"设为"1"，如图 2-34 所示。

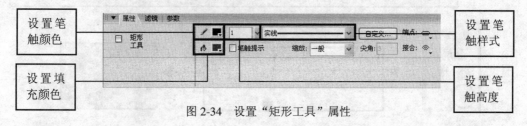

图 2-34　设置"矩形工具"属性

Step 02　将光标移动到舞台中，然后按住鼠标左键不放并拖动，松开鼠标后即可绘制出一个矩形，如图 2-35 所示。

Step 03　选择"选择工具" ，将光标移动到矩形上方边线处，并调整其弧度，如图 2-36 所示。

Step 04　选择"视图" > "标尺"菜单项显示标尺，然后从左侧标尺处拖出两条图 2-37 所示的垂直辅助线。

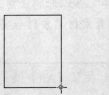  

图 2-35　绘制矩形　　　　　　　图 2-36　调整边线弧度　　　图 2-37　拖出辅助线

Step 05　选择"矩形工具" □，将"填充颜色"设为淡青色（#00FFFF），然后根据辅助线的位置在棕色矩形内部绘制三个图 2-38 所示的矩形，作为窗户的玻璃。

Step 06　将"填充颜色"设为棕色（#993300），然后在三个青色矩形的中间位置绘制图 2-39 所示的矩形。

Step 07　选择"选择工具" ▶，单击中间矩形的上下边线将其选中，然后按【Delete】键删除，如图 2-40 所示；再选中"线条工具" ✐，在窗户的中间位置绘制一条垂直线段，如图 2-41 所示。本例最终效果可参考本书配套素材"素材与实例">"第 2 章"文件夹>"窗户.fla"。

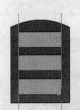 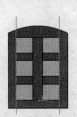 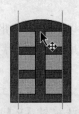 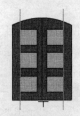

图 2-38　绘制青色矩形　　图 2-39　绘制中间矩形　　图 2-40　删除线段　　图 2-41　绘制垂直线段

在使用"矩形工具" □绘图的同时按住【Shift】键，可绘制正方形。
选择"矩形工具" □后，在工具箱选项区单击"边角半径设置" ⌒ 按钮，可在打开的对话框中设置矩形边角半径，绘制圆角矩形，如图 2-42 所示

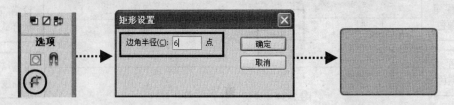

图 2-42　绘制圆角矩形

2.3.2　"椭圆工具"的使用——绘制小青蛙

利用"椭圆工具" ○可以绘制出正圆和椭圆。下面通过绘制图 2-43 所示的小青蛙，介绍"椭圆工具" ○的使用方法。

Step 01　新建一个 Flash 文档，单击工具箱中的"椭圆工具" ○（或按快捷键【O】）将

其选中，然后在"属性"面板中，将"笔触颜色"设为黑色，"填充颜色"设为绿色（#009900），"笔触样式"设为"实线"，"笔触高度"设为"1"，如图2-44所示。

图 2-43　小青蛙　　　　　　　　　　　　图 2-44　设置"椭圆工具"的属性

Step 02　将光标移动到舞台中，按住鼠标左键不放并拖动，松开鼠标后即可绘制一个椭圆，如图 2-45 所示。

Step 03　将"填充颜色"设为白色，然后在绿色椭圆左上方按住【Shift】键并拖动，绘制一个正圆，作为小青蛙的左眼，如图 2-46 左图所示，以同样的方法在绿色椭圆右上方绘制一个大小相同的正圆，作为小青蛙的右眼，如图 2-46 右图所示。

图 2-45　绘制椭圆　　　　　　　　　图 2-46　绘制小青蛙的眼睛

Step 04　将"填充颜色"设为黑色，然后在按住【Shift】键的同时在左眼的右下方绘制一个较小正圆，作为左眼眼珠，如图 2-47 左图所示，再在右眼的左下方绘制一个较小正圆，作为右眼眼珠，如图 2-47 右图所示。

Step 05　在绿色椭圆中间位置绘制两个并列的椭圆，作为小青蛙的鼻孔，如图 2-48 所示。

图 2-47　绘制眼珠　　　　　　　　　图 2-48　绘制鼻孔

Step 06　使用"线条工具" ╱在绿色椭圆偏下位置绘制一条水平线段，然后使用"选择工具" ▶调整线段的弧度，作为小青蛙的嘴，如图 2-49 所示。本例最终效果可参考本书配套素材"素材与实例"＞"第 2 章"文件夹＞"小青蛙.fla"。

温馨提示

　　若想绘制没有填充色的矩形或椭圆形，只需将"矩形工具" ▭或"椭圆工具" ◯的"填充颜色"设为"空" ☑即可，如图 2-50 所示。

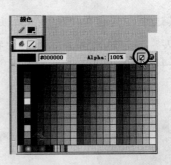

图 2-49   绘制小青蛙的嘴   图 2-50   将填充色设为"空"

2.3.3   "多角星形工具"的使用——绘制流星

使用"多角星形工具" ⬡ 可以绘制多边形和星形。下面通过绘制图 2-51 所示的流星，介绍"多角星形工具" ⬡ 的使用。

图 2-51   流星

Step 01   新建一个 Flash 文档，然后在工具箱中的"矩形工具" ▢ 上按住鼠标左键不放，在展开的列表中选择"多角星形工具" ⬡，如图 2-52 所示。

Step 02   在"属性"面板中，将"笔触颜色"设为橙黄色（#FF9900），"填充颜色"设为"空" ⬓，"笔触样式"设为"实线"，"笔触高度"设为"3"，如图 2-53 所示。

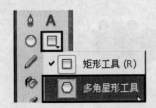

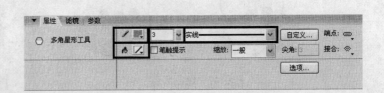

图 2-52   选择"多角星形工具"   图 2-53   设置"多角星形工具"属性

Step 03   单击"属性"面板中的"选项"按钮 选项，在打开的"工具设置"对话框中将"样式"设为"星形"，其他选项保持不变，如图 2-54 所示。

Step 04   将光标移动到舞台中，然后按住鼠标左键不放并拖动，绘制一个图 2-55 所示的五角星。

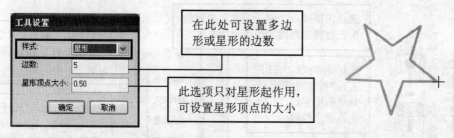

图 2-54 "工具设置"对话框   图 2-55 绘制五角星

Step 05 选择"线条工具" ✏，以五角星的右侧边线为起点绘制两条图 2-56 所示的斜线，再在两条斜线间绘制一条连线。

Step 06 使用"选择工具" ▶ 调整两条斜线和连线的弧度，然后选中斜线间五角星的边线，按【Delete】键将其删除，如图 2-57 所示。本例最终效果可参考本书配套素材"素材与实例" > "第 2 章"文件夹> "流星.fla"。

图 2-56 绘制线段   图 2-57 调整线段弧度并删除多余线段

2.4 "刷子工具"的使用——为房顶添加积雪效果

利用"刷子工具" 🖌可以绘制任意形状、大小及颜色的填充区域。下面通过为房顶添加积雪效果，介绍"刷子工具" 🖌的使用方法。

Step 01 打开本书配套素材"素材与实例" > "第 2 章" > "小房子.fla"文档，会发现舞台中有一座绘制好的的小房子，如图 2-58 所示。

Step 02 单击工具箱中的"刷子工具" 🖌（或按快捷键【B】）将其选中，然后在"属性"面板中，将"填充颜色"设为白色，如图 2-59 所示。

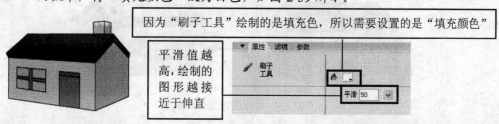

图 2-58 舞台中的小房子   图 2-59 "刷子工具"的"属性"面板

Step 03 在工具箱"选项"区选择刷子大小以及形状，如图 2-60 所示。

Step 04 单击工具箱"选项"区的"刷子模式" 🔍按钮，可在展开的下拉列表中选择涂色模式，本例选择"颜料选择"模式，如图 2-61 所示。

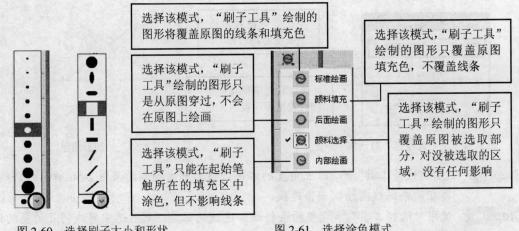

<table>
<tr><td>选择该模式，"刷子工具"绘制的图形将覆盖原图的线条和填充色</td><td></td><td>选择该模式，"刷子工具"绘制的图形只覆盖原图填充色，不覆盖线条</td></tr>
</table>

选择该模式，"刷子工具"绘制的图形只是从原图穿过，不会在原图上绘画

选择该模式，"刷子工具"绘制的图形只覆盖原图被选取部分，对没被选取的区域，没有任何影响

选择该模式，"刷子工具"只能在起始笔触所在的填充区中涂色，但不影响线条

标准绘画
颜料填充
后面绘画
颜料选择
内部绘画

图 2-60　选择刷子大小和形状　　　图 2-61　选择涂色模式

经验之谈

不同的涂色模式其作用也不相同，在使用"刷子工具" ✐ 绘图的过程中，应根据实际需要进行选择，图 2-62 所示为 5 种涂色模式的绘画效果。

标准绘画　　　　颜料填充　　　　后面绘画　　　　颜料选择　　　　内部绘画

图 2-62　5 种涂色模式下的绘画效果

Step 05 使用"选择工具" ▲ 单击选中屋顶的填充色，如图 2-63 左图所示，然后选择"刷子工具" ✐，在屋顶上按住鼠标左键并拖动，绘制积雪效果，如图 2-63 右图所示。本例最终效果可参考本书配套素材"素材与实例" > "第 2 章"文件夹 > "积雪效果.fla"。

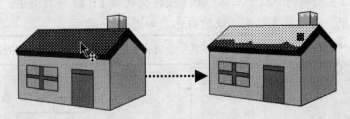

图 2-63　为屋顶添加积雪效果

2.5　"文本工具"的使用

利用 Flash 提供的"文本工具" **A**，可以在贺卡、课件和 MTV 等 Flash 作品中添加不

同字体和大小的文字，添加文字后，还可利用"滤镜"面板为文字添加特效，或者将文字分离为矢量图形，并使用"选择工具" ↖ 进行调整，使其更加美观。

2.5.1　文本的类型

可在 Flash 中输入的文本有静态文本、动态文本和输入文本 3 种类型，它们的作用各不相同。

> **静态文本：** 在创作文档时确定文本内容和外观，最终出现在动画中的文本与在制作动画时设置的样式没有任何变化。静态文本比较常用，本书在介绍文字的使用时，如果没有特别说明，都是指静态文本。
> **动态文本：** 在动画播放时可以动态更新的文本，如股票报价等。
> **输入文本：** 在动画播放时让用户输入的文本，如表单或调查表等。动态文本和输入文本通常都需要结合 Flash 脚本使用。

2.5.2　创建文本

利用"文本工具" A 输入文字并创建文本的方法有以下两种。

> 单击工具箱中的"文本工具" A，然后将光标移动到舞台中要输入文字的位置并单击，即可输入文字，输入完毕后，选择工具箱中的其他工具，输入的文字会变为一个整体，我们称其为文本，如图 2-64 所示。
> 如果要输入固定宽度的文本，可选中"文本工具" A，在舞台中按住鼠标左键并拖动，拖出一个文本框（用来确定文本的宽度），然后可在文本框中输入文字。在该方式下，输入的文字达到文本框边缘时会自动换行，如图 2-65 所示。

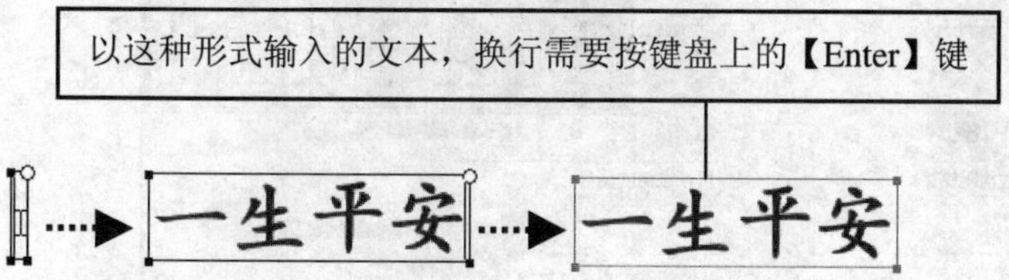

以这种形式输入的文本，换行需要按键盘上的【Enter】键

图 2-64　输入文本 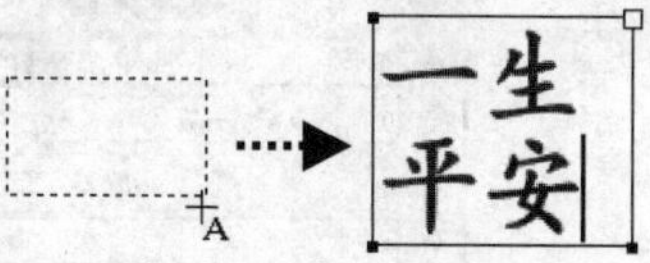　　　　　　　　　　　图 2-65　输入固定宽度的文本

 　将光标移动到文本框的 4 个边角上，当光标呈 ↔ 形状时，按住鼠标左键并拖动可改变文本框宽度；如果双击文本框右上角的小方块，可使文本变为单行文本。

2.5.3　设置文字样式

输入文字时，经常需要设置文字的大小、颜色和字体等样式，以使其符合动画的要求。

我们既可以在选择"文本工具" **A** 后，先设置文字样式，然后再输入文字；也可以输入文字后，再设置它的样式，这两种方式的最终效果是一样的。下面通过设置一段文字的样式，介绍调整文字样式的方法。

Step 01 输入一段文字，使用"选择工具" 单击文本将其选中，被选中的文本周围会出现一个蓝色的方框，如图 2-66 所示。

Step 02 在"属性"面板中，单击"字体"下拉按钮，在弹出的列表中可以为文字选择一种字体，如选择"隶书"，如图 2-67 所示

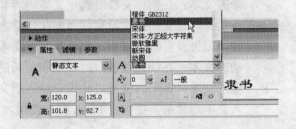

图 2-66 选中文本 　　　　　　　　　　　　图 2-67 设置文本字体

Step 03 在"字体大小"编辑框中输入数字（或单击其右侧的三角按钮，在弹出的调节杆中拖动滑块），可改变字体大小，如图 2-68 所示。

Step 04 单击"文本（填充）颜色"按钮，可在弹出的"拾色器"对话框中选择文本的颜色，例如选择蓝色（#0000CC），如图 2-69 所示。

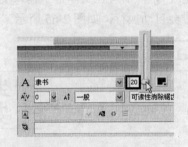

图 2-68 设置字体大小 　　　　　　　　　　图 2-69 设置文本颜色

Step 05 如果要对个别文字进行设置，可选择"选择工具" ，然后双击文本进入文本编辑模式。在编辑模式下，按住鼠标左键并拖动，可选中拖动轨迹中的文字，被选中的文字以白字黑底显示，如图 2-70 所示。

Step 06 将"字体大小"设置为"25"，再单击"切换粗体"按钮 **B** 加粗字体，单击"切换斜体"按钮 *I* 倾斜字体，如图 2-71 所示。要退出文本编辑模式，只需使用"选择工具" 在舞台其他位置单击即可。

图 2-70 选中个别文字   图 2-71 改变字体样式

Step 07 单击 ≣ ≡ ≡ ≡ 这几个按钮可设置文字对齐方式，分别为左对齐、居中对齐、右对齐和两端对齐，例如将光标定位在"消逝"两字的所在行，然后单击"居中对齐"按钮 ≡ 将这两字居中对齐，如图 2-72 所示。

Step 08 单击"编辑格式选项"按钮 ¶，可在打开的"格式选项"对话框中设置文本格式，例如进入文本编辑状态后，将光标放在第二行，打开"格式选项"对话框，将"缩进"选项设为"50px"，如图 2-73 所示。

 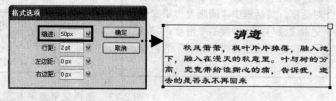

图 2-72 设置文字对齐方式   图 2-73 设置文本格式

Step 09 在"字母间距" $^{A}_{V}$ 编辑框中输入数字可改变文字间距，比如单独选中"消逝"两字，再将"字母间距"设为"30"，如图 2-74 所示。

Step 10 单击"改变文本方向"按钮 ，可在弹出的下拉列表框中选择文本的排列方式，例如选中整个文本后，选择"垂直，从左向右"，如图 2-75 所示。

图 2-74 改变文字间距   图 2-75 选择文本的排列方式

Step 11 单击"字符位置"选项 A 右侧的下拉按钮 ，可在弹出的下拉列表中设置所选文字的样式，分别为"正常"、"上标"和"下标"，图 2-76 所示为由这三种样式组成的文本。

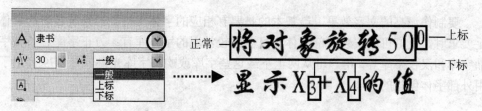

图 2-76 设置文字上下标

Step 12 单击"字体呈现方法"右侧的下拉按钮 ，可在弹出的下拉列表中设置文字在动画中的表现方式，如图 2-77 所示。通常选择"动画消除锯齿"或"可读性消除锯齿"选项。

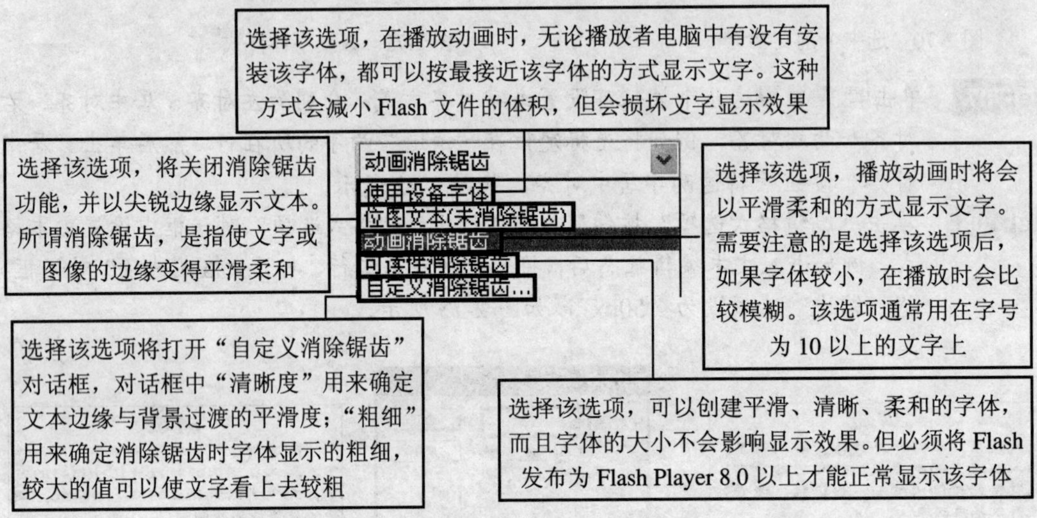

选择该选项，在播放动画时，无论播放者电脑中有没有安装该字体，都可以按最接近该字体的方式显示文字。这种方式会减小 Flash 文件的体积，但会损坏文字显示效果

选择该选项，将关闭消除锯齿功能，并以尖锐边缘显示文本。所谓消除锯齿，是指使文字或图像的边缘变得平滑柔和

动画消除锯齿
使用设备字体
位图文本(未消除锯齿)
动画消除锯齿
可读性消除锯齿
自定义消除锯齿…

选择该选项，播放动画时将会以平滑柔和的方式显示文字。需要注意的是选择该选项后，如果字体较小，在播放时会比较模糊。该选项通常用在字号为 10 以上的文字上

选择该选项将打开"自定义消除锯齿"对话框，对话框中"清晰度"用来确定文本边缘与背景过渡的平滑度；"粗细"用来确定消除锯齿时字体显示的粗细，较大的值可以使文字看上去较粗

选择该选项，可以创建平滑、清晰、柔和的字体，而且字体的大小不会影响显示效果。但必须将 Flash 发布为 Flash Player 8.0 以上才能正常显示该字体

图 2-77　选择文字表现方式

Step 13 选中文本后，在"URL 链接" 编辑框中输入网址，可以将文字链接到相应网站，例如为所选文本输入"http://www.baidu.com"，如图 2-78 所示，这样在播放动画时，单击相应文字，即可打开"百度"网站。

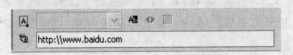

图 2-78　链接文字

2.5.4　美化文字

通过前面的学习，我们已经能够创建文本，并通过"属性"面板设置文字的样式。但要制作精美的文字，仅仅这些还不够。下面介绍美化文字的几种方法。

1. 安装外部字体

要制作漂亮的文字效果，最基本的是要有相应的字体支持。当系统自带的字体无法满足要求时，我们可以安装外部字体。目前比较常用的字体库有：方正字库、长城字库、文鼎字库和汉仪字库等，用户可从网上下载这些字库或购买字库光盘。图 2-79 列出了几个使用外部字体创建的文本。

爱无止境 爱无止境 爱无止境

汉仪海韵体简　　　　　　　汉仪咪咪体简　　　　　　　汉仪水波体简

爱无止境 爱无止境 爱无止境

方正粗倩简体　　　　　　　方正黄草简体　　　　　　　方正胖头鱼简体

图 2-79　使用外部导入字体创建的文本

温馨提示

对于外部字体，需要先将其安装在系统中才能使用。在"控制面板"中双击"字体"选项打开"字体"窗口，在"字体"窗口中选择"文件">"安装新字体"菜单打开"添加字体"对话框，然后执行图 2-80 所示的操作即可安装新字体。

3. 选择要安装的字体。
也可以单击"全选"按
钮选中全部字体

2. 选择字库所
在的文件夹

4. 单击"确定"
按钮安装字体

5. 完成操作后，单击"关
闭"按钮关闭对话框

1. 选择存放字库的
硬盘分区或光盘

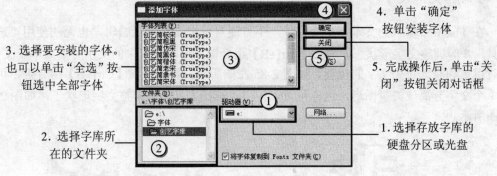

图 2-80　安装新字体

2. 为文字添加滤镜特效

利用"滤镜"面板可以为文字添加滤镜特效，从而制作出各种特殊效果的文字。下面是具体操作步骤。

Step 01 使用"选择工具" 单击选中要添加特效的文本，然后打开"滤镜"面板，如图 2-81 所示。

Step 02 单击"滤镜"面板中的"添加滤镜"按钮 ，从弹出的列表中选择一种滤镜，本例选择"斜角"滤镜，如图 2-82 所示。

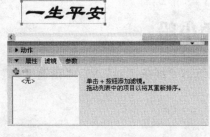

图 2-81　选中文本和打开"滤镜"面板

图 2-82　选择"斜角"滤镜

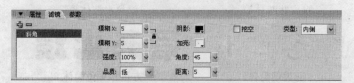
Step 03 选中滤镜后，可以在"滤镜"面板中对该滤镜的参数进行设置，如图 2-83 所示；图 2-84 所示为添加了"斜角"滤镜后的文本效果。

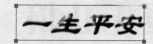

图 2-83 设置"斜角"滤镜的参数   图 2-84 添加了滤镜特效后的文本效果

> 可以为文本添加多个滤镜特效，如果要删除文本上的滤镜效果，只需在"滤镜"面板的滤镜列表框中选中要删除的滤镜，然后单击"删除滤镜" □ 按钮即可。

3. 分离和变形文字

在 Flash 中输入的文本是一个整体，不方便对单个文字进行编辑，也无法使用"选择工具" ▶ 等调整文字形状。通过按【Ctrl+B】组合键，可以将选中的文字分离成单个文字，此时可单独移动每个文字的位置，如图 2-85 左图所示；再按一次【Ctrl+B】组合键，可以将单个文字分离成矢量图形，这样便可以使用"选择工具" ▶ 调整文字形状了，如图 2-85 右图所示。

图 2-85 分离并调整文本形状

> 将文本分离为矢量图形后，便无法再设置字体、字号等属性。此外，无论是文本，还是分离形成的矢量图形，都可以使用"任意变形工具" ▣ 对文本进行压缩、倾斜、旋转等变形操作，这方面的内容请参考本书第 4 章内容。

综合实例 1——绘制打鱼小船

本例通过绘制图 2-86 所示的打鱼小船，练习"线条工具" ╱、"铅笔工具" ╱ 和"选择工具" ▶ 的使用方法。

制作分析

首先利用"铅笔工具"✏绘制海浪，然后利用"线条工具"✏和"选择工具"▶绘制小船的船身、船帆和海鸥，最后使用"铅笔工具"✏绘制云彩。

图 2-86 打鱼小船

制作步骤

Step 01 新建一个 Flash 文档，选择"铅笔工具"✏，将其绘图模式设为"平滑"，

然后在"属性"面板中，将"笔触颜色"设为蓝色（#0099FF），"笔触样式"设为"实线"，"笔触高度"设为"1"，如图 2-87 所示。

Step 02 在舞台中绘制一条平滑曲线作为海浪，如图 2-88 所示。

图 2-87 设置"铅笔工具"属性

图 2-88 绘制海浪

Step 03 选择"线条工具"✏，然后在工具选项区选中"贴紧至对象"按钮，再在"属性"面板中将"笔触颜色"设为黑色，"笔触高度"设为"1"。

Step 04 在舞台中绘制一条直线作为船舷，然后在前后两端绘制两条连接船舷和海浪的线段作为船头和船尾，再使用"选择工具"▶调整船头和船尾的弧度，如图 2-89 所示。

图 2-89 绘制船身并调整线条弧度

Step 05 选择"线条工具"✏，在船身上绘制木板、船舱和桅杆，如图 2-90 所示。

Step 06 使用"线条工具"✏，绘制 4 条图 2-91 左图所示的斜线，再使用"选择工具"▶进行调整，制作主帆，如图 2-91 右图所示。

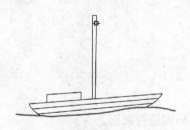

图 2-90 绘制木板、船舱和桅杆

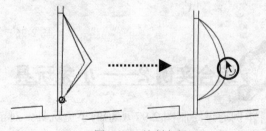

图 2-91 绘制主帆

Step 07   使用"线条工具" ✏ 绘制图 2-92 所示的侧帆。

Step 08   使用"线条工具" ✏ 在舞台上绘制 4 条图 2-93 左图所示的斜线，然后使用"选择工具" ▶ 调整线条的弧度和端点位置，绘制出海鸥，如图 2-93 右图所示。

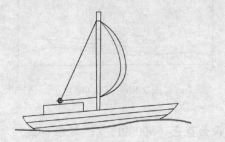 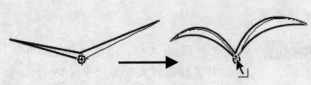

图 2-92   绘制侧帆   图 2-93   绘制海鸥

Step 09   利用与 Step 08 相同的方法再绘制一只海鸥，如图 2-94 所示。

Step 10   选择"铅笔工具" ✏，将"笔触颜色"设为红色（#FF0000），然后在桅杆上绘制小旗，如图 2-95 所示。

图 2-94   绘制另一只海鸥   图 2-95   绘制小旗

Step 11   将"铅笔工具" ✏ 的"笔触颜色"设为蓝色（#00CCFF），将"笔触样式"设为点描，如图 2-96 左图所示，然后在舞台上绘制图 2-96 右图所示的云彩。本例最终效果可参考本书配套素材"素材与实例">"第 2 章"文件夹>"打鱼小船.fla"。

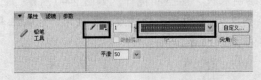 

图 2-96   绘制云彩

综合实例 2——小兔玩具

本例通过绘制图 2-97 所示的小兔玩具，对前面所学知识进行巩固。

制作分析

　　首先使用"椭圆工具" ○ 绘制小兔头部和身体轮廓，并使用"选择工具" ↖ 进行调整，然后使用"线条工具" ∕ 绘制小兔身上的线脚，使用"矩形工具" □ 绘制小兔前面的玩具箱，最后使用"多角星形工具" ○ 和"钢笔工具" ♦ 绘制流星，并利用"文本工具" A 输入文字。

图 2-97　小兔玩具

制作步骤

Step 01　新建一个 Flash 文档，选择"椭圆工具" ○ ，将"笔触颜色"设为黑色，"填充颜色"设为"空" ▣ ，"笔触高度"设为"1"，然后在舞台中绘制一个正圆作为小兔的头部，在正圆左下方绘制一个稍小的椭圆作为小兔的鼻子，如图 2-98 所示。

Step 02　使用"椭圆工具" ○ 在左下方的椭圆上绘制一个正圆作为小兔的鼻头，在较大的正圆上方绘制两个椭圆作为小兔的耳朵，如图 2-99 所示。

Step 03　使用"选择工具" ↖ 单击选中不需要的线段，然后按【Delete】键将其删除，效果如图 2-100 所示。

图 2-98　绘制小兔头部轮廓　　图 2-99　绘制鼻头和耳朵　　图 2-100　删除多余线段

Step 04　选择"线条工具" ∕ ，在"属性"面板中将"笔触样式"设置为点状线，如图 2-101 所示。

Step 05　使用"线条工具" ∕ 在小兔的头部绘制线段，然后使用"选择工具" ↖ 调整线段的弧度，制作头部的线脚，如图 2-102 所示。

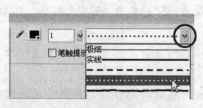

图 2-101　设置"线条工具"参数

图 2-102　制作头部的线脚

Step 06　选择"椭圆工具" ○ ，在"属性"面板中将"笔触样式"设为"实线"，然后在小兔头部的下方绘制一个较大的椭圆作为小兔的身体，如图 2-103 所示。

Step 07　使用"椭圆工具" ⬭在小兔身体上绘制两个横向的椭圆作为小兔的手和腿,然后绘制一个正圆作为小兔的尾巴,如图 2-104 左图所示,再在小兔腿部的前端绘制一个纵向的椭圆,作为小兔的脚,如图 2-104 右图所示。

图 2-103　绘制小兔的身体　　　　　图 2-104　绘制小兔的手、腿、尾巴和脚

Step 08　使用"选择工具" ▶选中不需要的线段并删除,然后选择"线条工具" ✐,在"属性"面板中将"笔触样式"设为点状线,在小兔的身体上绘制线脚,绘制好后,使用"选择工具" ▶进行调整,如图 2-105 所示。

Step 09　选择"矩形工具" ▢,在"属性"面板中将"笔触样式"设为"实线",然后在小兔的前面绘制一个正方形,如图 2-106 所示。

Step 10　使用"线条工具" ✐绘制玩具盒侧面和顶部的连线,制作玩具盒,再在玩具盒顶部和侧面绘制盒盖,效果如图 2-107 所示。

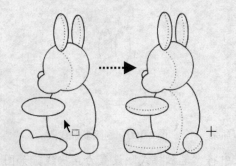　　　　　　

图 2-105　删除多余的线段并绘制线脚　　图 2-106　绘制正方形　　图 2-107　绘制玩具箱

Step 11　选择"多角星形工具" ⬡,在"属性"面板中将"填充颜色"设为"空" ☑,然后单击"选项"按钮,在打开的"工具设置"对话框中的"样式"下拉列表中选择"星形",并将"边数"设为"5",单击"确定"按钮,然后绘制图 2-108所示的五角星。

Step 12　选择"钢笔工具" ✒,将光标移动到五角星右上方的线条上,单击显示五角星的锚点,如图 2-109 所示。

Step 13　在小兔右上方单击创建一个锚点,然后将光标移动到五角星的路径上,当光标呈 ✒形状时按住鼠标左键不放并拖动,拖出一个曲线锚点,如图 2-110 所示。

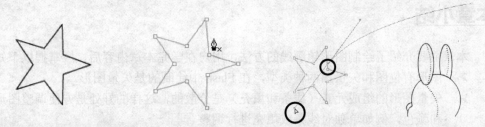

图 2-108　绘制五角星　　图 2-109　显示五角星的锚点　　　　图 2-110　创建曲线路径

Step 14　选择工具箱中任意工具，然后选择"钢笔工具" ，单击五角星显示路径，在小兔右上方再创建一个锚点，然后利用与 Step 13 相同的方法在五角星上创建曲线锚点，如图 2-111 所示。

Step 15　选择"线条工具" ，在第 1 条曲线路径和第 2 条曲线之间绘制图 2-112 所示的连线。

Step 16　使用"选择工具" 单击选中五角星上多余的线段，然后按【Delete】键删除，这样流星就制作好了，如图 2-113 所示。

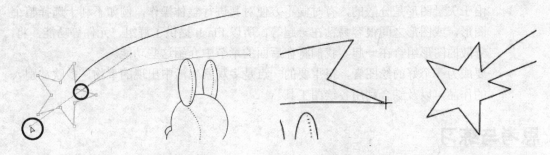

图 2-111　创建第 2 个曲线路径　　　　图 2-112　绘制连线　　　图 2-113　删除多余的线段

Step 17　选择"文本工具" A，在"属性"面板中将"字体"设为"方正琥珀简体"、"字体大小"设为"50"、"文本（填充）颜色"设为黑色，单击"改变文本方向"按钮 ，在弹出的下拉列表框中选择"垂直，从左向右"选项，如图 2-114 所示。

Step 18　将光标移到舞台右侧，然后单击并输入"等你回家"文字，如图 2-115 所示。至此实例就完成了。本例最终效果可参考本书配套素材"素材与实例" > "第2章"文件夹> "小兔玩具.fla"。

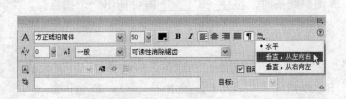

图 2-114　设置"文本工具"属性　　　　　　图 2-115　输入文本

本章小结

本章主要介绍了绘制图形轮廓线的方法，用户在学完本章内容后，应掌握以下知识。

➤ 图形有位图和矢量图两种类型，在 Flash 中绘制的是矢量图形。

➤ 矢量图形的组成元素（线条和填充）是分散的，这样的好处是方便调整图形形状和颜色，例如单独对线条或填充进行调整。

➤ 在 Flash 中绘制的矢量图形的线条会在交叉处分成独立线段，从而方便使用"选择工具" 选取不同的线段并删除（参见"综合实例 2"Step 03），或调整线段的形状。

➤ 在绘制图形轮廓线时，需要注意的是各线条一定要交接好，这样才能使用"颜料桶工具" 为不同的封闭区域填充颜色。

➤ 很多看似简单的工具，只要巧妙应用，便能绘制出生动的图形。例如，"线条工具" 虽然只能绘制直线线条，但通过与"选择工具" 配合使用，几乎能绘制出所有图形的轮廓线。

➤ 由于矢量图形是分散的，有时候不方便对其进行整体操作，例如不利于选择整个图形，或图形之间很容易粘在一起等，所以 Flash 提供了群组、元件等功能，将分散的图形组合在一起。我们将在后面的章节中介绍这些功能。

➤ 要成为一个好的绘图者，很重要的一点是多观察生活中出现的事物，多欣赏别人的作品，以及综合利用各绘图工具。

思考与练习

一、填空题

1. 利用_____工具，可以模仿在纸上绘制图形的效果，在 Flash 中绘制任意形状的线条和形状。

2. 在使用"矩形工具" 或"椭圆工具" 绘图时，按住_____键，可绘制正方形或正圆形。

3. 利用_____工具可以绘制多边形和星形。

4. 利用"属性"面板，可以设置线条的_____、_____、_____等属性。

5. 利用_____工具可以方便地移动锚点位置和调整曲线的弧度。

6. 使用"选择工具" 调整线条时，按住_____键可拖出一个拐点。

二、选择题

1. 要使用"铅笔工具" 绘制接近徒手画出的线条，应选择（　　　）模式。
    A. 伸直　　　　B. 平滑　　　　C. 墨水　　　　D. 手绘

2. 使用"多角星形工具" 可以绘制（　　　）图形。
    A. 矩形　　　　B. 椭圆形　　　　C. 多边形　　　　D. 星形

3. 要使"刷子工具" ✎ 绘制的填充色只覆盖原有图形的填充色，而不覆盖线条，应选择（ ）模式。

  A．标准绘画 B．颜料填充 C．后面填充 D．颜料选择

4. 在创作文档时确定文本内容和外观，最终出现在动画中的文本与在制作动画时设置的样式没有任何变化的是（ ）。

  A．静态文本 B．动态文本 C．输入文本 D．都不行

5. 利用（ ），可以为输入的文字添加滤镜特效。

  A．属性面板 B．动作面板 C．滤镜面板 D．参数面板

三、操作题

利用本章所学知识绘制一幅图 2-116 所示的生日蛋糕图形。本题最终效果请参考本书配套素材"素材与实例" > "第 2 章"文件夹>
"生日蛋糕.fla"。

提示：

（1）利用"椭圆工具" ◯ 和"矩形工具" ▢ 绘制蛋糕的轮廓线。

（2）利用"铅笔工具" ✎ 绘制蛋糕上的奶油。

（3）利用"矩形工具" ▢ 绘制蛋糕上的蜡烛。

图 2-116 生日蛋糕

（4）使用"钢笔工具" ✎ 绘制蜡烛上的火焰。

（5）使用"线条工具" ╱ 绘制蛋糕下面的台子。

（6）使用"矩形工具" ▢ 在蛋糕上方绘制一个矩形，并在矩形内使用"文本工具" A 输入"生日快乐"字样，最后使用"多角星形工具" ⬡ 绘制星星。

第3章

色彩的应用

本章内容提要

- 配色原理 54
- "颜料桶工具"的使用 55
- "填充变形工具"的使用 61
- "墨水瓶工具"的使用 63
- "滴管工具"的使用 64

章前导读

色彩是Flash动画不可缺少的组成部分，一部色彩运用得当的作品，不但可以给人强烈的视觉冲击，还可以更好地突出作品的氛围。本章我们便来学习如何在Flash中为图形填充颜色。

3.1 配色原理

两个鲜艳的颜色放在一起会产生强烈的刺激感，两个柔和的颜色放在一起会产生和谐的美感。不同的颜色，不同的颜色组合带给人千差万别的视觉感受，这就是配色。制作动画时，要让绘制的图形富有表现力，配色是非常重要的一环。

3.1.1 色彩的三原色与三要素

Flash 中的颜色主要是由红（R）、绿（G）、蓝（B）三原色按一定的比例混和而成，如图3-1所示。

色相、明度和纯度称为色彩三要素。色彩三要素是色彩最基本的属性，是研究色彩的基础。

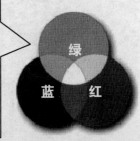

其他颜色都由这三种原色按一定的比例混合而成，比如R（255）、G（0）、B（255）混和形成紫色；R（255）、G（255）、B（255）混和形成白色

图 3-1　Flash 中的颜色构成

> **色相**：色相是一个颜色的本身固有色，可以理解为红、橙、黄、绿、青、蓝、紫，色相是颜色最主要的特征。
> **明度**：明度指色彩的明暗程度，任何色彩都有自己的明暗特征。一个物体表面的光反射率越大，对视觉刺激的程度越大，看上去就越亮，这一颜色的明度就越高。明度适于表现物体的立体感和空间感。
> **纯度**：纯度是指色彩的鲜艳程度，也称为彩度，例如各色相都是纯色，纯度最高，但红加白就没那么纯了。

3.1.2 配色技巧

色彩能影响人的心理。下面我们看看色彩能影响人的哪些心理。

> **冷暖**：有的色彩能让人联想到天空、流水、雪景和冰块等，这种颜色叫冷色，例如白色、蓝色和青色等；有的色彩让人联想到太阳、火焰等，这种颜色称为暖色，如黄色、红色和橙色等。
> **膨胀**：两个相同形状、相同大小的物体，在不同色彩和相同背景衬托下，会给我们不同的距离感。例如，黑与白，我们会感觉白色大，黑色小；红与蓝，我们会感觉红色大，蓝色小。使物体显得大的颜色被称为前进色，显得小的为后退色。通常，冷色后退、收缩，暖色前进、膨胀；高纯度的颜色显得大，低纯度的显得小；从明度上看，明度高前进、膨胀，明度低则相反。
> **轻重感**：色彩能使人产生轻重感。通常，明度越高越轻，反之越重；白色最轻，黑色最重。
> **情绪**：色彩还能使人产生不同的情绪，例如，红色、橙色能使人产生兴奋感；蓝色、绿色却使人冷静。

下面是几种常见颜色带给人的心理感觉。

> **红色**：红色给人热情、欢乐之感，通常用它来表现火热、生命、活力等信息。
> **蓝色**：蓝色给人冷静、宽广之感，通常用它来表现未来、高科技、思维等信息。
> **黄色**：黄色给人温暖、轻快之感，通常用它来表现温暖、光明、希望等信息。
> **绿色**：绿色给人清新、平和之感，通常用它来表现生长、生命等信息。
> **橙色**：橙色给人兴奋、成熟之感。
> **紫色**：紫色给人幽雅、高贵之感，通常用它来表现悠久、深奥、理智、高贵、冷漠等信息。
> **黑色**：通常用它来表现重量、坚硬、男性、工业等信息。
> **白色**：白色给人纯洁、高尚之感，通常用它来表现洁净、寒冷等信息。

3.2 "颜料桶工具" 的使用

利用"颜料桶工具" 可以为图形封闭或半封闭区域填充纯色、渐变色或位图图像；也可以改变现有的填充颜色。

3.2.1 **填充纯色——填充小兔玩具**

下面通过为小兔玩具填充纯色（效果参照图 3-2），介绍使用"颜料桶工具" 填充纯色的方法。

Step 01 打开本书配套素材"素材与实例">"第 2 章"文件夹>"小兔玩具.fla"文档，单击工具箱中的"颜料桶工具" （或按快捷键【K】）将其选中，然后单击工具箱选项区的"空隙大小"按钮，在弹出的下拉列表中选择填充模式，本例选择"封闭小空间"选项，如图 3-3 所示。

图 3-2 填充纯色

Step 02 选择"颜料桶工具" ，然后单击工具箱颜色区的"填充色"按钮，在弹出的"拾色器"对话框中选择红色（#FF0000），如图 3-4 所示。

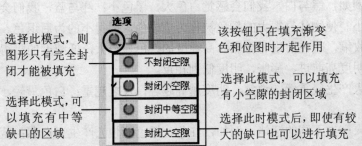

图 3-3 填充模式选项　　　　　　　　　　　图 3-4 "拾色器"对话框

Step 03 如果希望对选择的颜色做进一步调整，可再次打开"拾色器"对话框并单击按钮，打开"颜色"对话框。将该对话框中右侧条形框上的小三角向上拖动，增加颜色的明度，调整好后单击"确定"按钮，如图 3-5 所示。

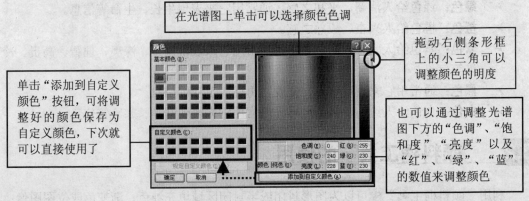

图 3-5 "颜色"对话框

Step 04　将光标分别移动到小兔身上线脚左侧和上方的封闭区域，并单击填充颜色，如图 3-6 所示。

Step 05　打开"拾色器"对话框，单击⬛按钮打开"颜色"对话框，然后将右侧条形框上的小三角向下拖动减少颜色明度，完成后单击"确定"按钮，如图 3-7 所示。

Step 06　将光标分别移动到小兔身上线脚右侧和下方的封闭区域，并单击填充颜色，如图 3-8 所示。

图 3-6　填充小兔亮部　　　　图 3-7　减少颜色明度　　　　图 3-8　填充小兔暗部

Step 07　单击"填充色"按钮⬛，将"填充颜色"设为橙黄色（#FFCC00），然后在流星区域单击填充，如图 3-9 所示。

Step 08　分别将"填充颜色"设为蓝色（#0066FF）、深蓝色（#0033FF）和浅蓝色（#0099FF），并填充小箱子的正面、侧面和顶面，如图 3-10 所示。本例最终效果可参考本书配套素材"素材与实例"＞"第 3 章"文件夹＞"填充纯色.fla"。

图 3-9　填充流星　　　　　　　　　　图 3-10　填充小箱子

3.2.2　填充渐变色——填充易拉罐

　　渐变色是指由多种颜色过渡形成的混和色，可用来制作金属、光源等效果。渐变色分为线性渐变色和放射状渐变色两种，在线性渐变中颜色之间的过渡是以"线"为基准；放射渐变中，颜色之间的过渡是以一个焦点为中心，逐渐向外扩散。

　　下面通过为易拉罐填充颜色（效果参考图 3-11），介绍使用"颜料桶工具"🪣填充渐变色的方法。

图 3-11　填充渐变色

Step 01　打开本书配套素材"素材与实例"＞"第 3 章"文件夹＞"易拉罐.fla"文档，如图 3-12 所示。

Step 02　选择"窗口">"混色器"菜单项，打开"混色器"面板，然后单击"填充色"按钮，在"类型"下拉列表中选择"线性"选项（表示填充线性渐变色），如图 3-13 所示。

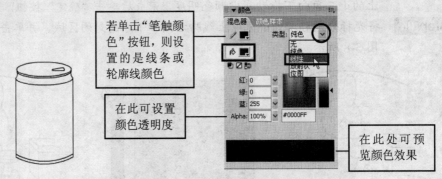

若单击"笔触颜色"按钮，则设置的是线条或轮廓线颜色

在此可设置颜色透明度

在此处可预览颜色效果

图 3-12　打开素材文档　　　　　　　　　　图 3-13　"混色器"对话框

Step 03　此时会出现一个渐变条，双击渐变条左侧的色标，在弹出的"拾色器"对话框中选择棕红色（#660000），如图 3-14 所示，然后以同样的方法，将右侧的色标也设为棕红色（#660000），如此便将渐变色的起始和结束颜色设为了红棕色。

Step 04　将光标移动到渐变条上，当光标呈　形状时单击，即可添加一个色标，如图 3-15 所示。

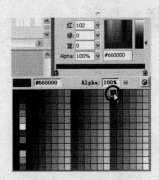

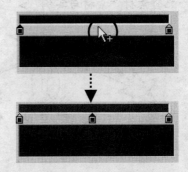

图 3-14　设置色标颜色　　　　　　　　　　图 3-15　添加色标

Step 05　双击新建的色标，将其颜色设为红色（#FF0000）然后将其向左拖动，如图 3-16 所示。

　　　　若要删除某个色标，则只需将其拖离渐变条即可。

Step 06　将光标移动到易拉罐的罐身位置，按住鼠标左键不放由左向右进行拖动，松开鼠标后，即可按照拖动方向填充渐变色，如图 3-17 所示。

色标的位置，代表其所代表的颜色在渐变色中的位置

图 3-16　移动色标位置

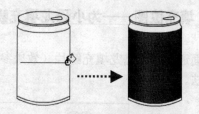

图 3-17　填充渐变色

经验之谈

选择"颜料桶工具" 并设置好渐变色后，可利用单击或拖动的方式进行填充，单击位置或拖动的方向、距离，影响着填充效果。要注意的是，对于放射状渐变色，只能利用单击的方式进行填充。

Step 07　在渐变条上再添加 4 个色标，然后按照一个灰色（#666666）一个白色的顺序设置色标的颜色，如图 3-18 所示。

Step 08　将光标移动到易拉罐的顶部，由左上向右下拖动，填充渐变色，如图 3-19 左图所示，再由左向右水平拖动，填充易拉罐的边缘，如图 3-19 右图所示。

Step 09　最后为易拉罐的罐口填充黑色，本例就完成了，最终效果可参考本书配套素材"素材与实例" >"第 3 章"文件夹>"填充渐变色.fla"。

图 3-18　设置渐变色

图 3-19　填充罐顶和边缘

温馨提示

如果在"混色器"面板"类型"下拉列表中选择"放射状"选项，可设置放射状渐变色。放射状渐变颜色之间的过渡是以一个焦点为中心，逐渐向外扩散，适于表现圆形或椭圆形物体上的反光，如图 3-20 所示。

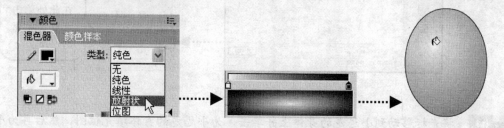

图 3-20　填充放射状渐变色

3.2.3 填充位图——为小恐龙填充鳞片

下面通过为小恐龙填充鳞片（效果参照图 3-21），介绍使用"颜料桶工具" 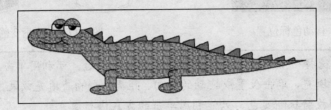 填充位图的方法。

图 3-21　填充位图

Step 01 打开本书配套素材"素材与实例">"第 3 章"文件夹>"小恐龙.fla"文档，如图 3-22 所示。

Step 02 选择"颜料桶工具" ，打开"混色器"面板，在"类型"下拉列表中选择"位图"选项，如图 3-23 所示。

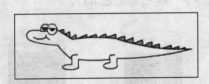

图 3-22　打开素材文档

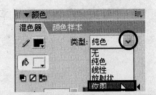

图 3-23　选择"位图"选项

Step 03 在打开的"导入到库"对话框中选择本书配套素材"素材与实例">"第 3 章"文件夹>"鳞片.jpg"文件，然后单击"打开"按钮，如图 3-24 左图所示，即可在"混色器"面板的位图列表中看到导入的位图，如图 3-24 右图所示。

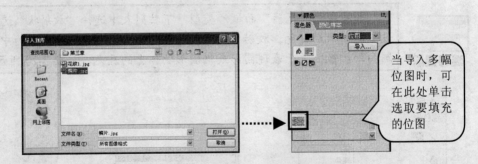

当导入多幅位图时，可在此处单击选取要填充的位图

图 3-24　导入位图

Step 04 将光标移动到小恐龙的身体上并单击，为小恐龙的身体填充位图，然后再为小恐龙的眼皮填充位图，如图 3-25 所示。本例最终效果可参考本书配套素材"素材与实例">"第 3 章"文件夹>"填充位图.fla"。

图 3-25 填充位图

3.3 "填充变形工具"的使用——调整小鸡的填充

"填充变形工具" 📷 用来调整填充的渐变色和位图,例如调整渐变色范围、方向和角度等,从而使图形的填充效果更加符合要求。使用"填充变形工具" 📷 调整线性渐变、放射状渐变和位图填充的方法略有不同。下面我们以调整一只小鸡的填充为例,介绍其使用方法。

Step 01 打开本书配套素材"素材与实例">"第 3 章"文件夹>"小鸡.fla"文档,单击工具箱中的"填充变形工具" 📷 (或按快捷键【F】)将其选中,然后在小鸡的裤子上单击,由于裤子填充的是线性渐变,因此会显示图 3-26 所示的渐变控制线以及渐变控制柄。

Step 02 在渐变中心点上按住鼠标左键并拖动,可移动线性渐变色的整体位置,如图 3-27 所示。

图 3-26 渐变控制线和渐变控制柄　　　　图 3-27 拖动渐变中心点

Step 03 将光标放在"渐变方向控制柄"上,当光标呈 ↻ 形状时按住鼠标左键并拖动,可调整渐变方向。如图 3-28 所示。

Step 04 将光标放在"渐变长度控制柄"上,当光标呈 ↔ 形状时按住鼠标左键并拖动,可调整渐变长度。如图 3-29 所示。

图 3-28 调整线性渐变方向　　　　图 3-29 调整线性渐变长度

Step 05 使用 "填充变形工具" ⚒单击小鸡的脸，由于小鸡的脸填充的是放射状渐变，因此会出现图 3-30 所示的渐变控制圆。

Step 06 在渐变中心点上按住鼠标左键并拖动，可移动放射状渐变色的整体位置，如图 3-31 所示。

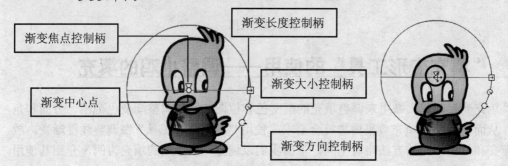

图 3-30 渐变控制圆 　　　　　　　　　　　图 3-31 拖动渐变中心点

Step 07 拖动渐变焦点控制柄，可移动渐变中心点，如图 3-32 所示。

Step 08 拖动渐变长宽控制柄，可增加或减小渐变色的宽度，如图 3-33 所示。

Step 09 拖动渐变大小控制柄，可沿中心位置增大或缩小渐变色，如图 3-34 所示。

图 3-32 移动放射状渐变焦点　　图 3-33 调整放射状渐变色宽度　　图 3-34 调整放射状渐变色大小

Step 10 将光标放在 "渐变方向控制柄" 上，当光标呈 🔄 形状时按住鼠标左键并拖动，可调整渐变方向，如图 3-35 所示。

Step 11 使用 "填充变形工具" ⚒单击小鸡的衣服，由于小鸡的衣服填充的是位图，因此会出现图 3-36 所示的渐变控制柄。

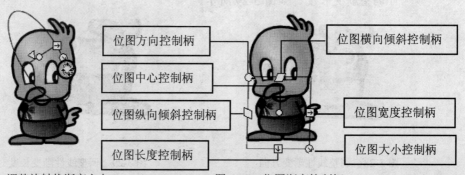

图 3-35 调整放射状渐变方向　　　　图 3-36 位图渐变控制柄

Step 12 拖动横向倾斜控制柄或纵向倾斜控制柄，可改变位图横向或纵向倾斜角度，如图 3-37 所示。

Step 13 拖动位图宽度控制柄或位图长度控制柄，可改变位图的宽度和长度，如图 3-38 所示。

图 3-37 改变位图横向和纵向倾斜角度　　　　图 3-38 改变位图宽度和长度

Step 14 拖动位图大小控制柄，可改变位图的大小，如图 3-39 所示。

Step 15 拖动位图方向控制柄，可改变位图的方向，如图 3-40 所示。

图 3-39 改变位图大小　　　　图 3-40 改变位图方向

3.4 "墨水瓶工具"的使用——改变钻石边线

"墨水瓶工具" 主要用来修改矢量图形的轮廓线，如改变轮廓线的颜色和粗细，或为一个无轮廓线的填充区域添加边线。除了使用纯色描边外，还可以使用渐变色或位图描边。下面通过改变钻石的边线（效果参照图 3-41），介绍"墨水瓶工具" 的使用方法。

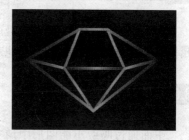

图 3-41 改变钻石边线

Step 01 打开本书配套素材"素材与实例"＞"第 2 章"文件夹＞"钻石.fla"文档，然后单击工具箱中的"墨水瓶工具" 或按快捷键【S】将其选中。

Step 02 在"属性"面板中，将"笔触样式"设为"实线"，"笔触高度"设为"5"，如图 3-42 所示。

Step 03 打开"混色器"面板，单击按下"笔触颜色"按钮 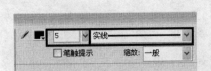，在"类型"下拉列表中选择"线性"选项，然后设置一个由深蓝色（#000099）到淡青色（#00FFFF）再到深蓝色（#000099）的线性渐变，如图 3-43 所示。

Step 04 将光标分别移动到钻石的边线上，并单击各条即可改变边线的属性，如图 3-44 所示。本例最终效果可参考本书配套素材"素材与实例"＞"第 3 章"文件夹＞"改变钻石边线.fla"。

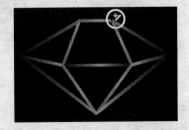

图 3-42 设置"墨水瓶工具"属性　　图 3-43 设置线性渐变　　图 3-44 改变钻石边线属性

> 若轮廓线中有填充色，那么只需使用"墨水瓶工具" 在填充色上单击，即可改变其周围所有边线的属性，而不用逐条去单击，如图 3-45 所示。

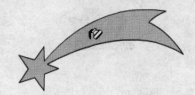

图 3-45 改变填充色的边线属性

3.5 "滴管工具"的使用

利用"滴管工具" 可以吸取舞台上矢量图形的线条和填充色属性，以及文本和位图属性，并将这些属性应用于其他对象。

3.5.1 吸取填充色和位图

下面通过吸取小熊图形中填充的纯色、渐变色和位图，并将其应用在小狗图形中，介绍利用"滴管工具" 吸取填充和位图属性的方法。

Step 01 打开本书配套素材"素材与实例"＞"第 3 章"文件夹＞"小熊与小狗.fla"文档，然后单击工具箱中的"滴管工具" （或按快捷键【I】）将其选中，然后将光标移动到小熊身体的填充色上，当光标呈 ✎ 形状时，单击即可吸取此处的填充色，如图3-46所示。

Step 02 吸取填充色后，"滴管工具" ✎ 会自动切换为"颜料桶工具" ⬧，光标呈 ⬧ 形状；将光标移动到小狗图形中要填充的区域并单击，即可为其填充吸取的颜色，如图3-47所示。

图3-46 吸取纯色   图3-47 填充纯色

Step 03 再次选择"滴管工具" ✎，将光标移动到小熊的眼睛上，单击吸取此处的渐变填充，如图3-48所示。

Step 04 将光标分别移动到小狗的耳朵和尾巴处，单击进行填充，会发现填充的颜色并不是吸取的渐变色，而是纯色，如图3-49所示。

注意黑色小锁标志，这表示"颜料桶工具" ⬧ 处于"锁定填充"模式，将会以舞台为基准进行填充。此时，若吸取的对象是渐变色，将不能正常填充

图3-48 吸取渐变色   图3-49 对小狗的耳朵和尾巴进行填充

Step 05 再次使用"滴管工具" ✎ 吸取小熊眼睛处的填充色，然后单击工具箱中的"锁定填充"按钮 ⬧ 取消其选中状态，如图3-50所示。

Step 06 将光标分别移动到小狗的眼睛和鼻子处，并单击进行填充，会发现可以正常填充渐变色了，如图3-51所示。

黑色小锁标志消失了

图3-50 解除锁定   图3-51 填充渐变色

Step 07　使用"选择工具" 选中舞台上的位图，按快捷键【Ctrl+B】将其分离，然后使用"滴管工具" 对位图进行吸取，如图 3-52 所示。

Step 08　将光标移动到小狗的衣服区域，然后单击为其填充位图，如图 3-53 所示。本例最终效果可参考本书配套素材"素材与实例" > "第 3 章"文件夹> "吸取填充色.fla"。

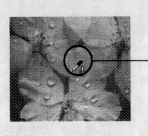

> 如果在吸取时没有分离位图，那么在填充时只能填充"滴管工具" 在位图单击那一点上的颜色

图 3-52　吸取位图　　　　　　　　　　　　　　图 3-53　填充位图

3.5.2　吸取线条属性

使用"滴管工具" 可以对线条的颜色、样式和粗细等属性进行采样，并将采样结果应用到其他线条上。下面通过将一个矩形轮廓线的属性应用于小鸡图形，介绍使用"滴管工具" 吸取线条属性的方法。

Step 01　打开本书配套素材"素材与实例" > "第 3 章"文件夹> "小鸡和矩形.fla"文档，然后选择"滴管工具" ，将光标移动到矩形的边线上，当光标呈 形状时，单击进行吸取，如图 3-54 所示。

Step 02　吸取线条属性后，"滴管工具" 会自动切换为"墨水瓶工具" ，将光标移动到小鸡的轮廓线上并单击，即可将吸取的线条属性应用于小鸡的轮廓线，如图 3-55 所示。本例最终效果可参考本书配套素材"素材与实例" > "第 3 章"文件夹> "吸取线条.fla"。

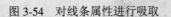

图 3-54　对线条属性进行吸取　　　　　　　　　图 3-55　应用线条属性

3.5.3　吸取文本属性

要使两个文本的字体、字号和颜色等属性都相同，除了通过"属性"面板设置外，还

有一种方法是使用"滴管工具" ，将其中一个文本的属性应用于另一个文本。下面通过将文字"窗前明月光"的属性应用于文字"疑是地上霜"，介绍吸取文本属性的方法。

Step 01 新建一个 Flash 文档，选择"文本工具" **A**，在"属性"面板中将字体设为"隶书"，"字体大小"设为"30"，"字体颜色"设为"橘黄色#FF9900"，然后在舞台上输入文字"窗前明月光"，如图 3-56 所示。

Step 02 在工具箱中选择其他工具，然后再选择"文本工具" **A**，将字体设为"楷体_GB2312"，"字体大小"设为"15"，"字体颜色"设为"深蓝色#000099"，设置好后在舞台的其他位置输入文字"疑是地上霜"，如图 3-57 所示。

图 3-56 输入"窗前明月光" 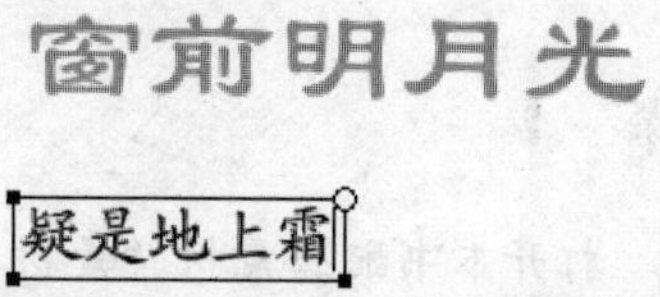   图 3-57 输入"疑是地上霜"

Step 03 使用"选择工具" 选中"疑是地上霜"文本，然后选择"滴管工具" 并将光标移动到"窗前明月光"文本上，当光标呈 形状时单击鼠标，即可将"窗前明月光"文本的属性应用到"疑是地上霜"文本上，如图 3-58 所示。

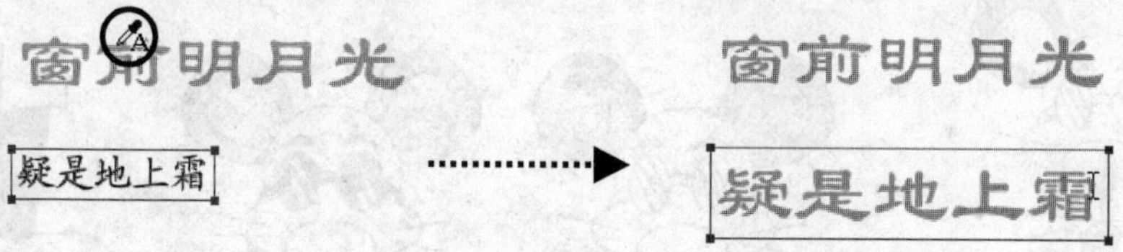

图 3-58 吸取文本属性

综合实例——唐装老鼠

本例通过为图 3-59 左图所示的老鼠线稿上色，来巩固前面所学知识，效果如图 3-59 右图所示。

制作分析

首先利用"颜料桶工具" 为老鼠的耳朵、眼镜和裤子填充纯色，然后使用渐变色填充鼻子、牙齿、鞋子和拐杖，再使用位图填充衣服，最后使用"墨水瓶工具" 改变老鼠轮廓线的属性。

图 3-59　制作唐装老鼠

制作步骤

Step 01　打开本书配套素材"素材与实例" > "第 3 章"文件夹> "老鼠线稿.fla"文件，然后选择"颜料桶工具" 🎨，将"填充颜色"设为青灰色（#91A3AA），并在老鼠耳朵和手部单击填充，如图 3-60 所示。

Step 02　将"填充颜色"设为粉红色（#FFB5B5）填充耳朵的内侧，将"填充颜色"设为黑色填充老鼠的眼镜、眉毛和裤子；再将"填充颜色"设为白色填充眼镜上的高光，如图 3-61 所示。

图 3-60　填充耳朵和手部　　　　　　　　　　　图 3-61　填充眼镜、眉毛和裤子

Step 03　打开"混色器"面板，在"类型"下拉列表中选择"放射状"选项，然后将左侧的色标设为浅青色（#D8DEE0）、右侧的色标设为青灰色（#91A3AA），并将右侧的色标向左适当拖动，如图 3-62 所示。

Step 04　将光标移动到老鼠的脸部，分别在眼镜的上方和下方单击，为脸部填充放射状渐变，如图 3-63 所示。

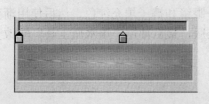

图 3-62　设置放射状渐变　　　　　　　　　图 3-63　填充老鼠脸部

Step 05 将"混色器"面板渐变条左侧的色标设为白色、右侧色标设为黑色，然后将右侧的色标向左适当移动，如图3-64所示。

Step 06 分别在鼻子的左侧和鞋子左侧单击填充放射状渐变，如图3-65所示。

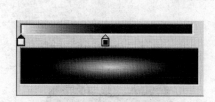
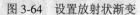

图3-64 设置放射状渐变

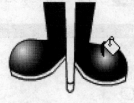

图3-65 填充鼻子和鞋子

Step 07 将"混色器"面板渐变条左侧的色标设为黄色（#FFFF00）、右侧色标设为棕色（#996600），然后在拐杖的把手上单击填充放射状渐变，如图3-66所示。

Step 08 在"混色器"面板"类型"下拉列表中选择"线性"选项，然后在拐杖底端由左向右拖动鼠标填充线性渐变，如图3-67所示。

Step 09 在"混色器"面板中的渐变条上单击添加一个色标，然后将两侧色标设为深棕色（#660000）、中间色标设为浅棕色（#CC9900），如图3-68所示。

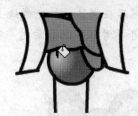

图3-66 填充拐杖把手 　　图3-67 填充拐杖底端 　　图3-68 设置线性渐变

Step 10 将光标移动到拐杖上，然后由左向右拖动填充线性渐变，如图3-69所示。

Step 11 在"混色器"面板的渐变条上单击再添加一个色标，将中间两个色标向两侧拖动，然后将两侧色标设为浅灰色（#CCCCCC），中间两个色标设为白色，如图3-70所示。

Step 12 分别在老鼠的两颗牙齿上由左向右拖动填充线性渐变，如图3-71所示。

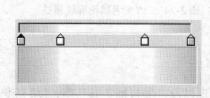

图3-69 填充拐杖 　　图3-70 设置线性渐变 　　图3-71 填充老鼠的牙齿

Step 13 在"混色器"面板"类型"下拉列表中选择"位图"选项，然后在打开的"导入到库" 对话框中选择本书配套素材 "素材与实例" > "第3章" 文件夹> "花纹1.jpg", 并单击 "打开" 按钮, 如图 3-72 所示。

Step 14 将光标移动到老鼠的衣服上, 单击填充位图, 如图 3-73 所示。

Step 15 为老鼠袖口填充 "白色", 鞋底填充灰色 (#666666)。

图 3-72　"导入到库"对话框

图 3-73　填充衣服

Step 16 选择 "墨水瓶工具" , 然后打开 "属性" 面板, 将 "笔触颜色" 设为黑色、"笔触高度" 设为 "3"、"笔触样式" 设为 "实线", 然后在老鼠的外轮廓线上单击, 改变线条属性, 如图 3-74 所示。本例最终效果可参考本书配套素材 "素材与实例" > "第3章" 文件夹> "唐装老鼠.fla"。

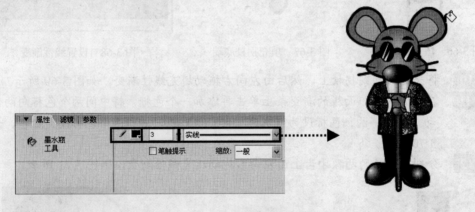

图 3-74　改变老鼠轮廓线属性

本章小结

在本章我们学习了配色原理以及 "颜料桶工具" 、"填充变形工具" 、"墨水瓶工具" 和 "滴管工具" 的使用方法。读者在学习时要注意以下几点。

- 选择"颜料桶工具" 后，除了可以通过工具箱或"属性"面板中的"填充色"按钮 设置纯色外，还可在"混色器"面板中设置纯色、线性渐变色、放射状渐变色和位图。
- 使用"墨水瓶工具" 在填充色中单击，可同时改变填充色的所有边线。
- 在使用"滴管工具" 吸取渐变色后，必须取消"锁定填充"按钮 的选中状态，才能正常填充。
- 使用"滴管工具" 吸取位图时，必须先将位图分离。
- 要想用好色彩，光掌握工具的使用还不够，还需要掌握一些色彩的基础知识，并在平时多做练习，建议大家可以在网上多看一些优秀作品，并从中借鉴。

思考与练习

一、填空题

1. 颜色有冷暖之分，蓝色和白色属于_____色，红色和橙色属于_____色。

2. 在绘制图形时，近处的景物一般使用高纯度、高明度的_____色，远处的景物则使用低纯度、低明度的_____色。

3. 色彩具有 3 个最基本属性，即_____、_____和_____。

4. 利用"颜料桶工具" ，可以为图形封闭或半封闭区域填充_____、_____或者_____。

5. 使用_____工具可以对填充的线性渐变、放射状渐变和位图进行调整。

6. 使用"滴管工具" 可以对舞台上的_____、_____、_____属性进行吸取，并将这些属性应用于其他对象。

二、选择题

1. 色彩三要素中（　　）是颜色最主要的特征。
    A．色相　　　　　B．饱和度　　　　C．明度　　　　D．全部都是

2. 在（　　）中可以设置线性渐变、放射状渐变和位图填充。
    A．属性面板　　　B．动作面板　　　C．颜色面板　　D．滤镜面板

3. 利用（　　）可以修改线条的笔触高度、笔触样式和笔触颜色等属性。
    A．颜料桶工具　　B．墨水瓶工具　　C．橡皮擦工具　D．填充变形工具

4. 使用（　　）可以对填充色和线条进行吸取和填充，还可以使文本属性一致。
    A．颜料桶工具　　B．墨水瓶工具　　C．矩形工具　　D．吸管工具

三、操作题

利用本章所学知识为本书配套素材"素材与实例">"第 3 章"文件夹>"小熊线稿.fla"文档中的图形填充颜色，如图 3-75 所示。本题最终效果请参考本书配套素材"素材与实例">"第 3 章"文件夹>"为小熊上色.fla"。

图 3-75 为小熊上色

提示：

（1）打开素材文档，使用"颜料桶工具" 🖌 为小熊的亮部填充"棕色#CC9900"、暗部填充"深棕色#996600"，为肚皮、耳朵和脚底填充"橙黄色#FFCC00"。

（2）为眼睛和鼻子填充由"白色"到"黑色"的放射状渐变，然后通过"混色器"面板导入本书配套素材"素材与实例">"第3章">"衣纹.jpg"文件，并用其填充衣服。

（3）使用"墨水瓶工具" 🖌 改变小熊身上线脚的线条属性。

第4章
图形的编辑

本章内容提要

- 对象的基本编辑 ·· 73
- 对象的变形操作 ·· 79
- "橡皮擦工具"的使用 ·· 84
- 其他图形处理技巧 ·· 85

章前导读

    Flash 8 提供了强大的图形编辑功能，利用这些编辑功能并配合前面所学的绘图工具，不但可以制作出精美的动画造型，还可以节省我们绘制图形的时间。这一章我们就来学习编辑图形的方法。

4.1 对象的基本编辑

    制作 Flash 动画时，经常需要对舞台上的对象进行选择、移动、复制、组合、分离和排列等操作，下面便来介绍这些内容。

4.1.1 选择舞台上的对象

    对舞台上的对象进行移动、复制、对齐、设置属性等操作时，都需要先选中对象。使用"选择工具" ▶ 可以方便地选择舞台上作为整体的对象，例如绘制对象、群组、文本、元件实例等，还可以选取分散的矢量图形，例如选取线条、填充、部分图形或整个图形。

    下面是使用"选择工具" ▶ 选取对象的具体操作和技巧，读者可打开本书配套素材"素材与实例" > "第 4 章"文件夹> "选择对象.fla"文档进行操作。

- ➢ **选取整体对象**：要选择整体对象，只需选择"选择工具" ▶ 后，在其上方单击即可，选中后其外围会出现一个蓝色边框，如图 4-1 所示。
- ➢ **选取线条**：单击矢量图形的线条，可以选取某一线段，如图 4-2 所示；双击线条，可以选取连接着的所有颜色、样式、粗细一致的线段，如图 4-3 所示。

图 4-1　选择整体对象　　　　图 4-2　单击选取一段线段　　　图 4-3　双击选取相连的线段

➢ **选取填充**：在矢量图形填充区域单击可选取某个填充，如图 4-4 所示；如果图形是一个有边线的填充区域，要同时选中填充区域及其轮廓线，可以在填充区域中的任意位置双击，如图 4-5 所示。

➢ **拖动选取**：在需要选择的对象周围拖出一个方框，释放鼠标后，该方框覆盖的所有对象（或矢量图形的一部分）都将被选中（这种操作我们称其为框选），如图 4-6 所示。

图 4-4　单击选取填充色　　　图 4-5　双击选取填充色及其轮廓线　　　　图 4-6　拖动选取

➢ **选取多个对象**：按住【Shift】键，并依次单击希望选择的对象，可同时选中多个对象；单击时间轴上的某一帧可选中该帧上的所有对象，如图 4-7 所示；此外，选择"编辑" > "全选"菜单，或按下【Ctrl+A】组合键，也可以选择舞台上的所有对象。

　　　利用"任意变形工具"📐或"部分选取工具"🔧也可以选择对象，操作方法与使用"选择工具"🔧相似。此外，使用"套索工具"🔎在舞台上框选要选择的对象，也可以选中一个或多个对象，如图 4-8 所示。

图 4-7　单击时间帧选取对象　　　　图 4-8　使用"套索工具"选取对象

4.1.2 移动、复制和翻转对象——为男孩添加眼睛

在 Flash 动画的制作过程中，经常需要进行移动和复制对象的操作。下面，通过一个为男孩添加眼睛的实例，介绍移动、复制和翻转对象的方法。

Step 01 打开本书配套素材"素材与实例">"第 4 章"文件夹>"男孩头像.fla"文档，会发现舞台中有一个没有眼睛的男孩头像及一只单独的眼睛，如图 4-9 所示。

Step 02 使用"选择工具" 在眼睛上单击将其选中，然后按住鼠标左键不放并将其拖到男孩脸部的适当位置，松开鼠标后即可移动眼睛，如图 4-10 所示。

图 4-9　打开素材文档　　　　　　　　图 4-10　移动眼睛

选中对象后，按键盘上的方向键，对象将向相应方向以 1 像素为单位移动；如果按住【Shift】键再按方向键，则一次移动 10 像素。

Step 03 再次使用"选择工具" 向左拖动眼睛，并在拖动的同时按住【Alt】键，光标此时呈 形状，松开鼠标后即可复制眼睛，如图 4-11 所示。

如果要在不同的帧或文档之间复制对象，可在选中对象后，选择"编辑">"复制"菜单（或按快捷键【Ctrl+C】），然后切换到其他文档，或同一文档的其他关键帧中，此时如果选择"编辑">"粘贴到中心位置"菜单（或按快捷键【Ctrl+V】），可将对象复制到舞台中心位置，如果选择"编辑">"粘贴到当前位置"菜单（或按快捷键【Ctrl+Shift+V】），可将对象复制到与原位置相同的位置。

在不同的帧或文档之间移动对象的操作与此相似，不同的是在选择对象后，需要选择"编辑">"剪切"菜单（或按快捷键【Ctrl+X】）。

Step 04 选择"修改">"变形">"水平翻转"菜单，将复制的眼睛水平翻转，如图 4-12 所示，至此实例就完成了。本例最终效果可参考本书配套素材"素材与实例">"第 4 章"文件夹>"移动、复制和翻转.fla"。

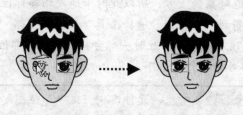

图 4-11　复制眼睛　　　　　　　　　　图 4-12　翻转眼睛

4.1.3 组合、分离与排列——编辑卡通造型

在 Flash 中，当需要对一个或几个对象（包括图形、元件实例、绘制对象、群组对象）进行整体操作时，可以将这些对象组合成一个整体以方便操作，我们将组合后的对象称为群组；还可以将群组对象、元件实例和绘制对象等分离成分散的矢量图形。

此外，在同一图层上，对象会根据创建的先后顺序层叠放置，后创建的对象会覆盖在先创建的对象上方，若希望改变对象的前后顺序，可对对象进行排列操作。下面通过对卡通造型进行编辑，介绍组合、分离和排列对象的方法。

Step 01 打开本书配套素材"素材与实例">"第 4 章"文件夹>"卡通造型.fla"文档，会发现舞台中有一个身体各部分分开的卡通造型，如图 4-13 所示。

Step 02 使用"选择工具" ▶ 框选卡通造型的头部，然后选择"修改">"组合"菜单，或按【Ctrl+G】组合键将头部组合，如图 4-14 所示。

图 4-13 分离的卡通造型   图 4-14 将头部组合

Step 03 参照 Step 02 的操作，将卡通造型的其他部位分别组合，如图 4-15 所示。

Step 04 使用"选择工具" ▶ 将卡通造型的各个部位移动到图 4-16 所示的位置。

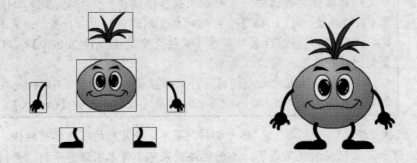

图 4-15 将卡通造型各部位分别组合   图 4-16 拼合卡通造型各部位

Step 05 由于新组合的对象会位于其他对象的上方，所以此时卡通人物各部位的排列顺序明显不对，应对其重新进行排列。使用"选择工具" ▶ 选中头部，然后选择"修改">"排列">"移至顶层"菜单，此时头部会排列到所有部位的上方，如图 4-17 所示。排列子菜单各命令作用如下。

温馨提示

　　这种方法只对组合对象、绘制对象、元件实例、文字和位图起作用，如果是分散的矢量图形，我们无法改变它的排列顺序。

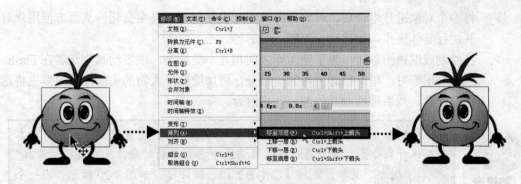

图4-17 将头部排列到顶层

> **移至顶层：**可以将选中的对象放置在所有对象的最上面。
> **上移一层：**可以将选中的对象在排列顺序中上移一层。
> **下移一层：**可以将选中的对象在排列顺序中下移一层。
> **移至底层：**可以将选中的对象放置在所有对象的最下面。

Step 06 使用"选择工具" 框选卡通造型，然后按快捷键【Ctrl+G】将各部位继续组合成一个整体，如图4-18所示。

知识库
　　将对象组合成群组后，可以对群组对象进行缩放、旋转和翻转等整体编辑操作；也可以选择"选择工具" 后，在群组上双击进入其内部，对群组中的图形对象进行编辑。

Step 07 双击卡通造型群组进入其内部，再双击卡通造型头上的叶子进入其内部，此时只有叶子可以编辑，其他区域不能编辑，并呈高亮显示，这里我们将叶子的颜色重新填充为由黄绿色（#99FF00）到深绿色（#00660）0的放射状渐变，如图4-19所示。

图4-18 将各部位组合成一个整体　　　　　　图4-19 修改叶子颜色

Step 08 编辑完成后，使用"选择工具" 双击舞台的空白区域可退出叶子群组的编辑状态，再双击一次舞台的空白区域，可退出卡通造型群组的编辑状态（也可以选择"编辑" > "全部编辑"菜单直接退出）。本例最终效果可参考本书配套素材"素材与实例" > "第4章"文件夹> "组合与排列.fla"。

组合和排列都是在Flash中经常使用的功能，下面是适合使用组合的几种情形。

> ➤ 将多个对象进行组合后，对象之间的相互位置便不会发生变化，从而方便用户对其进行整体操作，如移动、复制、变形等。

> ➤ 在绘制或编辑图形时，为了使图形之间相互不受影响，很多动画制作者在 Flash 中绘制图形时，每绘制好图形的一部分，例如绘制好人物的头部，都习惯先将这部分组合，然后再绘制其他部分，再组合。

在制作 Flash 作品时，有时需要将群组对象、元件实例、位图、文本等整体对象分离。要分离对象，只需选中要分离的对象，然后选择"修改" > "取消组合"菜单，或按【Ctrl+B】组合键即可，如图 4-20 所示。当一个整体对象还包含其他整体对象时，要执行多次分离操作，才能将其完全分离。

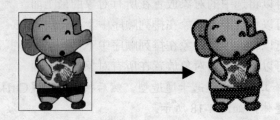

图 4-20 分离对象

4.1.4 "对齐"面板的使用——对齐小方块

利用"对齐"面板，可以使选中的对象沿水平或垂直方向对齐、均匀分布或进行大小匹配。下面通过对齐舞台中的小方块，介绍"对齐"面板的使用。

Step 01 使用"矩形工具" ▢ 在舞台上绘制一个没有填充颜色的正方形，并为其填充由青色（#99FFFF）到深蓝色（#0000CC）的放射状渐变，然后将其组合并复制多份，如图 4-21 所示。

Step 02 将舞台上的小方块全部选中，然后选择"窗口">"对齐"菜单项（或者按【Ctrl+K】组合键），打开图 4-22 所示的"对齐"面板，单击"垂直中齐"按钮 ▯ 和"水平居中分布"按钮 ▯。

图 4-21 绘制并复制正方形

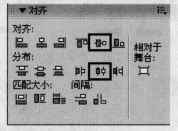

图 4-22 "对齐"面板

Step 03 此时会看到所有的矩形都对齐到一条直线上，并且间距都相同，如图 4-23 所示。"对齐"面板中的按钮被分别放置在不同选项组中，其作用如下。

■■■■■■■■■■■■■■■■

图 4-23 对齐后的效果

➢ **"对齐"选项组**：使所选对象左对齐 ▤（以所选对象中最左侧的对象为基准）、右对齐 ▥（以所选对象中最右侧的对象为基准）、水平中齐 ▥（以所选对象集合的垂直中线为基准）、上对齐 ▥（以所选对象中最上方的对象为基准）、底对齐 ▥（以所选对象中最下面的对象为基准）或垂直中齐 ▥（以所选对象集合的水平中线为基准）。

➢ **"分布"选项组**：使所选对象在垂直方向上上端间距相等 ▥（顶部分布）、中心距离相等 ▥（垂直居中分布）、下端间距相等 ▥（底部分布），在水平方向上左端距离相等 ▥（左侧分布）、中心距离相等 ▥（水平居中分布）、右端间距相等 ▥（右侧分布）。

➢ **"匹配大小"选项组**：选中对象后，单击"匹配宽度"按钮 ▥、"匹配高度"按钮 ▥ 或"匹配宽和高"按钮 ▥，可以以所选对象中最高或最宽的对象为基准，调整其他对象的宽度与高度。

➢ **"间隔"选项组**：选中对象后，通过单击"垂直平均间隔"按钮 ▥ 或"水平平均间隔"按钮 ▥，可使各对象的水平间隔或垂直间隔相等。

➢ **"相对于舞台" ▯ 按钮**：选择对象后，按下"相对于舞台"按钮 ▯，可使对齐、分布、匹配大小、间隔等操作以舞台为基准。

4.2 对象的变形操作

利用"任意变形工具" ▥ 和"变形"面板，可以对舞台上的对象执行缩放、旋转、倾斜、扭曲等变形操作，这些都是在制作 Flash 动画时经常用到的功能。

4.2.1 旋转和倾斜对象——俯冲的导弹

旋转和倾斜对象是很常用的操作，例如，制作人物走动、跑动的动画时，往往需要对人物的四肢进行旋转变形；制作物体从静止到高速或从高速到静止的动画时，往往需要对对象进行倾斜变形。下面通过制作导弹的俯冲效果，介绍使用"任意变形工具" ▥ 旋转和倾斜对象的方法。

Step 01 打开本书配套素材"素材与实例">"第 4 章"文件夹>"导弹.fla"文档，单击工具箱中的"任意变形工具" ▥（或按快捷键【Q】）将其选中，然后单击选中舞台中的导弹，此时工具箱选项区会出现"旋转与倾斜" ▥、"缩放" ▥、"扭曲" ▥ 和"封套" ▥ 按钮，如图 4-24 所示。同时，导弹四周会出现一个变形框，变形框中包含变形中心点和 8 个变形控制柄，如图 4-25 所示。

Step 02 将变形中心点拖动到导弹的头部，如图 4-26 所示。

Step 03 将光标移动到变形框四个角的控制柄上，当光标呈↺形状时按住鼠标左键不放并拖动，导弹会以变形中心点所处位置为基点进行旋转，如图 4-27 所示。

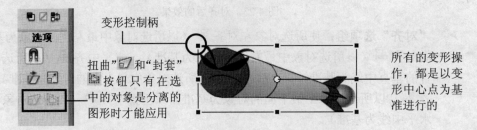

变形控制柄

扭曲"☐"和"封套"☐ 按钮只有在选中的对象是分离的图形时才能应用

所有的变形操作，都是以变形中心点为基准进行的

图 4-24 "任意变形工具"的选项   图 4-25 变形框

温馨提示 通常在进行变形操作时，不选择任何按钮，此时"任意变形工具"☐会处于自由变形模式，也就是除了"封套"☐ 功能之外的操作都可以进行。但是对于一些需要特定变形的对象，选中相应的按钮可以防止误操作。

如果按住【Shift】键拖动，则可以 45° 角为增量进行旋转

图 4-26 移动变形中心点   图 4-27 旋转变形

Step 04 将光标移动到变形框的边线上，当光标呈⇐或↕形状时，按住鼠标左键不放并拖动，可倾斜对象，如图 4-28 所示。

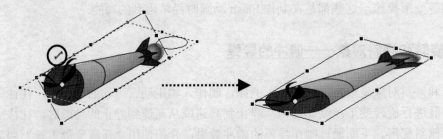

图 4-28 倾斜变形

4.2.2 缩放对象——放大人物头部

当制作夸张、爆炸性、由远到近等动画效果时，我们通常会使用缩放变形。下面通过放大人物的头部，介绍使用"任意变形工具"☐缩放对象的方法。

Step 01 打开本书配套素材"素材与实例">"第 4 章"文件夹>"人物素材.fla"文档，会看到舞台中有两个人物造型。

Step 02 使用"任意变形工具" 📐 单击右侧人物的头部，然后将光标移动到变形框的横向或纵向中间控制柄上，当光标呈 ↕ 或 ↔ 形状时，按住鼠标左键并拖动，可改变对象高度或宽度，如图4-29所示。

图4-29 改变对象的高度和宽度

Step 03 如果将光标移动到变形框4个边角的控制柄上，光标会呈 ↘ 形状，此时按住鼠标左键不放并拖动，可同时改变对象的宽度和高度，若在拖动的同时按住【Shift】键，可成比例缩放对象，如图4-30所示。

Step 04 将头部放大后，再使用"任意变形工具" 📐 将其移动到适当位置，并进行旋转，制成向下看的效果，如图4-31所示。

图4-30 成比例缩放对象　　　　　　　　图4-31 调整头部的位置和角度

4.2.3 扭曲对象——制作透视效果

我们可以对分离的对象进行扭曲变形，这在制作一些特殊效果时经常使用。下面通过为一幅背景制作透视效果，介绍使用"任意变形工具" 📐 扭曲对象的方法。

Step 01 打开本书配套素材"素材与实例">"第4章"文件夹>"雪夜.fla"文档，使用"任意变形工具" 📐 框选舞台上的分离图形，如图4-32所示。

Step 02 单击工具箱选项区中的"扭曲"按钮 📐，或者在按住【Ctrl】键的同时将光标移动到变形框右上角的控制柄上，当光标呈 ▷ 形状时按住鼠标左键向下拖动，如图4-33所示。

图 4-32　框选图像

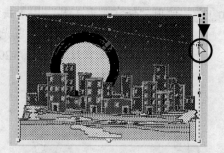

图 4-33　拖动右上控制柄

Step 03　将控制框右下角的控制柄向上拖动，如图 4-34 所示，松开鼠标并在舞台任意位置单击，透视效果就完成了，如图 4-35 所示。

图 4-34　拖动右下控制柄

图 4-35　最终的透视效果

4.2.4　封套的应用——制作拱形文字

　　利用"任意变形工具" 🔲 的"封套" 🔲 功能，可以对图形进行细微调整，例如制作物体受力弯曲或拱形文字等效果。下面通过制作易拉罐上的文字，介绍"封套" 🔲 功能的使用方法。

Step 01　打开本书配套素材"素材与实例" > "第 4 章"文件夹> "易拉罐.fla"文档，然后单击"时间轴"面板左下角的"插入图层"按钮 🔲，在"图层 1"上方新建"图层 2"，如图 4-36 所示。

Step 02　选择"文本工具" **A**，将"字体"设为"方正琥珀简体"，"字体大小"设为"50"，"文本（填充）颜色"设为白色，然后在"图层 2"中输入文字"可口可乐"，并将其移动到易拉罐上方，接着选中文字并连续按两次【Ctrl+B】组合键，将文字完全分离，如图 4-37 所示。

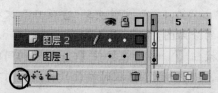

图 4-36　新建"图层 2"

图 4-37　输入并分离文字

Step 03　保持文字的选中状态,选择"任意变形工具" □,并单击"封套" □ 按钮,此时文字四周会出现一个封套控制框,如图 4-38 所示。

Step 04　向下拖动封套控制框下方的控制柄,改变封套的形状,如图 4-39 所示。

图 4-38　封套控制框　　　　　　　　图 4-39　拖动控制柄

Step 05　拖动下方控制柄两侧的切线手柄,改变封套的弧度,如图 4-40 所示。

Step 06　参照 Step 04、05 的操作,向下拖动封套控制框上方的控制柄和切线手柄,如图 4-41 所示。本例最终效果可参考本书配套素材"素材与实例" > "第 4 章"文件夹> "拱形文字.fla"。

图 4-40　拖动切线手柄　　　　　　　图 4-41　拖动上方的控制柄和切线手柄

4.2.5　"变形"面板的使用——制作小花

在 Flash 中,可以利用"变形"面板精确地缩放、旋转和倾斜对象,可以对对象执行复制变形操作,从而制作出一些特殊效果。此外,还可以撤销使用"任意变形工具" □ 或"变形"面板对对象执行的变形操作,使对象恢复到没有变形前的状态。下面通过制作一朵小花,介绍"变形"面板的使用。

Step 01　新建一个 Flash 文档,使用"椭圆工具" ○ 绘制一个没有填充颜色的椭圆,然后使用"选择工具" ▶ 将椭圆调整为图 4-42 所示的花瓣形状。

Step 02　使用"颜料桶工具" ◇ 为花瓣填充由白色到粉红色(#FFB5B5)的线性渐变,如图 4-43 所示。

Step 03　使用"任意变形工具" □ 框选花瓣,并将花瓣的变形中心点移动至花瓣的下方,如图 4-44 所示。

Step 04　按【Ctrl+T】组合键打开"变形"面板,选中"旋转"单选钮,然后在其右侧的编辑框中输入"30",并连续单击"复制并应用变形" □ 按钮 11 次,如图 4-45 左图所示,效果如图 4-45 右图所示。

Step 05 选择"椭圆工具" ○ ，将其填充色设为黄色（#FFFF00），然后在花瓣的中心位置绘制一个椭圆作为花蕊，如图4-46所示。至此实例就完成了，本例最终效果可参考本书配套素材"素材与实例"＞"第4章"文件夹＞"小花.fla"。

图 4-42 绘制花瓣的轮廓线　　图 4-43 填充花瓣　　图 4-44 调整变形中心点

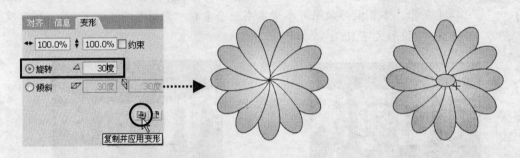

图 4-45 设置变形参数　　　　　　　　图 4-46 绘制花蕊

设置好缩放、旋转或倾斜参数后，如果是按【Enter】键而不是单击"复制并应用变形"按钮 ，则只会对图形执行变形操作，而不会进行复制。此外，要将对象恢复到没有变形前的状态，则只需在选中对象后，单击"重置"按钮 即可。

4.3 "橡皮擦工具"的使用

使用"橡皮擦工具" 可以擦除图形中不需要的矢量填充及线条，还可以擦除分离的位图。下面通过修改小企鹅图形，介绍"橡皮擦工具" 的使用方法。

Step 01 打开本书配套素材"素材与实例"＞"第4章"文件夹＞"企鹅.fla"文档，然后单击工具箱中的"橡皮擦工具" （或按快捷键【E】）将其选中。

Step 02 在工具箱的选项区会出现"橡皮擦模式"按钮 、"水龙头"按钮 和"橡皮擦形状"按钮 。单击"橡皮擦形状"按钮 ，可从展开的列表中选择橡皮擦的形状，如图4-47所示；单击"橡皮擦模式"按钮 ，可设置橡皮擦的模式，如图4-48所示。

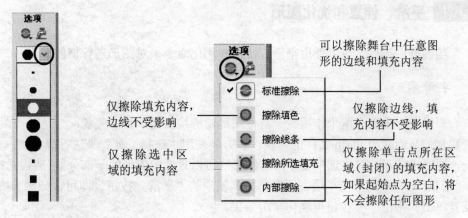

图 4-47　选择橡皮擦的形状　　　　　　图 4-48　设置橡皮擦的模式

可以擦除舞台中任意图形的边线和填充内容

仅擦除填充内容，边线不受影响

仅擦除选中区域的填充内容

仅擦除边线，填充内容不受影响

仅擦除单击点所在区域（封闭）的填充内容，如果起始点为空白，将不会擦除任何图形

标准擦除
擦除填色
擦除线条
擦除所选填充
内部擦除

Step 03　设置好橡皮擦形状和模式后，在图形上按住鼠标左键并拖动即可擦除光标经过的内容。图 4-49 所示为使用"橡皮擦工具" 在不同模式下擦除图像的效果。

标准擦除　　　　擦除填色　　　　擦除线条　　　　擦除所选填充　　　　内部擦除

图 4-49　不同模式下擦除图像的效果

Step 04　单击"水龙头"按钮 ，可以通过单击来擦除不需要的填充或边线内容，如图 4-50 所示。此外，双击工具箱中的"橡皮擦工具" ，可以清除舞台中的所有对象。

图 4-50　"水龙头"模式的使用方法

4.4　其他图形处理技巧

除了上面介绍的编辑操作外，用户还可以对绘制好的图形进行平滑、伸直、优化、扩展填充、柔化填充边缘、将线条转换为填充等操作。

4.4.1 平滑、伸直和优化图形

绘制好图形后，可以使用平滑、伸直和优化命令来对图形进行调整。

1. 平滑图形

平滑图形主要有两个作用：一是使图形轮廓线变得柔和、美观；二是减少图形中的线段数量，从而减少 Flash 文件的体积，并方便使用"选择工具" 进行调整。

要平滑图形，可先选中要平滑的图形（可以只选中图形的一部分），然后选择"修改">"形状">"平滑"菜单项，或单击工具箱中的"平滑"按钮 即可，如图 4-51 所示。反复单击"平滑" 按钮可强化平滑效果。

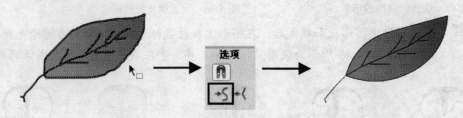

图 4-51 平滑图形

一般连续单击 3 次或 4 次"平滑" 按钮，便能达到很好的平滑效果，如果单击次数过多，会使图形走样。此外，不一定非要平滑整个图形，可以选中某一部分需要平滑的轮廓线并平滑。

2. 伸直图形

伸直图形同样可以减少图形中的线段数，从而方便使用"选择工具" 调整，与平滑图形的不同的是，伸直后的线段会趋向于直线。选中图形，选择"修改">"形状">"伸直"菜单，或单击工具箱"选项"区的"伸直"按钮 即可将其伸直，如图 4-52 所示。反复执行可强化伸直效果。

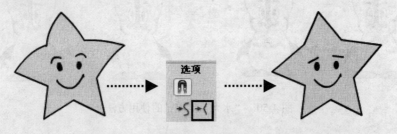

图 4-52 伸直图形

3. 优化图形

使用 Flash 的优化功能也可以使图形轮廓线变得更加平滑。与平滑功能不同的是，优

化图形是通过减少图形线条的数量来实现的，因此，优化曲线的另一个重要作用是减小Flash 影片的体积。下面通过对小象图形进行优化，介绍优化命令的使用方法。

Step 01 打开本书配套素材"素材与实例">"第 4 章"文件夹>"小象.fla"文档，然后使用"选择工具" 框选小象，如图 4-53 所示。

Step 02 选择"修改">"形状">"优化"菜单，打开"最优化曲线"对话框，如图 4-54所示。

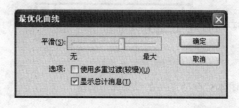

图 4-53　框选小象　　　　　　　图 4-54　"最优化曲线"对话框

Step 03 拖动"最优化曲线"对话框中"平滑"选项的滑块，可设置平滑图形的强度，选中"使用多重过滤"复选框，系统将自动对图形进行多次优化。选中"显示总计消息"复选框，在单击"确定"按钮后，系统将显示图 4-55 所示的优化消息提示对话框。

Step 04 单击"优化消息提示"对话框中的"确定"按钮，即可得到优化结果，如图 4-56所示。

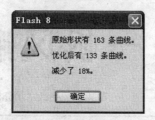

图 4-55　优化消息提示对话框　　　　　　图 4-56　优化结果

知识库

　　我们举一个简单的例子来理解优化和平滑的区别：在舞台上绘制一条直线并将它调整成曲线，此时对曲线使用优化命令，不会看到任何效果；使用平滑命令，会看到曲线发生了变化。发生这种现象是因为优化图形是通过减少图形线条的数量来实现，而上面绘制的曲线只是由一条线段组成，因此无法优化。

　　绘制好图形，或从外部导入矢量图形后，可使用 Flash 的优化命令对其进行优化。如果优化命令无法满足需要，再使用平滑命令调整。

4.4.2　扩展填充——制作描边字

　　绘制图形时，有时可能需要增大或减小图形填充区域，这可以通过扩展填充来实现。

下面以制作描边特效字为例来说明扩展填充的应用。

Step 01 新建一个 Flash 文档，选择"文本工具" **A**，在"属性"面板中将"字体"设为"幼圆"，"字体大小"设为 45，"文本（填充）颜色"设为浅蓝色（#0099FF），"字母间距"设为 10，如图 4-57 所示。

Step 02 在舞台适当位置单击，并输入文字"一帆风顺"，然后使用"选择工具" **▶** 选中文本，并连续按两次【Ctrl+B】组合键将其完全分离，如图 4-58 所示。

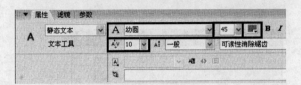

图 4-57 设置"文本工具"属性　　　　　图 4-58 输入并分离文本

Step 03 保持文字的选中状态，按【Ctrl+C】组合键，将分离的文字复制到"剪贴板"中，然后选择"修改" > "形状" > "扩展填充"菜单项，在打开的"扩展填充"对话框中选择"扩展"单选钮，在"距离"编辑框中输入"3"，再单击"确定"按钮，如图 4-59 所示。

Step 04 按快捷键【Ctrl+Shift+V】将"剪贴板"中的分离文字原位复制到舞台中，然后将"填充颜色"改为深蓝色（#000099），如图 4-60 所示，至此实例就完成了。

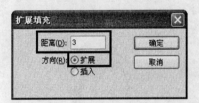

图 4-59 设置"扩展填充"参数　　　　　图 4-60 更改"填充颜色"

温馨提示

除了扩展填充外，还可以收缩填充，方法是在"扩展填充"对话框选择"插入"单选钮。扩展填充时，如果一次扩展的宽度太大，可能会导致图形失真，所以，当需要扩展较大的宽度时，可以分几次执行扩展填充命令来实现。

4.4.3 柔化填充边缘——制作爆炸效果

为避免图形的填充边缘过于生硬，可以对其进行柔化处理。利用柔化填充边缘还可以制作很多特殊效果，比如光芒、爆炸、霓虹效果等。下面通过制作爆炸效果，介绍柔化填充边缘功能的应用。

Step 01 新建一个 Flash 文档，然后利用"线条工具" **/** 绘制一个爆炸图形，并为其填充橘红色（#FF3300），如图 4-61 所示。

Step 02　使用"选择工具" ![]框选绘制的图形，然后选择"修改" > "形状" > "柔化填充边缘"菜单项，在打开的"柔化填充边缘"对话框中选择"扩展"单选钮，在"距离"编辑框中输入"50"，"步骤数"编辑框中输入"4"，然后单击"确定"按钮，如图 4-62 所示。"柔化填充边缘"对话框中各选项意义如下。

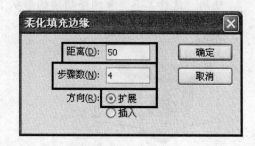

图 4-61　绘制图形　　　　　　　图 4-62　设置"柔化填充边缘"参数

➢ **"距离"文本框**：用于设置柔化的宽度，单位为像素。

➢ **"步骤数"文本框**：用于设置柔化边界的曲线数目，数值越大，柔化效果越明显。

➢ **"方向"选项组**：选择"扩展"单选钮将扩大填充区域，选择"插入"单选钮将缩小填充区域。

Step 03　因为在前面设置的"步骤数"为 4，因此柔化图形后，会产生 3 个透明度不同的边缘（若加上中间的填充便是 4 个），且每一个边缘都是独立的，如图 4-63 所示。

Step 04　由内向外分别单击选中柔化后的 3 个边缘，并由内向外依次为其填充黄色（#FFFF00）、橙黄色（#FFCC00）和橘黄色（#FF9900），效果如图 4-64 所示。本例最终效果可参考本书配套素材"素材与实例" > "第 4 章"文件夹> "爆炸效果.fla"。

图 4-63　独立的边缘　　　　　　　图 4-64　为边缘填充颜色

4.4.4　将线条转换为填充——调整袋鼠胡须

在 Flash 中绘制的线条，无论怎样调整线条的前后两端都是一样粗细，没有精细变化。因此，在某些情况下，为了获得更好的边线效果，可将线条转变为填充，然后再进行调整。下面以调整袋鼠胡须为例，介绍将线条转变为填充的应用。

Step 01 打开本书配套素材"素材与实例">"第 4 章"文件夹>"袋鼠.fla"文档，我们会发现舞台上袋鼠的胡须由线条组成，显得很僵硬，如图 4-65 所示。

Step 02 使用"选择工具" ▶ 选中袋鼠的胡须，然后选择"修改">"形状">"将线条转换为填充"菜单项，将选中的线条转换为填充。取消线段的选择后，便可以使用"选择工具" ▶ 调整胡须的形状了，如图 4-66 所示。

图 4-65　舞台中的袋鼠　　　　　　　图 4-66　调整胡须

综合实例——绘制荷花

本例通过制作图 4-67 所示的荷花，来巩固前面所学知识。

制作分析

首先利用"椭圆工具" ◯ 和"选择工具" ▶ 绘制荷叶，然后利用"线条工具" ✏ 和"选择工具" ▶ 绘制一个荷花的花瓣，再利用"任意变形工具" 🔲 和"变形"面板制作荷花，最后使用"椭圆工具" ◯ 绘制花蕊并将绘制好的荷花复制。

图 4-67　荷花

制作步骤

Step 01 新建一个 Flash 文档，在"属性"面板中将"背景颜色"设为浅蓝色（#00CCFF），如图 4-68 所示。

Step 02 选择"椭圆工具" ◯，将"笔触颜色"设为黑色、"填充颜色"设为"空" ☑、"笔触高度"设为"1"、"笔触样式"设为"实线"，然后在舞台上绘制一个椭圆形，再使用"选择工具" ▶ 将其调整为荷叶的形状，如图 4-69 所示。

Step 03 选择"颜料桶工具" 🖍，在"混色器"面板中设置由绿色（#00FF00）到深绿色（#006600）的放射状渐变，然后填充荷叶，如图 4-70 所示；然后选中荷叶并按【Ctrl+G】组合键将其组合。

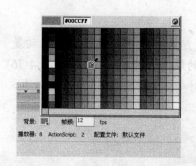

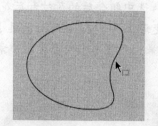

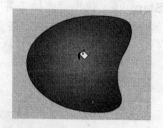

图 4-68 设置舞台背景颜色　　　图 4-69 绘制荷叶　　　图 4-70 填充荷叶

Step 04 使用"线条工具" ✏ 和"选择工具" ▶ 在舞台空白区域绘制一片荷花的花瓣，然后为其填充由淡粉色到粉红色的放射状渐变，如图 4-71 所示。

Step 05 使用"任意变形工具" ▣ 框选刚刚绘制的花瓣，然后将变形中心点移动到花瓣下方，如图 4-72 所示。

Step 06 按【Ctrl+T】组合键打开"变形"面板，选择"旋转"单选钮，然后在"旋转"编辑框中输入"45"，如图 4-73 所示。

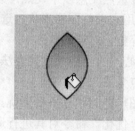

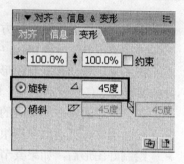

图 4-71 绘制荷叶　　　图 4-72 拖动变形中心点　　　图 4-73 设置"变形"面板参数

Step 07 连续单击 7 次"复制并应用变形"按钮 ▣，一朵荷花就制作好了，如图 4-74 左图所示，选择"椭圆工具" ○，将"填充颜色"设为橙黄色（#FFCC00），然后在荷花上绘制一个正圆作为荷花的花蕊，如图 4-74 右图所示。

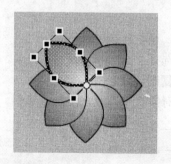

图 4-74 制作荷花

Step 08 使用"选择工具" ▶ 框选绘制好的荷花，按【Ctrl+G】组合键将其组合，然后将其拖到荷叶上，并利用键盘上的方向键进行细微调整，如图 4-75 所示，最后同时选中荷花和荷叶，并将其组合。

Step 09 使用"选择工具" ▶ 选中组合后的荷叶和荷花，然后按住【Alt】键进行拖动复制，再使用"任意变形工具" ⊡，按照近大远小的规律进行缩放，效果如图 4-76 所示。本例最终效果可参考本书配套素材"素材与实例" > "第 4 章"文件夹> "荷花.fla"。

图 4-75　将荷花移动到荷叶上

图 4-76　复制并调整荷花大小

本章小结

本章主要介绍了编辑图形的方法，用户在学完本章内容后，应重点注意以下几点：

➤ "选择工具" ▶ 是 Flash 中使用最多的工具，用户可以使用它调整图形形状、选择图形、移动和复制图形，以及进入或退出群组、元件等整体对象的内部

➤ 在使用"任意变形工具" ⊡ 时，用户应重点注意其变形中心点的作用和设置方法。我们在后面制作动画时的旋转和变形，也是以变形中心点为基点进行的。

➤ 在绘图时，灵活地应用组合、元件和图层功能，可以使图形之间相互不受干扰。

➤ 绘制好图形后，如果其节点过多，可以使用"平滑"或"优化"命令对其进行适当处理。

思考与练习

一、填空题

1. 使用_____工具单击舞台上的的对象，可将其选中。

2. 要选择相邻的同属性的线条，应使用"选择工具" ▶ _____线条。

3. 在拖动对象的同时按住_____键，可复制该对象。

4. 利用_____工具，可以对舞台上的对象执行缩放、旋转、倾斜、扭曲等操作。

5. 打开"变形"面板的快捷键是_____。

6. 平滑图形主要有两个作用：一是_____；二是减少图形中的线段数量从而减少_____、并方便_____。

二、选择题

1. 在使用"选择工具" 拖动对象的同时，按住（   ）键可以复制对象。

    A．Ctrl   B．Shift   C．Alt   D．S

2. 当（   ）时，应将对象组合。

A．绘制比较简单的图形

B．同时对多个对象进行移动、复制和变形等操作

C．绘制图形的轮廓线

D．调整对象形状

3. 利用（   ），可使选中的对象沿水平或垂直方向对齐、均匀分布或进行大小匹配。

    A．属性面板   B．颜色面板   C．动作面板   D．对齐面板

4. 在使用"任意变形工具" 制作物体掉落后弹起、物体受力弯曲等效果时，应单击（   ）按钮。

    A．旋转与倾斜   B．缩放   C．扭曲   D．封套

5. 利用（   ）命令，可以在使曲线更加平滑的同时减小 Flash 影片的体积。

    A．平滑   B．伸直   C．优化   D．扩展填充

三、操作题

利用本章所学知识制作图 4-77 所示的雪花效果。本题最终效果在本书配套素材"素材与实例" > "第 4 章"文件夹> "雪花.fla"。

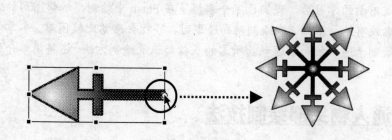

图 4-77　制作雪花

提示：

（1）新建一个 Flash 文档，使用"线条工具" 和"选择工具" 绘制雪花的一角。

（2）使用"任意变形工具" 框选绘制的图形，然后将变形中心点拖到图形的末端。

（3）利用"变形"面板的复制变形功能制作雪花效果，最后利用"多角星形工具" 在雪花中心位置绘制一个八边形。

第5章
动画造型设计

本章内容提要

■ 卡通人物头部绘制技法 ………………………………………… 94
■ 卡通人物手和脚的绘制技法 ………………………………… 101
■ 卡通人物身体的绘制技法 …………………………………… 104
■ 卡通动物的绘制技法 ………………………………………… 107
■ 绘画中的简单透视 …………………………………………… 110
■ Flash 绘图技巧 ……………………………………………… 112

章前导读

　　通过前面的学习后，我们已完全掌握了在 Flash 中绘制、编辑图形的方法。但如果读者没有绘画基础，在绘制动画造型时，可能会感觉比较困难。本章便会为读者介绍绘制卡通人物和卡通动物所需的基础知识及绘制方法，还将简单介绍透视的基本原理。

5.1　卡通人物头部绘制技法

　　动画中应用最多的无疑是人物造型，而头部是人物身上最重要的部分，它比身体的任何一部分都更容易表现出人物的形象和情绪。

5.1.1　头部结构

　　要学习头部的画法，首先要了解头部的形状和组成比例。最基本的画法中，人的头型是扁圆形的球体。在这个"球体"上，又包含了面部五官、头发等。面部的表情就是通过这些器官的相互组合而表现出来的。要把人物的面部五官正确的放在"球体"上面，就必须了解面部五官在头部的比例和结构。

　　面部的主要构造线是以鼻梁为垂直中线和眉眼之间的水平线所构成的十字线，如图 5-1 所示。脸部正面的五官分布有三停五眼之说，三停指的是发际线至眉线、眉线至鼻底线、鼻底线至下颚线，它们纵向长度全部相等；五眼指的是从头部左边轮廓到左眼外眼角、左眼宽度、两眼间距离、右眼宽度、右眼外眼角到头部右边轮廓，它们横向宽度全部相等，如图 5-2 所示。

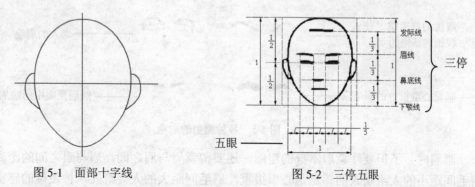

图 5-1 面部十字线   图 5-2 三停五眼

除了正面的脸外，还有其他状态的脸，例如侧面、仰视、俯视，可以通过改变十字线的弯曲度得到其他状态的脸，如图 5-3 所示。

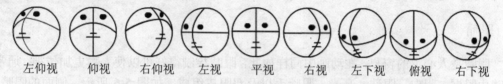

左仰视　仰视　右仰视　左视　平视　右视　左下视　俯视　右下视

图 5-3 通过转动十字线得到各种状态的脸形

前面介绍的只是头部最基本的结构。在实际绘制中，还可以根据动画风格绘制方形、三角形、棱形、梨形、圆形等多种类型的脸形，如图 5-4 所示。

方形　　　三角形　　　棱形　　　梨形　　　圆形

图 5-4 不同类型的脸形

5.1.2 五官的绘制

五官的形状和位置，决定着一个人物造型的美丑和表情，下面将分别介绍五官的绘制方法，以及五官与表情的关系。

1. 眉毛

眉虽然很简单，但对人物造型有很大的影响，如眉的浓密和粗、细、长、短，都可以成为人的特征。如图 5-5 所示。

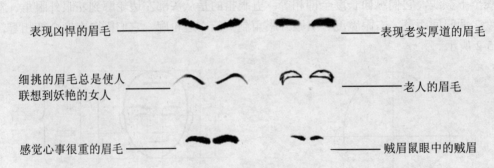

表现凶悍的眉毛 ——————

—————— 表现老实厚道的眉毛

细挑的眉毛总是使人
联想到妖艳的女人 ——————

—————— 老人的眉毛

感觉心事很重的眉毛 ——————

—————— 贼眉鼠眼中的贼眉

图 5-5　各种类型的眉毛

　　画眉时，不但要注意眉本身的粗细，还要留意眉与眉之间，眉与眼之间的距离，比如眉毛间距小的人给别人的感觉是心事很重，眉毛间距大的人会给人一种傻傻的感觉。而眉毛与眼的距离也往往能表现人情绪上的波动，生气的人眉与眼之间的距离很近，高兴的人眉与眼之间的距离较远。

2.　眼睛

　　眼睛是人心灵的窗户，在动画中同样如此，眼睛绘制得好可以使人物更加传神。通常，眼睛由眼框、眼白、眼珠、高光、眼睫毛以及双眼皮组成，如图 5-6 所示。侧面的眼睛与正面的结构一致，如图 5-7 所示。

双眼皮 ——————
眼睫毛 ——————
眼白 ——————
—————— 高光
—————— 眼珠

图 5-6　眼睛　　　　　　　　　　图 5-7　侧面的眼睛

　　下面通过绘制一只眼睛，介绍在 Flash 中绘制眼睛的方法。

Step 01　新建一个 Flash 文档，选择"线条工具" ✎，将"笔触样式"设为"实线"，"笔触高度"设为"1"，"笔触颜色"设为黑色，然后在舞台上绘制如图 5-8 所示的线条。

Step 02　使用"选择工具" ▸将线条调整为图 5-9 所示的形状。

图 5-8　绘制线条　　　　　　　　图 5-9　调整线条

Step 03　使用"线条工具" ✎绘制眼睫毛的轮廓，然后使用"选择工具" ▸进行调整，如图 5-10 所示。

Step 04 使用"线条工具" ✏ 和"选择工具" ▶ 绘制双眼皮，如图 5-11 所示。

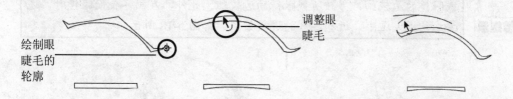

绘制眼
睫毛的
轮廓

调整眼
睫毛

图 5-10 绘制眼睫毛   图 5-11 绘制眼皮

Step 05 使用"线条工具" ✏ 在眼眶内绘制两条图 5-12 左图所示的直线，然后使用"选择工具" ▶ 将其调整为眼珠的形状，如图 5-12 右图所示。

Step 06 使用"椭圆工具" ○ 在眼珠内绘制瞳孔，如图 5-13 所示。

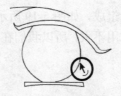

图 5-12 绘制眼珠   图 5-13 绘制瞳孔

Step 07 选择"颜料桶工具" ◊，然后使用黑色填充眼睫毛和瞳孔，如图 5-14 所示；使用深棕色（#660000）填充眼珠，如图 5-15 所示。

图 5-14 填充眼睫毛和瞳孔   图 5-15 填充眼珠

Step 08 用"墨水瓶工具" ◊ 将瞳孔的边线修改为棕黄色（#CC9900），如图 5-16 所示。

Step 09 选择"刷子工具" ✏，将"填充颜色"设为白色，为眼睛添加高光，如图 5-17 所示。本例最终效果可参考本书配套素材"素材与实例" >"第 5 章"文件夹> "眼睛.fla"。

图 5-16 修改瞳孔边线   图 5-17 添加高光

温馨提示

在画戴眼镜的人物时，应注意镜片之间的距离不能太近，并且女孩所戴眼镜的边较细，男孩所戴眼镜的边较粗。此外，在画半侧面眼镜时，还要注意近大远小、近宽远窄的透视关系。如图 5-18 所示。

图 5-18　眼镜的画法

3. 鼻子

鼻子由鼻梁、鼻尖、鼻翼和鼻孔组成，如图 5-19 所示。由于鼻子不能像眼睛和嘴部那样活动变化，在表现人物情感时的作用不大，所以我们在绘制动画造型时，经常将其简化，如图 5-20 所示。

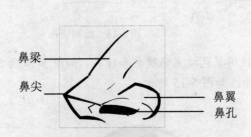

图 5-19　鼻子基本组成　　　　　　图 5-20　简化的鼻子

虽然绘制时会将鼻子简化，但鼻子还是人物脸部造型的重要特征之一，图 5-21 为读者列出了几种常见鼻子类型的正面和侧面造型。

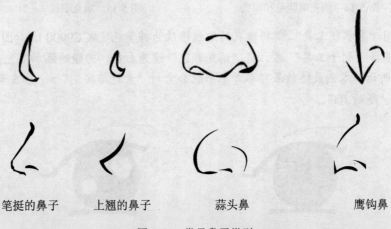

笔挺的鼻子　　　　上翘的鼻子　　　　蒜头鼻　　　　　　鹰钩鼻

图 5-21　常见鼻子类型

4. 嘴部与口形

　　嘴是脸部最富于变化、运动最频繁的器官，图 5-22 所示为嘴部结构。在绘制简单的动画造型时，一般不会绘制嘴唇，只需要绘制唇线、人中和嘴角即可，如图 5-23 所示。

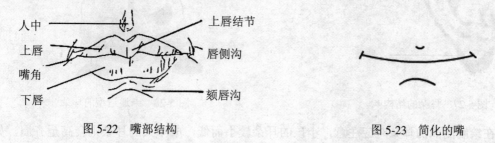

图 5-22　嘴部结构　　　　　　　　　　　　　　图 5-23　简化的嘴

　　在绘制侧面的嘴部时，需要注意上唇与鼻子相连的部分要向内弯曲，而下唇是向外弯曲的，如图 5-24 所示。

　　在制作人物说话的动画时，需要绘制张开的嘴，嘴中的结构包括牙齿、牙龈、舌头和咽部。一般在绘制动画造型时，不用绘制牙龈和咽部，也无需绘制牙齿的具体形状，如图 5-25 所示。

图 5-24　侧面的嘴　　　　　　　　　　　　　　图 5-25　张开的嘴

　　在制作人物说话的动画时，我们还需要掌握嘴部运动时的变化，一般来说只要掌握 6 种口形的变化就可以应对大部分动画的要求了，如图 5-26 所示。

图 5-26　6 种口形

5. 耳朵

　　耳朵由外耳轮、耳屏、三角窝、耳垂组成，如图 5-27 所示。除了写实风格的动画，耳朵通常不会画得这么复杂，只要有个大概的轮廓就可以了，如图 5-28 所示。

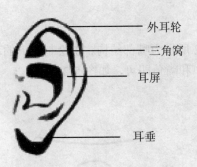

外耳轮
三角窝
耳屏
耳垂

图 5-27 耳朵的结构

图 5-28 卡通造型的耳朵

在绘制侧面的耳朵时应注意，小孩的耳朵较小而低，成年人的耳朵则会高至齐眉，如图 5-29 所示。

图 5-29 小孩与成年人的耳朵

6. 五官与表情的关系

表情可以传达人物的心理状况，这在制作 Flash 动画时非常重要。总的来说，人物表情包括喜、怒、悲、惊等，它们主要靠五官的搭配来表现。

➤ **喜：** 喜是人物高兴的表情，它的特征是眉毛上扬、眼睛几乎闭合成下弧形、嘴角向上挑起嘴巴张开，如图 5-30 所示。

➤ **怒：** 怒是生气的表情，它的特征是眉毛搅在一起、眼神锋利、咬紧牙齿，如图 5-31 所示。

图 5-30 喜的五官特征　　　　图 5-31 怒的五官特征

➢ **悲**：悲是伤心的表情，它的特征是头颈低垂、眉梢和眼角倒挂下垂、如有需要可以添加泪水，如图 5-32 所示。

➢ **惊**：惊是受到惊吓的表情，它的特征是脖子僵直、面颊拉长、眉毛高高吊起、眼睛圆睁、嘴巴张大。如图 5-33 所示。

图 5-32　悲伤的表情

图 5-33　受到惊吓的表情

5.2　卡通人物手和脚的绘制技法

　　手和脚也是人物造型不可或缺的组成部分，但是很多动画初学者都对它们的绘制感到头痛。其实手和脚的绘制看似复杂，但都有诀窍可循。

5.2.1　手的绘制技法

　　手可以说是动画除了头部以外变化最多、最能表达人物情感的部位，在动画中通常会有大量与手有关的镜头，所以要制作优秀的 Flash 动画作品，必须掌握手的绘制。图 5-34 所示为手的基本结构。此外，了解不同的手型和姿态也很重要。比如握拳时，手掌的长度会发生变化，如图 5-35 所示。

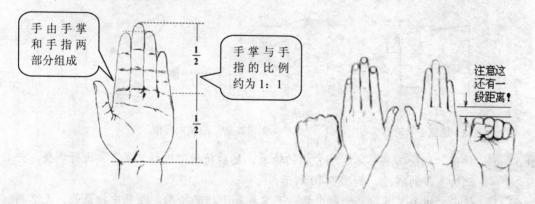

图 5-34　手的结构　　　　　　　　　　　图 5-35　手握拳时的变化

　　在动画中手的姿势和角度会经常变化，图 5-36 所示为不同姿势和角度的手。在制作卡通风格的动画时，我们可以将手简化，如图 5-37 所示。

图 5-36　不同姿势和角度的手

图 5-37　简化的手

　　手的变化如此繁多，确实会使初学者感觉难以掌握。其实只要将手想象为两个部分，即手掌和手指，绘制时先绘制几何形状表示手掌，再在手掌上添加手指，这样就会使手的绘制变得简单。下面通过绘制一只侧面的手，介绍在 Flash 中绘制手的方法。

Step 01　新建一个 Flash 文档，选择"矩形工具" □，将"笔触样式"设为"实线"，"笔触高度"设为"1"，"笔触颜色"设为黑色，"填充颜色"设为"空" ☑，然后在舞台适当位置绘制一个矩形，再使用"选择工具" ▶ 将其调整为梯形，如图 5-38 所示。

Step 02　使用"线条工具" ✐ 绘制大拇指的轮廓，然后使用"选择工具" ▶ 进行调整，并删除多余的线段，如图 5-39 所示。

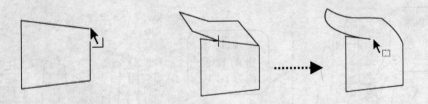

图 5-38　绘制手掌轮廓　　　　　　　　图 5-39　绘制大拇指

Step 03　使用"线条工具" ✐ 绘制食指的轮廓，然后使用"选择工具" ▶ 进行调整，并删除多余的线段，如图 5-40 所示。

Step 04　使用"线条工具" ✐ 绘制中指、无名指和小指的轮廓，注意中指最长、无名指次之、小指最短，使用"选择工具" ▶ 进行调整，并删除多余的线段，如图 5-41 所示。

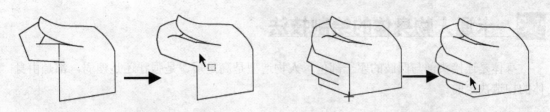

图 5-40　绘制食指　　　　　　　　　　图 5-41　绘制其他手指

Step 05　使用"线条工具" ✐ 和"选择工具" ▶ 绘制手指的骨节和手臂，并删除多余的线段，如图 5-42 所示。至此实例就完成了，本例最终效果可参考本书配套素材"素材与实例" > "第 5 章"文件夹> "手.fla"。

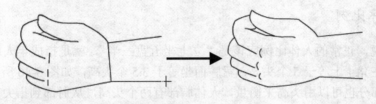

图 5-42　绘制细节

5.2.2　脚的绘制技法

在制作 Flash 动画时虽然很少绘制脚，但是要想使绘制出的鞋子看起来自然，就必须了解脚的结构。脚的结构如图 5-43 所示。此外，还需要注意男性的脚线条粗犷，较宽；女性的脚很均匀，较窄，脚趾一般不显现骨节，脚踝关节也不太突出。如图 5-44 所示。

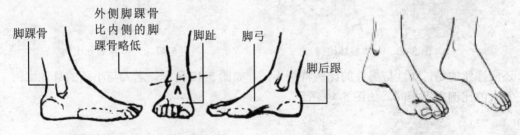

图 5-43　脚的结构　　　　　　　　　　图 5-44　男性与女性的脚

画鞋子时，要注意与脚的协调，应该让鞋子与脚的轮廓吻合。如图 5-45 所示。

图 5-45　鞋子应与脚的结构吻合

5.3 卡通人物身体的绘制技法

身体是连接头部与四肢的躯干部位，人物造型是高是矮、是强壮还是瘦弱，都是由身体的构造决定的。

5.3.1 人体比例

想要绘制好人物造型，首先需要掌握不同类型的人体比例，否则绘制出来的造型就会变成畸形。所谓人体比例就是以头高为单位，测量人体的整体高度以及各部位的长度。

1. 正常人体比例

一般来说，正常的人体比例应该是"立七坐五盘三半"，就是指成年人站着应等于 7 个头高，坐在凳子上等于 5 个头高，盘膝而坐等于 3.5 个头高，如图 5-46 所示。

人体各部分也可以用头高来衡量，人体胸部有两个头高，从肘部到指尖有两个头高，小腿也是两个头高，立姿手臂下垂时，指尖位置在大腿二分之一处，如图 5-47 所示。

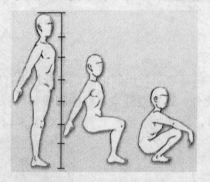

图 5-46　人体整体比例　　　　　　　图 5-47　人体各部分比例

还应注意的是，女性与男性的比例特征不同，如图 5-48 所示。老人与小孩的身体比例与正常人的比例也不相同，如图 5-49 所示。

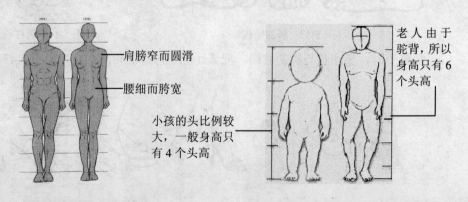

图 5-48　男性和女性的比例特征　　　　图 5-49　老人与小孩的身体比例

2. 动画造型的人体比例

动画大致分为写实动画和卡通动画两种，在写实动画中，一般使用正常的人体比例；在卡通风格的动画中一般使用 2~5 头高的人体比例，如图 5-50 所示。

图 5-50　卡通风格造型的人体比例

5.3.2　身体的类型

身体与脸形一样，有着不同的类型。普通人的身体一般是长方形，还有几类比较特别的人，比如强壮的人的身体一般是倒三角形，如图 5-51 所示。瘦弱的人的身体一般是三角形，如图 5-52 所示。而肥胖的人的身体一般是半圆形或葫芦形，如图 5-53 所示。掌握了这些规律，就可以在绘制身体时先将身体的大概轮廓绘制出来，然后再绘制细节。

图 5-51　倒三角形　　　　　　　　　　　图 5-52　三角形

图 5-53　半圆形和葫芦形

5.3.3 人体动势线和三轴线

现在我们已经掌握了人体各部位的绘制技法，只要将这些部位组合，就可以绘制出各式各样的造型了。但是要使绘制的造型结构合理，还必须掌握动势线和三轴线的概念，下面我们就来详细介绍。

1. 人体动势线

所谓人体动势线，其实就是一条起于人体头部，结束于人体重心处的线条。人体不论做什么动作，这条动势线始终存在于人体之中，如图 5-54 所示。只要掌握好这条动势线，就可以绘制出人体的各种动作。

图 5-54　人体动势线

　　人体的重心位置并不是一成不变的，它根据人体的动作在不断移动。当人体正常站立时，人体的重心位于两脚之间；当人体走动或跑动的时候，重心位于当前吃力的那只脚上。此外，当人体上身前倾时重心会向前移动；当上身后仰时，重心会向后移动。

2. 三轴线

利用动势线确定人物造型的整体动势后，还可分别绘制穿过左右眼睛、左右肩和胯部的连线来确定头部及身体的位置和角度，如图 5-55 所示。我们通常称这 3 条连线为三轴线。

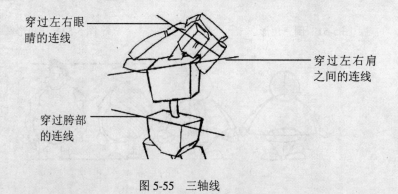

穿过左右眼睛的连线

穿过左右肩之间的连线

穿过胯部的连线

图 5-55　三轴线

　　掌握了动势线和三轴线后，就可以在绘制人物造型时，利用它们快速勾画出造型的动势了，图 5-56 所示为几个人物造型中的动势线及三轴线。

图 5-56　人物造型中的动势线及三轴线

5.4　卡通动物的绘制技法

　　动画中的动物大致可分为拟人动物和写实动物两种。在绘制拟人动物时，除了头部外，其身体结构与绘制人物造型时基本相同，如图 5-57 所示。

图 5-57　拟人动物造型

　　绘制写实的动物造型时，我们可以先使用几何图形勾画出动物的轮廓，再进行细致刻画。写实的动物主要分为哺乳动物、禽类和鱼类三种，下面分别介绍它们的绘制方法。

5.4.1　哺乳动物的绘制——绘制小狗

　　哺乳动物是由头部和身体两个主要部分组成的，我们可以把它们想象成两个椭圆，在这两个椭圆上添加耳朵、四肢和尾巴等细节，就构成了哺乳动物。下面通过绘制一只小狗，介绍哺乳动物的绘制方法。

Step 01　新建一个 Flash 文档，选择"椭圆工具" ○，将"笔触样式"设为"实线"，"笔触高度"设为"1"，"笔触颜色"设为黑色，"填充颜色"设为"空"，然后在舞台上绘制两个没有填充色的椭圆，作为小狗头部和身体的轮廓，如图 5-58 所示。

Step 02　使用"椭圆工具" ○、"线条工具" ／和"选择工具" ▶绘制小狗头部、四肢和尾巴的大概轮廓，如图 5-59 所示。

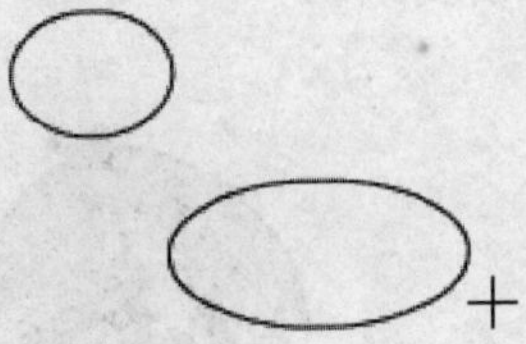

图 5-58　绘制椭圆

图 5-59　绘制小狗轮廓

Step 03　使用“线条工具”和“选择工具”，对小狗的细节进一步调整，如图 5-60 所示。

Step 04　使用“颜料桶工具”为小狗填充颜色，小狗就绘制好了，如图 5-61 所示。本例最终效果可参考本书配套素材“素材与实例”>“第 5 章”文件夹>“小狗.fla”。

图 5-60　调整小狗细节

图 5-61　填充颜色

知识库

在绘制正面的哺乳动物时，应注意其口鼻部位一定要缩短，并且清晰地画出鼻梁一端的弧形线（恰好位于鼻子的上方），如图 5-62 所示。

图 5-62　正面的哺乳类动物

5.4.2 禽类的绘制——绘制小鸟

禽类主要由头部、身体、翅膀和尾部 4 部分组成，在绘制像天鹅、仙鹤等禽类的时候，应注意它们的脖子较长。下面通过绘制一只小鸟，介绍禽类的绘制方法。

Step 01　新建一个 Flash 文档，选择“椭圆工具”，在舞台上绘制两个没有填充色的椭圆，作为小鸟头部和身体的轮廓，再使用“线条工具”和“选择工具”绘制翅膀和尾巴的轮廓，如图 5-63 所示。

Step 02　使用“椭圆工具”、“线条工具”和“选择工具”，绘制小鸟的嘴部、脖子和爪子的轮廓，如图 5-64 所示。

图 5-63 绘制几何图形

图 5-64 绘制小鸟轮廓

Step 03 使用"线条工具" ⁄ 和"选择工具" ▲ 对小鸟的细节进一步刻画，如图 5-65 所示。

Step 04 使用"颜料桶工具" ◇ 为小鸟填充颜色，小鸟就绘制好了，如图 5-66 所示。本例最终效果可参考本书配套素材"素材与实例">"第 5 章"文件夹>"小鸟.fla"。

图 5-65 细部刻画

图 5-66 填充颜色

嘴部的形状是区分不同禽类的重要特征之一，例如燕子的嘴是又长又尖的，鸭子的嘴是扁的，老鹰的嘴是鹰勾状的等，如图 5-67 所示。

图 5-67 不同禽类的头部

5.4.3 鱼类的绘制——绘制鲨鱼

鱼类主要由身体、背鳍、侧鳍和尾鳍组成，不同鱼类的主要区别也在于这几个部分。下面通过绘制一条鲨鱼，介绍鱼类的绘制方法。

Step 01 新建一个 Flash 文档，使用"线条工具" ✏ 和"选择工具" ▶ 绘制鲨鱼身体、背鳍、侧鳍和尾鳍的轮廓，如图 5-68 所示。

Step 02 继续使用"线条工具" ✏ 和"选择工具" ▶ 绘制鲨鱼的眼睛、嘴巴、鱼鳃、背线和腹鳍，如图 5-69 所示。

图 5-68　绘制鲨鱼轮廓　　　　　　　　　　　图 5-69　绘制鲨鱼细节

Step 03 使用"颜料桶工具" 🪣 为鲨鱼填充颜色，鲨鱼就绘制好了，如图 5-70 所示。本例最终效果可参考本书配套素材"素材与实例">"第 5 章"文件夹>"鲨鱼.fla"。

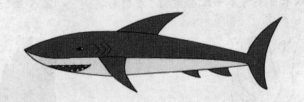

图 5-70　填充颜色

动画中比较常见的鱼类体型有椭圆形、圆形、柠檬形和菜刀形等，如图 5-71 所示。

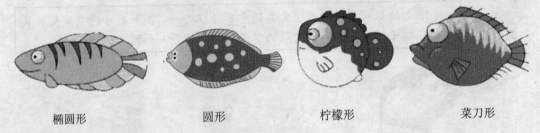

椭圆形　　　　　　　圆形　　　　　　　柠檬形　　　　　　　菜刀形

图 5-71　常见鱼类体型

5.5　绘画中的简单透视

　　人的双眼是从不同角度来观察物体的，所以越近的物体两眼观察它的角度差越大，越远的物体两眼观察它的角度差越小，这样就形成了透视效果。在绘画中透视分为一点透视、两点透视和三点透视，本书中只介绍相对简单的一点透视。一点透视可用"近大远小"四个字概括，其在画面中的表现如图 5-72 所示。

图 5-72　带有一点透视的图像

首先，让我们来了解一些与一点透视有关的名词。

➤ **视平线**：平行于视点的线，视平线通常与地平线重合，如图 5-73 所示。

➤ **消失点**：消失点为物体纵向延伸线与视平线相交的点，在一点透视中只有一个消失点，如图 5-74 所示。

➤ **延伸线**：在消失点和对象上下端点之间的线段称为延伸线。消失点、延伸线与对象两端形成的三点，构成一幅图像的透视结构，如图 5-75 所示。

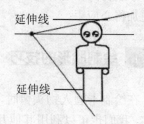

图 5-73　视平线　　　　　　　图 5-74　消失点　　　　　　　图 5-75　延伸线

下面，让我们来看看一点透视在实际绘画中的应用。

➤ **通过延伸线决定对象大小**：在为视平线、消失点定好位置，并绘制好延伸线后，在延伸线上绘制新的对象，便可根据其在延伸线上的位置决定其大小，越靠前就显得越大，越靠后就显得越小，如图 5-76 所示。

➤ **在其他位置绘制对象**：如果要在其他位置绘制对象，可以从已有的延伸线上拉出平行线，或者以消失点为基点绘制其他的延伸线，如图 5-77 所示。

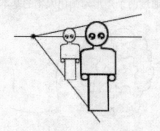
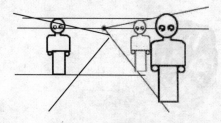

图 5-76　通过延伸线决定对象大小　　　　图 5-77　在其他位置绘制对象

➤ **仰视图与俯视图**：如果视平线与人物的眼睛平行，我们称其为平视图；如果视平线低于人物的眼睛，就变为了仰视图，如图 5-78 所示。如果视平线高于人物的眼睛，就变为了俯视图，如图 5-79 所示。

➤ **人体中的透视**：在绘制人物时，也有透视关系，只是由于人体本身面积跨度不大，所以并不是十分明显，如图 5-80 所示。

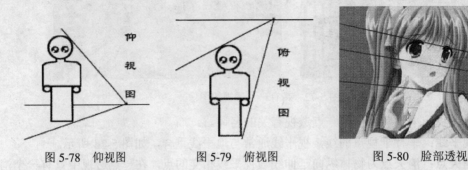

图 5-78　仰视图　　　　　图 5-79　俯视图　　　　　图 5-80　脸部透视

5.6　Flash 绘图技巧

下面再为读者补充一些在 Flash 中绘图的技巧，熟练掌握这些技巧，可以使你在绘图时更加得心应手。

5.6.1　绘制脸形的技巧

在绘制卡通人物头像时，一般情况下我们是先绘制一个椭圆作为人物脸形的大致轮廓。其实，我们也可以利用其他几何图形，甚至是多个几何图形来勾画出人物脸部的大致轮廓，从而轻松绘制出更多的人物头像造型，如图 5-81 所示。

通过两个椭圆便勾画出人物的基本脸形

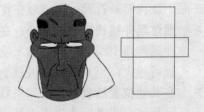

通过两个矩形勾画出人物的基本脸形

通过一个椭圆、一个矩形、一个三角形勾画出人物脸形

通过一个矩形勾画出人物基本脸形

图 5-81　用几何形状勾画出人物的基本脸形

5.6.2 上色技巧

在前面的实例中，我们已经了解到物体表面受光照的影响，会产生受光面和背光面，掌握好这一点，可以使你绘制的对象产生立体感，变得更加生动，一般的造型这样就足够了，如图 5-82 所示。如果你还想使绘制的造型更加精致，还可以在受光面添加高光，在背光面添加反光，如图 5-83 所示。

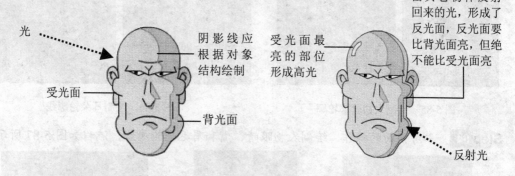

图 5-82 光照产生受光面和背光面　　　　图 5-83 高光和反光

综合实例——绘制送礼娃娃

下面通过绘制图 5-84 所示的送礼娃娃图形来巩固前面所学知识，实例最终效果文件请参考本书配套素材"素材与实例" > "第 5 章"文件夹> "送礼娃娃.fla"。

制作分析

绘制本实例中的卡通形象时，我们分别绘制人物头部、衣服、胳膊、手、脚、礼品盒，并将它们一一转换为图形元件。读者在学习本实例的过程中，需要注意图层、组合的应用。我们还可以在学习完本书动画制作的相关章节后，将这个静止的"送礼娃娃"制作成动画效果。

图 5-84 送礼娃娃

制作步骤

1. 绘制头部

Step 01　新建一个 Flash 文档，将"文档尺寸"设为 720×576 像素，"背景颜色"设为绿色（#00CC66）（也可根据个人习惯设置背景色），其他设置保持默认。

Step 02　选择"线条工具" ✎，将"笔触样式"设为"实线"，"笔触高度"设为"1"，"笔触颜色"设为黑色，然后在舞台上绘制出人物的脸部轮廓，如图 5-85 左图所示，

再使用 "选择工具" ↖ 将轮廓线调整为图 5-85 右图所示的形状。

Step 03 使用 "线条工具" ✐ 在耳朵位置绘制两条直线，再绘制两条稍微内倾的线条，然后删除多余线条，并使用 "选择工具" ↖ 调整耳朵轮廓线，得到如图 5-86 所示的图形。

 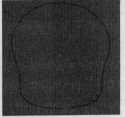   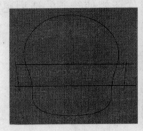 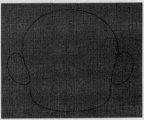

图 5-85　绘制人物脸部轮廓　　　　　　　图 5-86　绘制耳朵轮廓线

Step 04 参考前面的操作，绘制人物眼睛、嘴和眉毛的轮廓线，流程如图 5-87 所示。

绘制 "心" 形眼睛轮廓线　　　　　调整眼睛轮廓线　　　　　　绘制嘴的轮廓线

调整嘴轮廓线　　　　　　绘制眉毛轮廓线　　　　　调整眉毛轮廓线

图 5-87　绘制眼睛、嘴以及眉毛轮廓线

Step 05 分别选中嘴、眼睛、眉毛和带耳朵的面部轮廓线，并将他们分别组合，如图 5-88 所示。

Step 06 使用 "选择工具" ↖ 双击嘴部群组，进入其内部，然后使用 "选择工具" ↖ 调整出流口水的轮廓，再双击嘴部之外的区域退出群组，如图 5-89 所示。

Step 07 双击进入眼睛群组，使用 "线条工具" ✐ 和 "选择工具" ↖ 绘制一个略小的心形，然后将新绘制的心形组合，如图 5-90 所示。

图 5-88　将各轮廓线分别组合　图 5-89　调整嘴部形状　　图 5-90　在眼睛组合内再绘制一个心

Step 08　使用"线条工具" ✐和"选择工具" ▶在眼睛群组内绘制一个感叹号并将其组合，如图 5-91 所示。

Step 09　双击较小的心形进入群组内部，使用"颜料桶工具" 为其填充由深红（#CA0B0B）到淡红（#FE7A7A）的线性渐变，并使用"填充变形工具" 调整渐变色，如图 5-92 所示，最后删除较小心形的轮廓线。

图 5-91　在眼睛组合内绘制感叹号并将它组合　　　　　图 5-92　为较小心形填充颜色

Step 10　退出较小心形群组，双击进入感叹号群组，在"混色器"面板中选择"纯色"，设置填充颜色为白色，"Alpha（透明度）"为"30%"，然后在两个感叹号轮廓线内的区域填充颜色，最后删除轮廓线并退出该群组，如图 5-93 所示。

Step 11　使用"颜料桶工具" ，在大心形轮廓线内的区域填充深红（#CA0B0B），并删除轮廓线，然后双击空白区域退出该群组，如图 5-94 所示。

Step 12　退出眼睛群组，双击进入眉毛群组，然后为眉毛填充黑色并退出该群组，如图 5-95 所示。

图 5-93　为感叹号填充颜色　　　图 5-94　为较大心形填充颜色　　　图 5-95　为眉毛填充颜色

Step 13　同时选中眼睛和眉毛群组，在按住【Alt】键的同时拖动被选对象，复制出一个眼睛和眉毛，然后选择"修改" > "变形" > "水平翻转"菜单项将其翻转，最后把眉眼调整到合适的位置，如图 5-96 所示。

Step 14　进入脸部群组，为脸和耳填充粉红色（#FFE1E1），进入嘴部群组，为其填充白色，效果如图 5-97 所示。

图 5-96　复制眼眉并调整到合适位置　　　　图 5-97　为脸、耳和嘴填充颜色

Step 15 使用"线条工具" ✏和"选择工具" ▶，在光头上绘制一缕头发，并为其填充黑色，如图 5-98 所示，然后将头发组合。

Step 16 选中头上的所有对象，然后使用"任意变形工具" ▣，将被选对象稍微向左旋转一下，如图 5-99 所示。

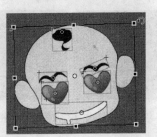

图 5-98　绘制头发　　　　　　　图 5-99　旋转人物头部

2. 绘制身体和衣服

Step 01 双击"图层 1"名称，将该图层重命名为"人物"。单击"人物"图层右侧小锁标记🔒下的圆点 •，将该图层锁定（锁定后圆点 •将变为小锁标记🔒），如图 5-100 左图所示。将图层锁定后，便不能对该图层上的对象进行任何编辑，从而避免误操作。

Step 02 单击"插入图层"按钮➕新建一图层，并将其命名为"绘图"，如图 5-100 中图所示。确保该图层为当前图层（有✏标记），然后在该图层上绘制衣服轮廓，如图 5-100 右图所示。

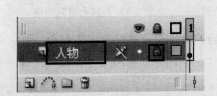

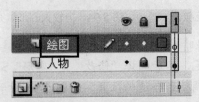

图 5-100　操作图层和绘制衣服轮廓

Step 03　选择"文本工具" **A**，在"属性"面板中将"字体"设为"方正胖娃简体"，"字体大小"设为"21"，"字体（填充）颜色"设为黄色（#FFCC00），并单击"切换粗体"按钮；设置好后，在身体轮廓中输入一个"福"字，如图 5-101 所示，按两次【Ctrl+B】组合键将文字分离，使之成为图形，再将它组合。

Step 04　使用"椭圆工具" ◯，在舞台空白处绘制两个没有填充色的同心圆制作圆环，然后为圆环填充黄色（#FFCC00），再将圆环的轮廓线删除，如图 5-102 所示。

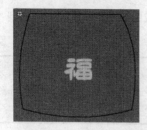
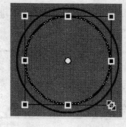

图 5-101　输入"福"字　　　　　　　图 5-102　绘制圆环

Step 05　拖动圆环使其套住"福"字，然后调整二者大小，组成一个如图 5-103 所示的图形，再同时选中圆环和"福"字，并将它们组合。

Step 06　将衣服的轮廓线组合，复制几份圆环和福字群组，把新复制出来的群组同比例缩小，分别放置在衣服轮廓内部和边缘；边缘的两个再使用"任意变形工具" ▣ 稍微横向倾斜，如图 5-104 所示。

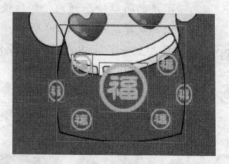

图 5-103　制作"福"字　　　　　　　图 5-104　复制出若干"福"字

Step 07　将衣服轮廓线以及同黑线交接的圆环和福字群组分离，再选中黑线轮廓外面的"福"字和圆环部分并删除掉，得到如图 5-105 所示图形。

Step 08　为衣服填充红色（#FF0000），然后同时选中衣服上的所有对象，并将它们组合，如图 5-106 所示。

Step 09　选中衣服群组，并按【Ctrl+X】组合键将其剪切到粘贴板；单击"人物"图层将其设为当前图层，然后单击图层右侧小锁标记 🔒 将其解锁，接下来按【Ctrl+Shift+V】组合键，将衣服群组原位复制到该图层。最后选中衣服群组，按【Ctrl+向下方向键】，将其排列头部群组的下面，如图 5-107 所示。

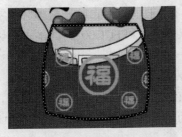 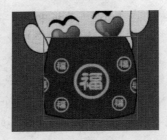 

图 5-105　分离并修改边上的福字　　图 5-106　衣服制作完成图　图 5-107　剪切衣服到"人物"图层

在不同的图层之间复制或剪切对象时，可首先将对象复制或剪切到剪贴板，然后单击选中目标图层目标帧，再选择粘贴命令，即可将对象复制或移动到目标图层。

3．绘制胳膊、手和脚

Step 01　锁定"人物"图层，单击"绘图"图层将其设置为当前图层，然后在其上绘制一个胳膊轮廓线，如图 5-108 所示。

Step 02　解除"人物"图层的锁定，选中衣服上的福字，复制 3 个并分别放置到"绘图"图层的胳膊轮廓线内，然后使用"任意变形工具" 将其稍微压扁，并旋转不同的角度，如图 5-109 所示。

Step 03　参考上一小节 Step 07 的操作，处理胳膊边缘的福字，然后为胳膊填充红色（#FF0000），并将它组合。

Step 04　使用"剪切"和"粘贴到当前位置"菜单项，将胳膊复制到"人物"图层，然后选中头部群组，按【Ctrl+向上方向键】，将头部群组排列到前方，如图 5-110 所示。

 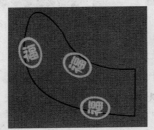 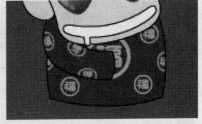

图 5-108　绘制胳膊的轮廓　　图 5-109　把"福"字复制到胳膊上　图 5-110　将头部群组排列到前方

Step 05　将"人物"图层重新锁定，在"绘图"图层上绘制手的轮廓线，如图 5-111 所示；绘制好后，在轮廓线内填充粉红色（#FFE1E1），如图 5-112 所示，再将手部组合。

图 5-111　绘制手的轮廓线　　　　　　图 5-112　为手填充颜色

Step 06　解除"人物"图层的锁定，将手剪切到该图层，放在原位置。

Step 07　将"人物"图层重新锁定，在"绘图"图层上绘制脚的轮廓线，如图 5-113 所示；绘制好后，为脚的各个区域分别填充黑色、白色和棕色（#6D2323），如图 5-114 所示，再将脚部组合。

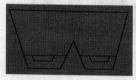

图 5-113　绘制脚的轮廓线　　　　　　　图 5-114　为脚填充颜色

Step 08　解除"人物"图层的锁定，将绘制的脚剪切到该图层，放在原位置。

4. 绘制礼品盒

Step 01　锁定"人物"图层，在"绘图"图层上绘制一个礼品盒的轮廓，如图 5-115 所示，注意绘制时用的都是直线，但为了体现出立体感和美感，正面部分的棱角全部用两条线绘制。

Step 02　在礼物盒上绘制一个十字形的彩带轮廓，如图 5-116 所示。

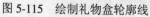
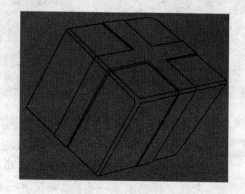

图 5-115　绘制礼物盒轮廓线　　　　　　图 5-116　绘制彩带轮廓线

Step 03　为礼品盒部分填充同衣服一样的红色（#FF0000），彩带部分填充同"福"字一样的黄色（#FFCC00），但双线描绘的区域正面部分使用的颜色要稍浅一些，阴影部分使用的颜色要深一些，这样是为了突出立体效果，具体颜色参数如图5-117 所示。

Step 04 删除礼品盒正面部分的轮廓线，删除彩带所有的轮廓线，然后把礼品盒和彩带组合，剪切到"人物"所在的图层，并通过按【Ctrl+方向键】调整各组合的排列层次，得到如图 5-118 所示图形。

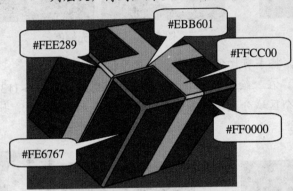

图 5-117　为礼品盒填充颜色　　　　　　　图 5-118　调整礼品盒层次

Step 05 锁定"人物"图层，使用"文本工具" A，将"字体（填充）颜色"设为黄色（#FF9900），"字体大小"为"45"，然后在"绘图"图层输入字母"HAPPY"，如图 5-119 所示。

Step 06 选择输入的文本，按两次【Ctrl+B】组合键将文本分离成图形，然后使用"选择工具" 拖动各字母的边缘，拖出如图 5-120 所示的效果。

Step 07 选中调整后的字母图形，将它拖到礼品盒上，使用"任意变形工具" 旋转图形，使它们顺着礼品盒有一定倾斜，继续选中"任意变形工具" ，单击"封套"按钮 ，然后单击图形，再拖动变形框上的各变形点调整图形，使它们看起来很协调地贴在礼物盒上，如图 5-121 所示。调整后将这些字母组合。

图 5-119　输入字母　　　图 5-120　将文本分离为图形并调整　图 5-121　调整礼物盒上的字母

Step 08 按住【Alt】键，向右下方向稍微拖动字母组合，拖出另一个字母组合，两者之间的间隔大致如图 5-122 所示；接着双击进入下层的字母群组内部，将其填充色设置得稍微深一些，本例设置为棕色（#C2511B），制作字母图形的立体效果，设置完后退出该群组。

Step 09 同时选中两个字母群组，按【Ctrl+B】组合键将它们分离，分离之后的图形完全混合为一个图形，此时注意字母的边缘，如果前后两种颜色的字母边缘有错位的话，绘制直线把边缘连接起来，形成一个封闭的空间，连接好后，为两种字母中间的空白全部填充（棕色#C2511B），如图 5-123 所示。

图 5-122　复制字母填充深色　　　　图 5-123　为字母中间的空白填充颜色

Step 10　删除边缘上的黑线，一个带有立体感的字母就呈现在我们眼前，如图 5-124 所示；将立体感的字母组合，然后剪切到"人物"图层上，位置与原位置相同，最后同时选中礼品盒和字母，将它们组合，如图 5-125 所示。

图 5-124　绘制礼品盒　　　　　　图 5-125　最后效果

5．绘制帽子并转换元件

Step 01　下面为娃娃绘制一顶帽子，进入脸部群组，在娃娃头上绘制帽子的轮廓线，如图 5-126 所示。

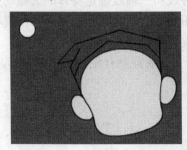 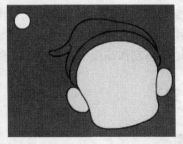

图 5-126　绘制帽子轮廓线

Step 02　为帽子的上部填充红色（#FF0000），下部填充白色，然后将其组合，并将帽子尖拖到帽子上，如图 5-127 所示，绘制好帽子后退出脸部群组。

Step 03 选中人物脸部群组，按【F8】键，将它转换为名为"脸"的图形元件，再分别将人物的眼睛、眉毛、嘴、头发、双腿、手、衣服（身体）、胳膊和礼物转换为图形元件，并以这些部位的名称命名元件，如图 5-128 所示。

Step 04 同时选中头部各器官：眼睛、眉毛、嘴、头发、耳朵、脸元件，然后按【F8】键将它们转换为一个图形元件，命名为"头"；同时选中整个娃娃，按【F8】键转换为图形元件，命名为"娃娃"。

图 5-127　绘制帽子

图 5-128　转换元件

　　在 Flash 中绘制造型时，可以在不同的图层中绘制造型的不同部位，以方便绘制和编辑；也可以参考前几节介绍的方法，使用两个图层，一个图层专门用来放置绘制好的图，并锁定；另一个图层专门用来绘图，并将绘好的图形组合，剪切到另一个图层上。

本章小结

　　本章介绍了在 Flash 中绘制人物造型、写实动物造型的技法以及一点透视在绘图中的应用。在本章的学习中应注意以下几点：

➢　在绘制人物头部时，最好先绘制面部定位线，以确定头部的角度及五官的位置。

➢　在绘制人物身体时，最好先利用动势线和三轴线确定身体的大概动势。

➢　在绘制动物造型时，可先利用几何图形确定动物身体各部分的位置和轮廓。

➢　在应用一点透视法时，应根据延伸线确定对象的大小。

　　绘制动画造型是制作动画的基础，所以希望读者能够仔细阅读本章内容，并多加练习。

思考与练习

一、填空题

1. 按照正常的人体比例，人立着应该等于_____个头高，坐在凳子上等于_____个头高，盘膝而坐等于_____个头高。

2. 在卡通风格的动画中我们一般采用_____至_____头高的人体比例

3. 眼睛由_____、_____、_____、_____、_____以及_____组成。

4．手掌与手指的比例约为____：____。

5．强壮的人的身体一般是_____形，瘦弱的人的身体一般是_____形，而肥胖的人的身体一般是_____形或_____形。

6．人体动势线是起于人体_____，结束于人体_____处的线条。

7．穿过眼睛的左右连线、左右肩之间的连线、胯部的左右连线，通常我们称其为_____。

8．如果视平线与人物的眼睛平行，我们称其为_____图；如果视平线低于人物的眼睛，就变为了_____图，如果视平线高于人物的眼睛，就变为了_____图。

二、选择题

1．怒的表情特征是（　　）。

 A．眉毛上扬、眼睛几乎闭合成下弧形、嘴角向上挑起嘴巴张开

 B．头颈低垂、眉梢和眼角倒挂下垂

 C．眉毛搅在一起、眼神锋利、咬紧牙齿

 D．脖子僵直、面颊拉长、眉毛高高吊起、眼睛圆睁、嘴巴张大

2．绘制手时，可以将手想象为（　　）个几何图形。

 A．1　　　　 B．2　　　　 C．3　　　　 D．4

3．女性的身体特征是（　　）。

 A．肩膀窄而圆滑，腰细而胯宽　　　　　 B．驼背，身高为 6 个头高

 C．头部较大，一般身高只有 4 个头高　　 D．身体为 2~5 头高

4．三轴线是（　　）。

 A．起于人体头部，结束于人体重心处的线条

 B．穿过眼睛的左右连线、左右肩之间的连线和胯部的连线

 C．当人体走动或跑动的时候，三轴线位于当前吃力的那只脚上

 D．人体正中及肩膀和胯骨的左右连线

三、操作题

运用本章所学知识，绘制一个如图 5-129 所示的人物造型。本题最终效果在本书配套素材"素材与实例"＞"第 5 章"文件夹＞"棒球女孩.fla"。

提示：

（1）利用"椭圆工具" ○ 和"选择工具" ▶ 绘制女孩的头部。

（2）用"线条工具" ／ 和"选择工具" ▶ 绘制女孩的五官和头发，并将头部所有部分转换成一个图形元件。

图 5-129　棒球女孩

（3）利用动势线和三轴线勾画出人物的轮廓。

（4）根据人物的轮廓，使用"线条工具" ／ 和"选择工具" ▶ 绘制女孩的身体、四肢和球棒，并将它们分别转换成图形元件。

第6章

动画基础与逐帧动画

本章内容提要

- 帧的基本操作 ·· 124
- 图层的基本操作 ·· 131
- Flash 中动画的类型 ·· 138
- 制作逐帧动画 ·· 139

章前导读

    从本章开始，我们将介绍在 Flash 中制作动画的方法。通过前面的学习，我们知道 Flash 是通过"时间轴"面板中的图层和帧来组织动画内容，因此，在学习制作动画时，首先要掌握帧和图层的操作方法。此外，本章还将介绍 Flash 的动画类型和逐帧动画的制作方法。

6.1 帧的基本操作

    要利用 Flash 制作动画，需要先了解 Flash 中帧的种类，并掌握帧的各种操作方法。

6.1.1 帧的种类

    Flash 中的帧分为普通帧、关键帧和空白关键帧三种类型，对帧的所有操作都是在"时间轴"面板中进行的，如图 6-1 所示。

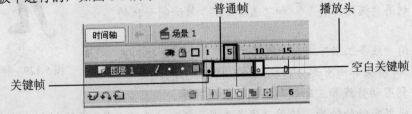

图 6-1 时间轴面板

> **关键帧**：关键帧是用于定义动画变化的帧。在制作动画时，在不同的关键帧上绘制或编辑对象，再通过一些简单的设置便能形成动画。

当需要添加或修改某一关键帧中的内容时，可先在该帧处单击以将播放头转到该帧，然后在舞台上绘制、拖入或修改相关对象即可，如图 6-2 所示。

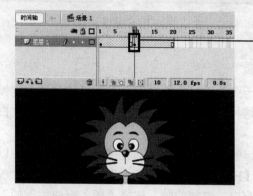

将播放头转到第10帧处便可以在舞台上创建或修改该关键帧中的内容了

图 6-2 编辑关键帧上的内容

> **空白关键帧**：没有内容的关键帧被称为空白关键帧。在时间轴上有内容的关键帧用实心圆表示，无内容的关键帧用空心圆表示。在空白关键帧上绘制或添加对象后，空白关键帧就会变为有内容的关键帧。

> **普通帧**：也称为扩展帧，其作用是延伸关键帧上的内容。制作动画时，如果需要将某关键帧上的内容往后延伸，可以通过添加普通帧实现。例如，在图 5-2 中，我们便在第 20 帧插入了普通帧，以将第 10 帧（该帧为关键帧）上的内容延伸到此处。用户不能直接编辑普通帧上的内容，只能通过编辑其前面的关键帧，或将普通帧转换为关键帧来进行修改。

6.1.2 创建帧

下面分别介绍创建关键帧、普通帧和空白关键帧的方法。

1. 创建关键帧

要制作动画，必须创建关键帧。下面是创建关键帧的几种方法。

> 在时间轴某空白帧或普通帧上单击鼠标选中该帧，然后按【F6】键或选择"插入" > "时间轴" > "关键帧"菜单，便可以在该帧插入关键帧，如图 6-3 所示。

> 在时间轴某空白帧或普通帧上单击鼠标右键，从弹出的菜单中选择"插入关键帧"菜单项。

> 要同时创建多个关键帧，可在时间轴上同时选中多个空白帧或普通帧，然后按下【F6】键。关于选择帧，请参考 6.1.3 节内容。

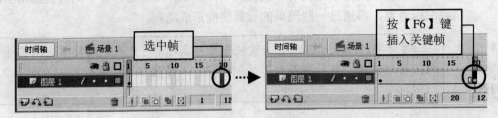

图 6-3 创建关键帧

2. 创建空白关键帧

创建关键帧后，上一个关键帧上的内容会自动延伸到该关键帧以及两个关键帧之间的所有普通帧上。要避免这种情况，可以在上一个关键帧后插入空白关键帧，下面是插入空白关键帧的方法。

➢ 如果上一个关键帧上没有内容，则直接插入关键帧便可以得到空白关键帧。

➢ 选中帧后，按【F7】键或选择"插入" > "时间轴" > "空白关键帧"菜单。

➢ 右击需要插入空白关键帧的帧，选择"插入空白关键帧"菜单项。

3. 创建普通帧

当需要延伸某关键帧上的内容时，可通过在该关键帧后创建普通帧来实现。在需要创建普通帧的空白帧上单击鼠标右键，选择"插入帧"菜单项，或选中空白帧后，按下【F5】键即可插入一个普通帧。

6.1.3 选择帧

当需要对帧进行操作，例如创建帧、复制帧、移动帧时，都需要先选中帧；此外，当需要在舞台上对某关键帧中的对象进行操作时，也需要将播放头移动到该帧处。请打开本书配套素材"素材与实例" > "第 6 章"文件夹> "编辑帧.fla"文档进行操作。

➢ 要选择单个的帧，只需单击该帧所在位置即可。选中帧后，被选帧会以反白显示，如果该帧内包含对象，则对象也会在舞台上被选中。

➢ 要选择不连续的多个帧，只需按住【Ctrl】键，依次单击要选择的帧即可，如图 6-4 所示。

➢ 要选择连续的多个帧，只需在按住【Shift】键的同时单击开始与结尾两帧，此时中间所有的帧都会被选中（可选择不同图层上的帧），如图 6-5 右图所示；也可以在需要选择的帧上按住鼠标左键并拖动进行选择。

➢ 要选择某个图层上的所有帧，只需单击该图层即可；要选择多个图层上的所有帧，只需按住【Shift】键，然后单击要选择帧的图层即可，如图 6-6 所示。

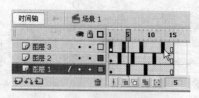

图 6-4 选择不连续的帧　　　　　　　　　图 6-5 选择连续的帧

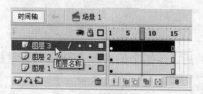

图 6-6 选择图层上的所有帧

6.1.4 复制和移动帧

制作 Flash 动画时，经常需要进行复制或移动帧的操作，下面分别进行介绍。

1. 复制帧

复制帧时，源帧上的所有对象都会被复制到目标帧上，且在舞台中的位置也相同。制作动画时，常常需要用到复制帧的操作。下面我们介绍几种复制帧的方法，请打开本书配套素材"素材与实例"＞"第6章"文件夹＞"编辑帧.fla"文档进行操作。

> **使用复制粘贴命令**：先选中要复制的帧，在被选帧上右击鼠标，从弹出的快捷菜单中选择"复制帧"项，如图 6-7 所示；选中要粘贴帧的目标帧，在帧上右击鼠标，从弹出的快捷菜单中选择"粘贴帧"项，即可将源帧复制到目标位置，如图 6-8 所示。

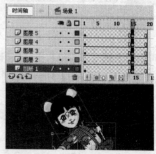

图 6-7 复制帧　　　　　　　　　　　　　图 6-8 粘贴帧

> **拖动复制**：选择要复制的帧后，在按住【Alt】键的同时，在选中的帧上按住鼠标左键并拖动，到目标位置后释放鼠标左键即可。复制多个图层之间的帧时，使用这种方法尤其方便。例如，要将"图层 1"至"图层 5"的第 1 帧至第 5 帧复制到第 20 帧，可执行如图 6-9 所示的操作来实现。

 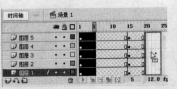 

图 6-9　通过拖动复制帧

2．移动帧

制作动画时，还常需要对帧进行移动。移动帧后，源帧上的对象会被移动到目标帧上，并且源帧上的对象会消失。下面是移动帧的两种方法。

> **拖动方式**：选择要移动的帧后，在选中的帧上按住鼠标左键并拖动，到目标位置后释放鼠标左键即可。例如，将所有图层第 1 至第 5 帧移动到第 25 帧，如图 6-10 所示。

图 6-10　移动帧

> **使用剪切粘贴命令**：选择要移动的帧后，右击被选帧，从弹出的快捷菜单中选择"剪切帧"菜单项，然后右击要移动的目标帧位置，从弹出的快捷菜单中选择"粘贴帧"菜单项即可。

6.1.5　删除帧和清除帧

制作动画时，对于某些不符合要求或已经不需要了的帧，可以将其删除。选中要删除的帧，在选中的帧上单击鼠标右键，从弹出的快捷菜单中选择"删除帧"菜单项即可将所选帧删除。图 6-11 所示为删除"图层 5"的第 10 至第 15 帧之间的所有帧。

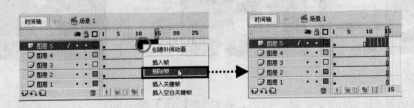

图 6-11　删除帧

清除帧是指清除帧中的内容，即帧在舞台上的对象。方法是右击要清除的帧，从弹出的快捷菜单中选择"清除帧"菜单项。清除帧可以将有内容的帧转换为空白关键帧。

我们也可以将关键帧转换为普通帧，方法是右击关键帧，从弹出的快捷菜单中选择"清除关键帧"菜单项；还可以将普通帧转换为空白关键帧，方法是选中普通帧，右击选中的帧，从弹出的快捷菜单中选择"转换为空白关键帧"菜单项。

6.1.6 翻转帧——改变飞碟的飞行方向

利用"翻转帧"命令可调整被选帧在时间轴上的左右顺序，从而改变动画播放顺序。下面通过改变飞碟的飞行方向，介绍"翻转帧"命令的使用方法。

Step 01 打开本书配套素材"素材与实例">"第6章"文件夹>"飞碟.fla"文档，按【Enter】键预览动画，可以看到这是一段飞碟由右向左移动的动画，如图6-12所示。

Step 02 选中"图层2"中第1帧到第40帧之间的所有帧，然后在被选中的帧上右击鼠标，在弹出的快捷菜单中选择"翻转帧"菜单项，如图6-13所示。

Step 03 此时按下【Enter】键预览动画，会发现飞碟的移动方向变为了从左向右。

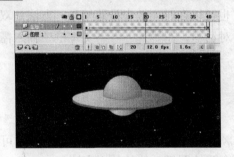

图6-12 由右向左移动的飞碟动画　　图6-13 选择"翻转帧"菜单

6.1.7 设置帧的显示状态

制作动画时，可以根据实际需要调整时间轴面板上的帧显示状态。方法是单击时间轴面板右上角的"帧的视图"按钮，在弹出的菜单中选择相应选项，如图6-14所示。

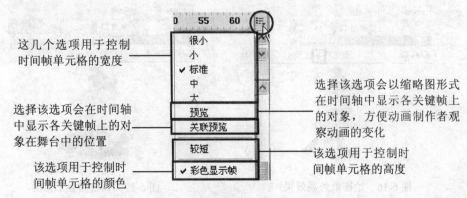

图6-14 选择帧的显示状态

打开本书配套素材"素材与实例">"第 6 章"文件夹>"山羊跑步.fla"文档，然后选择帧的不同显示状态。图 6-15 左图所示为"标准"显示，图 6-15 中图所示为"预览"显示，图 6-15 右图所示为"关联预览"显示。

图 6-15 帧的不同显示状态

6.1.8 设置帧频

帧频是指每一秒中播放的帧数，即动画播放的速度，单位是 fps。Flash 默认情况下帧频为 12fps，即每秒播放 12 帧。帧频越高，动画播放的速度越快，显得越流畅。基本上，将帧频设置为 24fps 以上，人的肉眼看到的动画效果便会同电影差不多了。但在配置不好的电脑上播放动画时，帧频设置过高会影响播放效果。

在设置文档属性时，我们可以设置帧频。也可以在时间轴中设置帧频，方法是双击时间轴状态栏上的 12.0 fps，打开"文档属性"对话框，在 帧频(F): 12 fps 文本框中输入需要设置的帧频即可。

6.1.9 绘图纸功能的使用

通常情况下，在舞台中一次只能显示单个帧上的内容。使用绘图纸功能后，便可以在舞台中一次查看或编辑多个帧上的内容。下面介绍绘图纸功能的使用方法。

Step 01 打开本书配套素材"素材与实例">"第 6 章"文件夹>"山羊跑步.fla"文档，然后单击时间轴面板下方"绘图纸外观"按钮，此时当前关键帧中的内容在舞台中将用实色显示，其他帧中的内容以半透明显示，如图 6-16 所示。

Step 02 拖动时间帧面板上方"绘图纸外观标记"的两端，可以调整要显示的帧范围，如图 6-17 所示。

图 6-16 绘图纸外观效果　　　　图 6-17 调整帧显示范围

Step 03 再次单击"绘图纸外观"按钮，取消该按钮的选中状态，然后单击"绘图纸外观轮廓"按钮，此时将显示各帧内容的轮廓线，如图 6-18 所示，用户同样可以通过拖动"绘图纸外观标记"来改变要显示的帧范围。

Step 04 取消"绘图纸外观轮廓"按钮的选中状态，然后单击"编辑多个帧"按钮，此时可以通过拖动"绘图纸外观标记"选择要同时进行编辑的关键帧，然后编辑这些关键帧中的内容，如图 6-19 所示。

图 6-18　绘图纸外观轮廓效果　　　　　图 6-19　编辑多个关键帧中的内容

Step 05 单击"修改绘图纸标记"按钮后，将弹出图 6-20 所示的菜单，在该菜单中可设置"绘图纸外观标记"的相关选项。

无论绘图纸外观是否打开，都在时间帧的上方显示绘图纸外观标记　———　总是显示标记

锚定绘图纸　———　通过锚定绘图纸外观标记，可以防止它们随播放头移动

在当前帧的两边显示两个帧　———　绘图纸 2

在当前帧的两边显示全部帧　———　绘图纸 5　———　在当前帧的两边显示五个帧

绘制全部

图 6-20　修改绘图纸标记

6.2　图层的基本操作

图层在制作 Flash 动画时起着至关重要的作用，对于 Flash 初学者来说，了解图层、掌握图层的基本操作是非常必要的。

6.2.1　图层的作用和类型

Flash 中的图层主要有以下几个作用。

➤ 在绘图时，可以将图形的不同部分放在不同的图层上，各图形相对独立，从而方便绘制和编辑图形。

➢ 用于组织动画。例如在图 6-21 中，分别在"背景"图层和"帆船"图层上制作背景移动和帆船航行的动画，组织起来便形成了一个合成动画。（可参考本书配套素材"素材与实例">"第 6 章"文件夹>"扬帆远航.fla"。）

➢ 可以利用一些特殊图层制作特殊效果动画，例如利用遮罩图层制作遮罩动画，利用引导图层制作引导动画。

Flash 中的图层主要有普通图层、引导图层、被引导图层、遮罩图层和被遮罩图层几种类型，它们在时间轴上的表现如图 6-22 所示。

➢ **普通图层：** 普通图层是最常用的图层，其标志为 ▢。新建 Flash 文档后，默认情况下已有一个普通图层。

➢ **引导图层：** 引导图层的标志为 ⌒，引导图层用来引导其下一个图层上的对象运动路径。

➢ **遮罩图层：** 遮罩图层用于遮罩被遮罩图层上图形。遮罩图层的标志为 ▨，被遮罩图层的标志为 ▧。

图 6-21　图层的作用

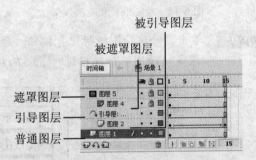

被引导图层

被遮罩图层

遮罩图层——

引导图层——

普通图层——

图 6-22　图层的类型

6.2.2　创建图层

新建 Flash 文档后，其只包含了一个图层，用户可以通过创建图层来组织动画内容，制作复杂的动画。下面是创建图层的几种方法。

➢ 单击"时间轴"面板左下角的"插入图层"按钮 ▨，可在当前图层上方新建一个图层，如图 6-23 所示。

➢ 选择"插入">"时间轴">"图层"菜单，可在当前图层上方新建一个图层。

➢ 右击时间轴中的图层，从弹出的快捷菜单中选择"插入图层"项，可在右击的图层上方创建一个图层。

温馨提示

　　当时间轴中有多个图层时，新建的图层位于当前被选择的图层之上，所以，创建图层前，可以根据需要单击选中某图层，以使新图层位于它的上方。

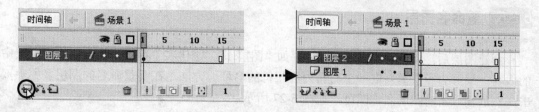

图 6-23 创建图层

6.2.3 选择图层

在制作 Flash 动画的过程中，当需要对某个图层上的对象进行操作时，需要先选择图层将其置为当前层。此外，当需要删除图层或改变图层顺序时，也需要先选中图层。下面是选择图层的几种方法。

- ➢ **选择单个图层**：单击时间轴的图层名称或图层的某一帧可选择单个图层，将其设为当前操作层。当单击图层名称时，会同时选中该图层上的所有帧。
- ➢ **选择相邻图层**：单击图层名称选中图层后，按住【Shift】键单击另一个图层名称，可同时选中这两个图层之间的所有图层，如图 6-24 所示。
- ➢ **选择不相邻图层**：按住【Ctrl】键逐个单击需要选择的图层名称，可同时选中多个图层，如图 6-25 所示。

当图层变为当前操作层时，在其右边将出现一个铅笔图标 ✏️，如图 6-26 所示。

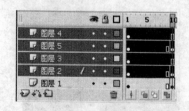

图 6-24 选择相邻图层

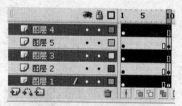

图 6-25 选择不相邻图层

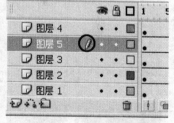

图 6-26 设置当前图层

6.2.4 删除图层

当不需要某图层上的内容时，为节省资源和方便管理，应将没用的图层删除。选择图层后，可使用下面几种方法删除图层。

- ➢ 单击时间轴图层区域底部的"删除图层"按钮 🗑️。
- ➢ 单击并拖动所选图层到"删除图层"按钮 🗑️ 上。
- ➢ 在图层上单击鼠标右键，选择"删除图层"菜单项。

6.2.5 重命名图层

新建图层后，会自动生成一个名称，如"图层 1"、"图层 2"等。为了方便识别图层中的内容，最好为图层重新取一个与其内容相符的名称。方法是在要重命名的图层名称上双击，然后输入新的图层名称即可，如图 6-27 所示。

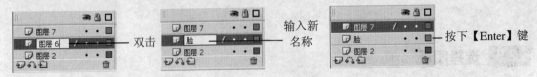

图 6-27　重命名图层

6.2.6 改变图层顺序

在 Flash 中，上方图层中的对象会覆盖下方图层上的对象，所以有时需要改变图层顺序来满足动画制作的要求。下面介绍改变图层顺序的方法。

Step 01 打开本书配套素材"素材与实例">"第 6 章"文件夹>"图层顺序.fla"文档，会发现舞台中有 3 个小动物的造型，并且小鸟图形排列在老鼠图形的上方，如图 6-28 所示。

Step 02 在"老鼠"图层上按住鼠标左键不放，将其拖到"小鸟"图层上方，松开鼠标后即可移动"老鼠"图层，如图 6-29 左图所示。此时可看到老鼠图形排列在了小鸟图形的上方，如图 6-29 右图所示。

图 6-28　打开素材文档　　　　　　　　图 6-29　改变图层顺序

6.2.7 隐藏、显示与锁定图层

绘制或编辑某一图层上的对象时，为了在操作时不影响其他图层上的对象，可将其他图层隐藏或锁定。隐藏图层后，舞台上将不显示该图层中的任何内容；锁定图层后，便不能对该图层上的对象进行任何编辑。

要隐藏或显示图层，可通过下面的操作实现。

> ➤ 要隐藏某一图层，可单击图层区上方🐦图标下的该图层·图标，当·图标变为✖形状后，该图层即被隐藏，如图 6-30 所示。

> ➤ 要显示被隐藏的图层，只需单击✖图标即可。

> ➤ 要隐藏全部图层，可单击图层区上方的🐦图标，此时所有图层都将被隐藏，如图 6-31 所示。

> ➤ 再次单击🐦图标，可显示全部图层。

图 6-30 隐藏单个图层

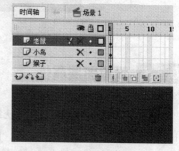

图 6-31 隐藏所有图层

要锁定或解锁图层，可通过下面的操作来实现。

> ➤ 要锁定某一图层，可单击图层区上方🔒图标下的该图层·图标，当·图标变为🔒形状时，表示该图层被锁定，如图 6-32 所示。

> ➤ 要解除图层的锁定，单击图层名称右侧的🔒图标即可。

> ➤ 要锁定全部图层，可单击图层区上方的🔒图标，此时所有图层都将被锁定，如图 6-33 所示。

> ➤ 再次单击🔒图标，可解除全部图层的锁定。

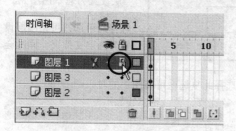

图 6-32 锁定单个图层

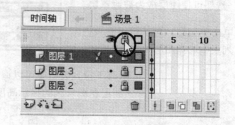

图 6-33 锁定全部图层

　　如果希望在舞台中只显示某图层中对象的轮廓线，可单击该图层名称右侧的■图标，使其变为□形状，如图 6-34 左图所示。再次单击□图标可恢复图形的显示。单击"时间轴"面板左上方的□图标，可使全部图层上的对象只显示轮廓线，如图 6-34 右图所示；再次单击□图标，可恢复原状。

图 6-34 使对象只显示轮廓线

6.2.8 设置图层属性

除了通过上面介绍的方法编辑图层外，还可以通过"图层属性"对话框设置指定图层的各种属性，例如图层名称、图层类型、图层高度等。在要设定属性的图层名称上单击鼠标右键，选择"属性"菜单项，即可打开"图层属性"对话框并作设置，如图 6-35 所示。

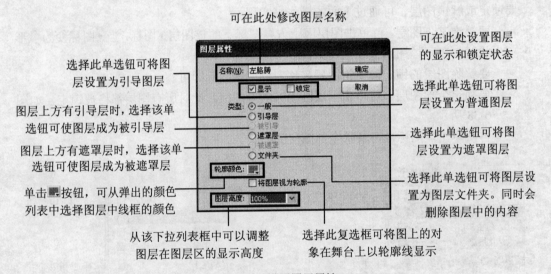

图 6-35 设置图层属性

6.2.9 图层文件夹的使用——管理多图层

当时间轴中图层很多时，为便于管理，可以将性质相似的图层归类到一个图层文件夹中，这样不仅方便组织动画，还使时间轴面板显得简洁。下面介绍图层文件夹的使用方法。

Step 01 打开本书配套素材"素材与实例">"第 6 章"文件夹>"木偶.fla"文档，我们会看到该文档中包含多个图层，如图 6-36 所示。

Step 02 单击选中"左臂"图层，使其成为当前操作图层，然后单击"时间轴"面板左下角的"插入图层文件夹"按钮，在"左臂"图层上方创建一个图 6-37 所示的图层文件夹。

Step 03 按住【Shift】键单击选中除"头部"外的所有图层，然后在选中的图层上按住鼠标左键不放，将选中的图层拖到新建的图层文件夹中，如图 6-38 所示。

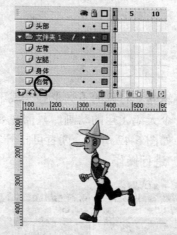

图 6-36　打开素材文档　　　　图 6-37　创建图层文件夹　　　图 6-38　将图层拖入图层文件夹

Step 04 双击图层文件夹的名称，然后将其改为"身体"，如图 6-39 所示。

Step 05 单击图层文件夹左侧的 ▽ 按钮，可以折叠文件夹中的图层，此时该按钮会变为 ▷ 形状，如图 6-40 所示；单击 ▷ 按钮可重新展开文件夹中的图层。

Step 06 要使图层与文件夹分离，只需将其拖出文件夹即可。

图 6-39　重命名图层文件夹　　　　　　　图 6-40　折叠图层文件夹中的图层

知识库

> 除了使用图层文件夹管理图层外，右击某图层，可从弹出的菜单中选择相关选项以对多个图层进行整体操作，如图 6-41 所示。

选择该项可显示所有图层 —— 显示全部

　　　　　　　　　　　　　锁定其他图层　—— 选择该项将锁定除当前图
选择该项将隐藏除当前图 —— 隐藏其他图层　　　层之外的其他所有图层
层之外的其他所有图层

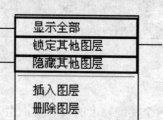

插入图层
删除图层

图 6-41　管理多图层

6.3 Flash 中动画的类型

制作 Flash 动画时，通过对同一图层上的帧进行设置，可生成逐帧动画和补间动画两种最基本的动画类型。

6.3.1 逐帧动画

在连续的关键帧中绘制或编辑同一对象的不同形态（或不同的对象）所形成的动画被称为逐帧动画。例如，要制作一个天鹅飞翔的动画，只需在 8 个连续的关键帧上放置或绘制天鹅飞翔时的不同形态即可，如图 6-42 所示。读者可打开本书配套素材"素材与实例"＞"第 6 章"文件夹＞"天鹅.fla"进行操作。

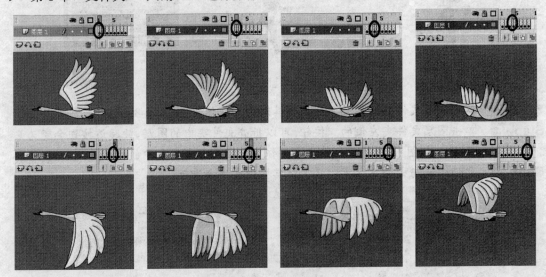

图 6-42 逐帧动画效果

逐帧动画的优点是动作细腻、流畅，适合制作人物或动物行走、跑步等动画；缺点是每个帧上的内容都需要用户绘制或设置，制作比较麻烦，而且最终输出的文件容量很大。

> 制作逐帧动画时，用户可以一帧帧地绘制动画需要的画面；也可以将自己或别人绘制好的 jpg、png 等格式的静态图片导入 Flash 的不同帧中，形成逐帧动画；还可以导入 gif 序列图像或 swf 动画文件，Flash 会自动添加关键帧并形成逐帧动画。

6.3.2 补间动画

补间动画是在制作好前后两个关键帧上的内容后，由 Flash 自动生成中间各帧，使得画面从一个关键帧渐变到另一个关键帧所形成的动画。

例如，要将上一节天鹅原地飞翔的动画制作成天鹅向前飞翔的动画，只需将天鹅飞翔的动作制作成一个元件，并将其放置在第 1 帧舞台右侧外，然后在第 24 帧插入一个关键帧，并将该帧上的天鹅移动到舞台左侧外，最后在第 1 帧和第 24 帧之间创建补间动画即可（可按【Ctrl+Enter】键预览动画），如图 6-43 所示。读者可打开本书配套素材"素材与实例">"第 6 章"文件夹>"天鹅飞翔.fla"进行操作。

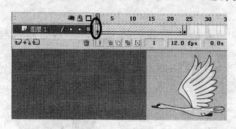 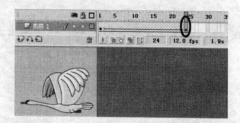

图 6-43　补间动画效果

补间动画的优点是制作简单，只需设置前后两个关键帧上的画面即可，而且由于只储存前后两个关键帧上的内容，因此占用的储存空间小；缺点是很难制作精细的动画效果。

温馨提示

补间动画分为动画补间动画和形状补间动画两种类型，本书将在第 7 章详细介绍其制作方法。

综合实例——制作走路逐帧动画

图 6-44　走路动画

制作分析

首先打开素材文档，调整人物各部位的位置和角度，制作一个走路的姿势，然后在所有图层当前帧的后面插入一个关键帧，制作第 2 个走路姿势，接下来用相同的方法制作其他 8 个走路姿势，实例就完成了。

制作步骤

Step 01 打开本书配套素材 "素材与实例" > "第 6 章" 文件夹> "走路动画素材.fla" 文件，我们会发现舞台上有一个身体各部位已经分别转换为图形元件的人物造型，如图 6-45 左图所示。并且各部位分别位于以相关名称命名的图层上，如图 6-45 右图所示。

Step 02 选择 "任意变形工具" ⬚，单击选中 "左腿" 图层上的大腿，然后进行旋转并移动到图 6-46 所示的位置。

图 6-45　打开素材文档　　　　　　　　　　图 6-46　调整左腿的大腿

Step 03 使用 "任意变形工具" ⬚选中 "左腿" 图层上的靴子，将变形中心点移动到图 6-47 所示的位置，然后进行旋转并将移动到适当位置。

Step 04 使用 "任意变形工具" ⬚选中 "右腿" 图层上的大腿，然后进行旋转并移动到图 6-48 所示的位置。

Step 05 使用 "任意变形工具" ⬚选中 "右腿" 图层上的靴子，将变形中心点移动到图 6-49 所示的位置，然后进行旋转并移动到适当位置。

图 6-47　调整左腿的靴子　　　图 6-48　调整右腿的大腿　　　图 6-49　调整右腿的靴子

Step 06 选中所有图层的第 2 帧，按快捷键【F6】插入关键帧。单击 "时间轴" 面板下方的 "绘图纸外观轮廓" 按钮▢，然后拖动外观标记的两端，使其显示 2 个帧中的内容，如图 6-50 所示。

Step 07 参考第 1 帧的轮廓，利用与 Step 02、03、04、05 相同的方法，将 "左腿" 和 "右腿" 图层第 2 帧上的对象调整为图 6-51 所示的效果。

Step 08 使用 "任意变形工具" ⊞ 选中 "左手" 图层第 2 帧上的手臂，将变形中心点移动到图 6-52 所示的位置，然后旋转并移动到适当的位置。

图 6-50　插入关键帧并显示多个帧的轮廓　图 6-51　调整第 2 帧腿部动作　图 6-52　调整第 2 帧左臂动作

Step 09 分别在所有图层第 3、4、5、6、7、8 帧处插入关键帧，并参考前面几步方法，调整人物身体各部位的角度和位置，如图 6-53 所示。（注意每插入一个关键帧后，应先将各部位的角度和位置调整好，再插入下一个关键帧）

第3帧上的内容　第4帧上的内容　第5帧上的内容

第6帧上的内容　第7帧上的内容　第8帧上的内容

图 6-53　调整各帧上身体各部位的角度和位置

Step 10 再次单击 "绘图纸外观轮廓" 按钮 🔲，使舞台上的内容正常显示，然后分别选中所有图层第 2 帧和第 6 帧上的对象，利用方向键使其向下稍微移动，利用同样的方法将所有图层第 4 帧和第 8 帧上的对象向上稍微移动，制作走路时的起伏，如图 6-54 所示。

Step 11 将第 2 帧和第 6 帧上的头部向下稍微移动，将第 4 帧和第 8 帧上的头部向上稍微移动，如图 6-55 所示。至此这个实例就完成了，按快捷键【Ctrl+Enter】可

以测试动画效果。本例最终效果可参考本书配套素材"素材与实例">"第 6
章"文件夹>"走路动画.fla"。

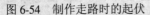

图 6-54　制作走路时的起伏

图 6-55　调整头部位置

本章小结

　　本章系统地介绍了帧和图层的编辑方法，还介绍了 Flash 中动画的类型，以及逐帧动
画的制作方法。读者在学完本章内容后应重点掌握以下知识。

➢　理解关键帧和普通帧的区别，并掌握它们的创建和编辑方法。

➢　理解图层的作用，了解图层的类型，掌握操作图层的方法。

➢　想要制作好逐帧动画，必须在平时多注意物体的运动规律，比如人走路和跑步的
运动规律。只有这样，才能在制作逐帧动画时准确地编辑每一帧上的内容，使动
画流畅合理。

思考与练习

一、填空题

　　1. 按_____键可创建关键帧，按_____键可创建普通帧，按_____键可创建空
白关键帧。

　　2. 要选择不连续的多个帧，应按住_____键，然后单击要选择的帧；要选择连续的
多个帧，应在按住_____键的同时单击开始与结束帧。

　　3. 按住_____键的同时拖动所选帧，可将选中的帧复制到目标位置。

　　4. 在选中的帧上右击鼠标，从弹出的快捷菜单中选择_____项，可将所选帧删除；
选择_____项，可将所选帧变为空白帧。

　　5. 图层主要分为_____图层、_____图层、_____图层、_____图层
和_____几种类型。

二、选择题

1. 关键帧的作用是（　　）。

　　A. 用于定义动画变化　　　　　　　　B. 延伸帧上的内容

　　C. 截断普通帧中内容的延伸　　　　　D. 放置图形对象

2. 要选择多个不相邻的图层，应在按住（　　）键的同时进行选取。

　　A. Shift　　　　B. Alt　　　　C. Ctrl　　　　D. Enter

3. 要同时查看多个关键帧中的对象，可按下（　　）按钮。

　　A. 绘图纸外观标记　　　　　　　　　B. 绘图纸外观

　　C. 编辑多个帧　　　　　　　　　　　D. 修改绘图纸标记

4. （　　）的优点是动作细腻、流畅，适合制作人物或动物行走、跑步等动画。

　　A. 补间动画　　　B. 手绘动画　　　C. 无纸动画　　　D. 逐帧动画

5. 下列不属于图层作用的是（　　）。

　　A. 方便绘制和编辑图形　　　　　　　B. 用于组织动画

　　C. 利用一些特殊图层制作特殊效果动画　　D. 管理元件

三、操作题

运用本章所学知识制作图 6-56 所示的跑步动画。本题最终效果请参考本书配套素材
"素材与实例" > "第 6 章" 文件夹 > "木偶跑步.fla"。

提示：

（1）打开本书配套素材 "素材与实例" > "第 6 章" 文件夹> "木偶.fla" 文档。

（2）参照 "制作走路逐帧动画" 实例的操作制作跑步动画。

图 6-56　木偶跑步

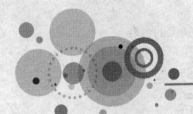

第7章

补间动画的制作

本章内容提要

- 元件和元件实例 144
- 制作动画补间动画 149
- 制作形状补间动画 153

章前导读

　　由于逐帧动画制作难度较大，因此易于实现的补间动画在 Flash 中得到了更广泛的应用。补间动画分为动画补间动画和形状补间动画两种类型，其中动画补间动画的基本组成元素主要是元件实例。本章首先介绍 Flash 中的元件与元件实例，然后分别介绍动画补间动画和形状补间动画的创建方法。

7.1　元件和元件实例

　　通过前面的学习我们已经对 Flash 中的元件有一个初步的了解，本节将系统地讲解元件在制作 Flash 动画时的作用，以及图形元件和影片剪辑元件的创建和编辑方法（按钮元件的创建方法请参考本书第 9 章内容）。

7.1.1　元件的作用和类型

1．元件的作用

Flash 中的元件主要有以下几个作用。

➢　制作动画时如果需要反复使用某个对象，如图形、视频等，可以将此对象转换为元件，或新建一个元件，并在元件内部创建需要的对象。以后便可以重复使用该元件，而不会增加 Flash 文件大小。

➢　元件本身也可以是一个小动画，此外，元件内部还可以包含元件，所以，通过几个元件合成，可以使复杂的动画制作变得简单。例如，要制作一个小蜜蜂飞行的动画，可以将小蜜蜂挥翅的动作和身体制成元件，然后在主时间轴将该元件实例做成一个向右运动的动作。如此一来，小蜜蜂向右运动同翅膀的扇动互不影响，便形成了一个合成动画，如图 7-1 所示。读者可打开本书配套素材"素材与实例">"第 7 章"文件夹>"飞行的小蜜蜂.fla"文档进行操作。

➤ 制作交互动画时需要使用元件。例如制作有按钮的动画时，需要使用按钮元件。

图 7-1　元件的作用

2. 元件的类型

Flash 中的元件分为 3 种类型，分别是图形元件、影片剪辑元件和按钮元件。

➤ **图形元件：** 用于制作可重复使用的静态图像，以及附属于主时间轴的可重复使用的动画片段。要注意的是，不能在图形元件内添加声音和动作脚本，也不能将动作脚本添加在图形元件实例上。

➤ **影片剪辑元件：** 用来制作可重复使用的、独立于主时间轴的动画片段。可以在影片剪辑内添加声音和动作脚本，还可以将动作脚本添加在影片剪辑实例上。影片剪辑元件具有图形元件的所有功能。

➤ **按钮元件：** 用于创建响应鼠标单击、滑过或其他动作的交互按钮。

7.1.2　创建元件和元件实例

元件的创建方法有两种，一种是将对象转换为元件，另一种是直接创建元件，下面分别进行介绍。

1. 将对象转换为元件——创建小汽车元件

要将舞台上的对象转换为元件，应先选中舞台上需要转换的对象，然后选择"修改">"转换为元件"菜单项，或按快捷键【F8】。下面通过将舞台中的小汽车转换为元件，介绍将对象转换为元件的操作。

Step 01　打开本书配套素材"素材与实例">"第 7 章"文件夹>"小汽车.fla"文档，会发现舞台中有一个小汽车图形，如图 7-2 所示。

Step 02 单击"汽车"图层的第1帧选中舞台中的小汽车，然后按快捷键【F8】，打开"转换为元件"对话框，在该对话框中选择要创建的元件类型，这里选择"图形"单选钮，输入元件名称，这里输入"小汽车"，如图7-3左图所示。

Step 03 单击"确定"按钮，即可将对象转换为元件。将舞台中的对象转换为元件后，其将被保存在"库"面板中，同时，舞台中的对象会自动变为该元件的一个实例，如图7-3右图所示。

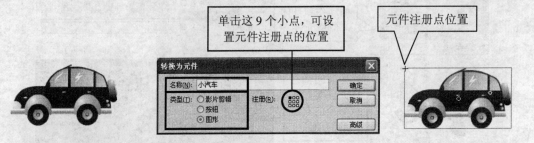

图7-2　舞台中的小汽车　　　　　　　图7-3　将小汽车转换为元件

> 元件注册点用于元件实例的定位。选中舞台上的元件实例后，"属性"面板中"X"和"Y"编辑框中的坐标便是注册点的坐标。

2. 直接创建元件——创建背景元件

选择"插入">"新建元件"菜单项，或按【Ctrl+F8】组合键，可直接创建一个元件。下面通过创建"背景"元件进行说明。

Step 01 继续前面的操作，在"小汽车"图层上方新建一个图层，然后将其拖到"小汽车"图层下方，并重命名为"背景"，如图7-4所示。

Step 02 按【Ctrl+F8】组合键，在打开的"创建新元件"对话框中选择要创建的元件类型，这里选择"图形"单选钮，在"名称"编辑框中输入元件名称，这里输入"背景"，如图7-5所示。

图7-4　新建"背景"图形　　　　　　　图7-5　"创建新元件"对话框

Step 03 单击"确定"后会自动进入"背景"元件的编辑状态，用户可绘制或导入动画需要的图形，也可以制作一段动画。这里我们按【Ctrl+R】组合键，在打开的"导入"对话框中选择本书配套素材"素材与实例">"第7章"文件夹>"背景.jpg"图像，然后单击"打开"按钮，导入位图图像，如图7-6所示。

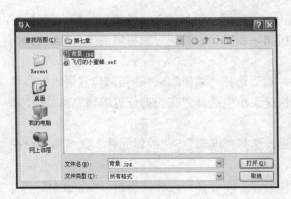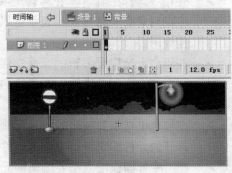

图7-6 在元件中导入位图图像

Step 04 导入图像后单击"时间轴"面板左上角的 ▲场景1 按钮返回主场景，此时会发现利用"创建新元件"对话框生成的元件不会在舞台中显示。按【Ctrl+L】组合键打开"库"面板，会看到创建的元件保存在"库"面板中，这里我们将"背景"元件拖到"背景"图层的舞台中，创建一个该元件的实例，并调整元件实例的位置，使其覆盖整个舞台，如图7-7所示。

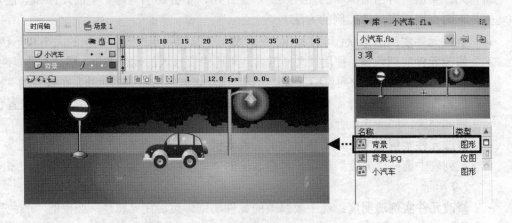

图7-7 创建"背景"元件的元件实例

7.1.3 编辑元件和元件实例

在制作 Flash 动画的过程中，有时需要更改元件的内容，或者改变舞台上元件实例的形状、大小、色调、不透明度等属性。下面分别介绍元件与元件实例的编辑方法。

1. 编辑元件

编辑或修改元件后，该元件在舞台上的所有元件实例也会随之改变。要编辑或修改元件有以下几种方法。

- 使用"选择工具" ▶ 在舞台上双击元件实例，即可进入元件编辑状态，此时元件中的对象会正常显示，表示可以编辑，而舞台中其他对象将以高光显示，表示不能编辑。

- 在舞台上选中要编辑的元件实例，然后选择"编辑">"在当前位置编辑"菜单项，或右击元件实例，在弹出的快捷菜单中选择"在当前位置编辑"菜单项，即可进入元件的编辑状态。

- 在舞台上选中要编辑的元件实例后，选择"编辑">"编辑元件"菜单项，可在打开的元件编辑窗口中修改元件。

- 在"库"面板中双击要编辑的元件名称，即可打开元件编辑窗口编辑元件。

- 单击编辑区上方的"编辑元件"按钮 ⬤，在弹出的下拉列表中选择要编辑的元件，便可在打开的元件编辑窗口中修改元件。

- 要退出元件的编辑状态，可单击舞台左上角的 ⬛ 场景 1 按钮，或按【Ctrl+E】组合键返回主场景。

2. 编辑元件实例

编辑元件实例只对当前编辑的元件实例产生作用，不会影响"库"中的元件和其他元件实例。下面介绍编辑元件实例的方法。

- **更改元件实例的形状：** 可以利用"任意变形工具" ▦ 更改元件实例的大小和形状。

- **修改元件实例色调：** 使用"选择工具" ▶ 选中要修改的元件实例，然后在"属性"面板中"颜色"下拉列表中选择"色调"选项，再单击右侧的色块，在打开的"拾色器"对话框中选择需要的色调，在右侧的"色彩数量"编辑框中还可以设置色调的强度，如图 7-8 所示。

- **修改元件实例亮度：** 选中要修改的元件实例，然后在"属性"面板的"颜色"下拉列表中选择"亮度"选项，再在右侧的"亮度数量"编辑框中设置亮度，如图 7-9 所示。

- **修改元件实例透明度：** 选中要修改的元件实例，然后在"属性"面板的"颜色"下拉列表中选择"Alpha"选项，再在右侧的"Alpha 数量"编辑框中输入透明度值，如图 7-10 所示。

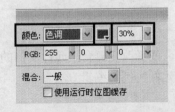

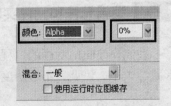

图 7-8　修改元件实例色调　　　图 7-9　修改元件实例亮度　　　图 7-10　修改元件实例透明度

　　　　如果想要修改某个元件实例的填充色或线条等属性，可先按【Ctrl+B】组合键将元件实例分离成图形再进行修改。

7.2　制作动画补间动画

在一个关键帧上放置一个对象，在同一图层的另一个关键帧上改变该对象的大小、位置、角度、透明度、颜色等，Flash 根据二者之间的差值自动生成的动画被称为动画补间动画。动画补间动画的应用比较广泛，大多数 Flash 动画作品中，都包含有动画补间动画。

7.2.1　动画补间动画的特点

动画补间动画具有以下特点。

> **制作简单：** 与逐帧动画不同，由于动画补间动画是通过 Flash 对两个关键帧之间的差值进行运算而得到的，所以制作动画补间动画只需编辑动画第一个关键帧和最后一个关键帧中的内容即可，两个关键帧之间帧的内容由 Flash 自动生成，不需要人为处理。

> **过渡平滑：** 由于动画补间动画除了前后两个关键帧上的内容是由制作者手工编辑外，中间帧中的内容都由 Flash 自动生成，所以过渡更为连贯、平滑。

> **体积小：** 相对于逐帧动画来说，动画补间动画文件的体积更小，占用内存更少。

> **组成元素：** 制作动画补间动画时，两个关键帧上的对象必须是元件实例。此外，两个关键帧上必须是同一对象才能创建动画补间动画，而且，同一图层上每个关键帧中只能有一个元件实例。

> **在时间轴面板上的表现形式：** 在两个关键帧之间创建动画补间动画后，两个关键帧之间的背景变为淡紫色，在起始帧和结束帧之间有一个长长的箭头，如图 7-11 左图所示。如果补间被打断或不完整，则箭头变为虚线，如图 7-11 右图所示。

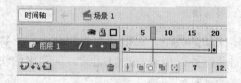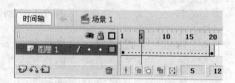

图 7-11　设置动画补间动画后的时间轴

7.2.2　创建动画补间动画——制作小汽车启动动画

在动画的开始帧创建或放置一个元件实例，然后在动画结束的地方创建一个关键帧，更改两个关键帧上元件实例的大小、位置、角度等属性后，单击两个关键帧之间任意一帧，在"属性"面板"补间"下拉列表中选择"动画"选项，即可在这两个关键帧之间创建动画补间动画。下面通过制作汽车起步的动画效果，来学习动画补间动画的创建方法。

Step 01 继续 7.1.2 节的实例进行操作，在"背景"图层的第 60 帧处插入普通帧，在"小汽车"图层的第 60 帧处插入关键帧，如图 7-12 所示。

Step 02 使用"选择工具" 将"小汽车"图层第 1 帧上的"小汽车"元件实例拖到舞

台右侧外，如图 7-13 左图所示。

Step 03 将"小汽车"图层第 60 帧上的"小汽车"元件实例拖到舞台左侧外，如图 7-13 右图所示。

 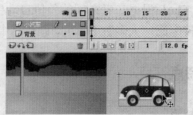 

图 7-12 创建普通帧和关键帧   图 7-13 拖动不同帧中的"小汽车"元件实例

Step 04 选中"小汽车"图层第 1 帧至第 60 帧之间的任意一帧（不包括第 60 帧），然后在"属性"面板的"补间"下拉列表中选择"动画"选项，并在"缓动"文本框中输入"-100"，如此一来，便在"小汽车"图层第 1 帧至第 60 帧之间创建了动画补间动画，如图 7-14 左图所示。

Step 05 创建动画补间动画后的时间轴面板如图 7-14 右图所示，我们可按【Enter】键预览一下动画，看看效果怎么样。本例最终效果可参考本书配套素材"素材与实例">"第 7 章"文件夹>"小汽车启动.fla"。

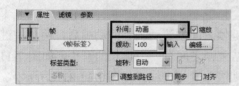 

图 7-14 创建动画补间动画

➢ **"补间"下拉列表：**用来选择需要创建的动画类型，包括动画补间动画和形状补间动画。除了利用该下拉列表创建补间动画外，也可右击时间帧，从弹出的快捷菜单中选择"创建补间动画"项来创建动画补间动画。

➢ **"缩放"复选框：**当两个关键帧上对象大小不同时，勾选该复选框可使对象在变化过程中按比例均匀缩放。

➢ **"缓动"文本框：**用来调整动画的变化速度。如果希望动画逐渐加速，可在该文本框中输入一个负值；如果希望动画逐渐减速，可在该文本框中输入一个正值。默认情况下，"缓动"值为 0，表示动画匀速变化。

➢ **"旋转"下拉列表：**要在动画中旋转对象，可在该下拉列表中选择适当选项。其中："无"表示禁止对象旋转；"自动"表示对象根据用户在舞台中的设置旋转；"顺时针"表示让对象顺时针旋转；"逆时针"表示让对象逆时针旋转。旋转次数是指对象从一个关键帧过渡到另一个关键帧时旋转的次数，360 度为一次。

➤ **"调整到路径"和"贴紧"复选框**：这两个复选框在制作引导路径动画时才有用，我们将在第7章详细介绍。

➤ **"同步"复选框**：勾选该复选框，可使图形元件实例中的动画和主时间轴同步。

7.2.3　改进动画补间动画——变色文字

除了通过改变两个关键帧上对象的大小、位置、角度创建动画补间动画外，我们还可以通过改变不同关键帧上元件实例透明度、颜色、亮度等，得到淡入淡出、发光等动画效果，给人以强力的视觉冲击。下面通过制作一个变色文字的实例，介绍如何制作变色、淡入淡出和发光效果的动画。

Step 01　新建一个"宽度"为"400"像素、"高度"为"200"像素、"背景颜色"为蓝色（#0099FF）的Flash文档，如图7-15所示。

Step 02　选择"文本工具" **A**，将"字体"设为"Arial Black"、"字体大小"设为"100"、"字体颜色"设为橙黄色（#FFCC00），然后在舞台适当位置输入文字"Flash"，如图7-16所示。

图7-15　设置文档属性

图7-16　输入文字

Step 03　选中舞台中的文字，然后按【F8】键将其转换为名为"文字"的图形元件，如图7-17所示。

Step 04　在第15帧插入关键帧，然后在第1帧与第15帧之间的任意帧上右击鼠标，在弹出的快捷菜单中选择"创建补间动画"菜单，创建动画补间动画，如图7-18所示。

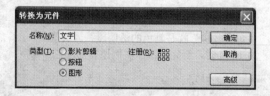

图7-17　将文字转换为图形元件

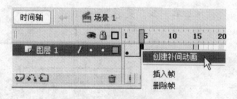

图7-18　创建动画补间动画

Step 05　选中第1帧上的元件实例，按【Ctrl+Shift+S】组合键，在弹出的"缩放与旋转"

对话框的"缩放"编辑框中输入"200",将元件实例放大至200%,如图 7-19
所示。

Step 06 打开"属性"面板,在"颜色"下拉列表中选择"Alpha"(透明度)选项,并
在其右侧的编辑框中输入"0",如图 7-20 所示。这样就制作了一个淡入效果。

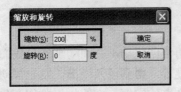

图 7-19 放大元件实例   图 7-20 改变不透明度

Step 07 分别在第 16、17、18、19 帧处插入关键帧,然后选中第 16 帧上的元件实例,
在"属性"面板"颜色"选项的下拉列表中选择"亮度"选项,并在其右侧的
编辑框中输入"100",如图 7-21 所示。

Step 08 利用与 Step 07 相同的方法将第 18 帧上元件实例的亮度也设为100%,这样闪白
效果就制作好了,如图 7-22 所示。

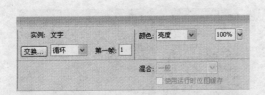

图 7-21 设置元件实例的亮度   图 7-22 制作闪白效果

Step 09 在第 30 帧处插入关键帧,然后选中第 30 帧上的元件实例,然后在"属性"面
板"颜色"下拉列表中选择"色调"选项,单击其右侧的色块 ,在弹出的"拾
色器"对话框中选择紫色(#FF00FF),然后将"色彩数量"设为"100%",如
图 7-23 所示。

Step 10 最后在第 15 帧与第 30 帧之间的任意帧上右击鼠标,在弹出的快捷菜单中选择
"创建补间动画"菜单项,创建动画补间动画,再在第 50 帧处插入普通帧,
如图 7-24 所示。本例的最终效果可参考本书配套素材"素材与实例" > "第 8
章" > "变色文字.fla"。

"色彩数量"就是颜色的透明度,当数值
为 100% 时,会完全覆盖实例原有的颜色

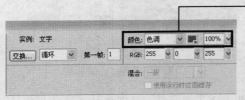

图 7-23 设置元件实例的色调   图 7-24 创建动画补间动画并插入普通帧

7.3　制作形状补间动画

形状补间动画是指一个形状变成另一个形状的动画效果,例如一个苹果变成一颗桃心,或是小鸟变飞机、小猫变老虎等。

7.3.1　形状补间动画的特点

形状补间动画具有以下特点。

➢ **制作简单**:与动画补间动画一样,形状补间动画也只需编辑动画第一个关键帧和最后一个关键帧中的内容即可,两个关键帧之间的帧不用人为处理。

➢ **强调形状变化**:形状补间动画可以实现两个图形之间颜色、形状、大小、位置的相互变化,其强调的是"形状"变化,而动作补间强调的是"动作",例如可以使用形状补间动画制作火焰效果,而动画补间动画便不能。

➢ **可控制过渡效果**:通过为形状补间动画添加形状提示,可以控制形状补间动画过渡的方向、角度等,以实现不同的过渡效果。

➢ **组成元素**:形状补间动画的组成元素只能是分离的矢量图形,如果使用图形元件、按钮、文字、组合等,需要先将它们分离才能创建形状补间动画。

➢ **在时间轴面板上的表现形式**:形状补间动画建好后,时间帧面板的背景色变为淡绿色,在起始帧和结束帧之间有一个长长的箭头,如图 7-25 左图所示;如果箭头变为虚线,说明制作不成功,原因可能是某个关键帧上的图形没有被分离,如图 7-25 右图所示。

 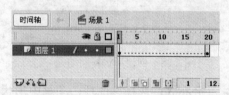

图 7-25　设置形状补间动画后的时间轴

7.3.2　创建形状补间动画——鸡蛋变小鸡

在一个关键帧上放置要变形的图形,在另一个关键帧上改变这个图形的形状和颜色,或重新创建另一个图形,再单击两个关键帧之间任意一帧,从"属性"面板"补间"下拉列表中选择"形状"选项,即可在这两个关键帧之间创建形状补间动画。下面通过制作一个鸡蛋变小鸡的动画效果,来学习形状补间动画的创建。

Step 01　打开本书配套素材"素材与实例" > "第 7 章"文件夹 > "鸡蛋变小鸡素材.fla"文档,可以看到舞台上有一只鸡蛋和一只小鸡的剪影,如图 7-26 所示。

Step 02　选中"图层 1"第 1 帧上的小鸡图形,按【Ctrl+X】组合键将其剪切到剪贴板。

在"图层1"的第30帧处插入空白关键帧，然后按【Ctrl+V】组合键将小鸡图形粘贴到该帧，如图7-27所示。

图7-26 舞台中的图形

图7-27 将第1帧上的小鸡图形剪切到第30帧

Step 03 将第1帧上的小鸡图形移动到舞台中间位置，然后选中第1帧与第30帧之间的任意帧（不包括第30帧），打开"属性"面板，在"补间"下拉列表中选择"形状"选项，即可创建形状补间动画，如图7-28所示。

Step 04 创建形状补间动画后，"属性"面板如图7-29所示，其中"缓动"选项的作用与动画补间动画的相同，在"混合"选项的下拉列表中有"分布式"和"角形"两个选项，本例选择"分布式"。至此实例就完成了，最终效果可参照本书配套素材"素材与实例">"第7章"文件夹>"鸡蛋变小鸡.fla"。

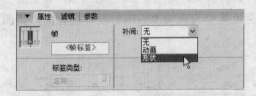

图7-28 创建形状补间动画

图7-29 设置形状补间动画参数

➤ **分布式**：选择该选项，动画中形状的过渡会比较平滑和不规则。
➤ **角形**：选择该选项，动画中形状的过渡会保留明显的角和直线，适合具有锐化转角和直线的形状变化。

7.3.3 形状提示的使用——公鸡变孔雀

使用以上方法创建的形状补间动画，图形的变化是随机的，有时并不符合我们的要求。使用形状提示功能可以控制形状的变化过程，使其按照我们希望的方式变化。下面通过制作公鸡变孔雀的动画效果，介绍形状提示的应用。

Step 01 打开本书配套素材"素材与实例">"第6章"文件夹>"形状提示素材.fla"文档，我们可以看到文档中是一只公鸡变为一只孔雀的形状补间动画，此时按【Enter】键预览动画，会发现补间动画的过渡很不规则，如图7-30所示。

Step 02　选中"图层 1"的第 1 帧，然后选择"修改">"形状">"添加形状提示"菜单，或直接按【Ctrl+Shift+H】组合键，添加一个形状提示，如图 7-31 所示。

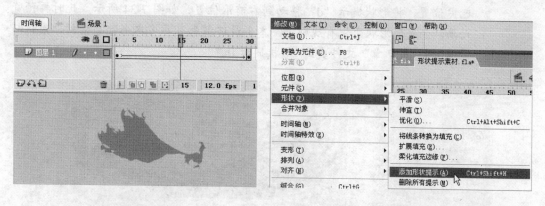

图 7-30　过渡动画　　　　　　　　　　　　　　　图 7-31　添加形状提示

Step 03　此时在第 1 帧上会出现一个红色的形状提示，相应的在第 30 帧上也出现了一个红色的形状提示，如图 7-32 所示。形状提示中的字母表示形状提示的序列，最多可添加 26 个形状提示。

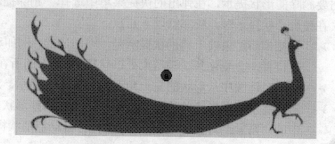

图 7-32　第 1 帧与第 30 帧上的形状提示

Step 04　使用"选择工具"　将第 1 帧上的形状提示移动到鸡的嘴尖位置，再将第 30 帧上的形状提示移动到孔雀的嘴尖位置，表示在变形时鸡的头会变为孔雀的头。此时第 1 帧上的形状提示会变为黄色，第 30 帧上的形状提示会变为绿色，表示它们在一条曲线上，如图 7-33 所示。

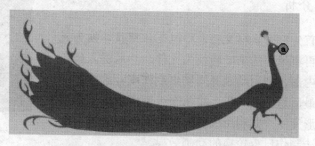

图 7-33　调整后的形状提示

Step 05 按【Ctrl+Shift+H】组合键 3 次，再添加 3 个形状提示，然后将第 1 帧与第 30 帧上的形状提示"b"移动到鸡和孔雀的后背位置，将形状提示"c"移动到尾巴尖位置，将形状提示"d"移动到右前爪位置，如图 7-34 所示。此时再预览动画，会发现形状变化有规则了。本例最终效果可参考本书配套素材"素材与实例">"第 7 章"文件夹>"形状提示.fla"。

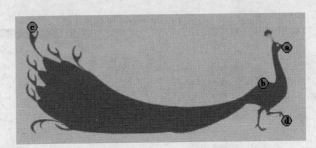

图 7-34 添加更多的形状提示

选择"视图">"显示形状提示"菜单项，可以隐藏或显示形状提示。要删除所有的形状提示，可选择"修改">"形状">"删除所有提示"菜单；要删除单个形状提示，可右击要删除的形状提示，在弹出的快捷菜单中选择"删除提示"菜单项。

在使用形状提示时，应注意以下几点。

➤ 开始帧与结束帧上的形状提示是一一对应的，例如动画开始处形状提示"a"的所在位置，会变化到动画结束处形状提示"a"的所在位置。

➤ 按逆时针顺序从形状的左上角开始放置形状提示，这样的变形效果最好。

➤ 形状提示要在形状的边缘才能起作用，在调整形状提示的位置前，可选中工具箱中的"贴紧至对象"按钮，这样会自动把形状提示吸附到图形边缘。

综合实例 1——日夜轮换

下面通过制作图 7-35 所示的日夜轮换动画来巩固本章所学知识。

制作分析

首先打开素材文档，将风车和背景转换为元件，再将风车的扇叶转换为元件，然后进入风车元件内部，利用动画补间动画制作扇叶旋转的动画，最后返回主场景，将两个天空图形分别转换为图形元件，并利用改变元件实例亮度和透明度的方法制作日夜轮换的动画效果。

图 7-35 日夜轮换

制作步骤

Step 01　打开本书配套素材 "素材与实例" > "第 7 章" 文件夹> "日夜轮换素材.fla" 文档，该文档提供了一个风车和草地的图形以及两个天空的背景图形，分别放置在三个图层中，如图 7-36 所示。

Step 02　单击 "风车" 图层，选中风车、扇叶和草地，然后按【F8】键，将其转换为名为 "风车" 的图形元件，如图 7-37 所示。

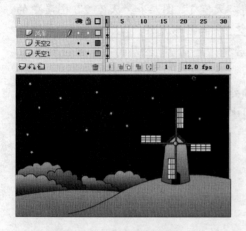

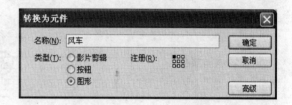

图 7-36　打开素材文档　　　　　　　图 7-37　将风车、扇叶和草地转换为图形元件

Step 03　双击 "风车" 元件实例进入其编辑状态，将 "图层 1" 重命名为 "草地"，然后在 "草地" 图层上方新建一个图层，并重命名为 "扇叶"，如图 7-38 所示。

Step 04　利用【Ctrl+X】和【Ctrl+Shift+V】组合键，将 "草地" 图层中的风车扇叶原位剪切到 "扇叶" 图层，并将风车扇叶转换为名为 "扇叶" 的图形元件，如图 7-39 所示。

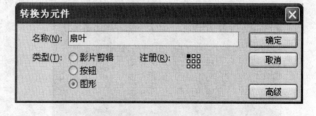

图 7-38　新建并重命名图层　　　　　　图 7-39　将扇叶转换为图形元件

Step 05　在 "草地" 图层的第 200 帧处插入普通帧，在 "扇叶" 图层的第 200 帧处插入关键帧，然后在 "扇叶" 图层第 1 帧与第 200 帧之间创建动画补间动画，如图 7-40 所示。

Step 06　单击选中 "扇叶" 图层的第 1 帧，然后打开 "属性" 面板，在 "旋转" 下拉列表中选择 "顺时针"，在其右侧的编辑框中输入 "1"，表示顺时针旋转 1 次，如图 7-41 所示。

图 7-40　创建动画补间动画　　　　　　　图 7-41　设置旋转的方向和次数

Step 07 按【Ctrl+E】组合键返回主场景，分别将 "天空 1" 图层和 "天空 2" 图层中的天空背景转换为名为 "天空 1" 和 "天空 2" 的图形元件。

Step 08 在所有图层的第 200 帧插入普通帧，然后将 "天空 2" 图层的第 1 帧拖到第 40 帧处，如图 7-42 所示。

Step 09 在 "风车" 图层第 40、80、120、160 帧处插入关键帧，然后分别在第 40 和第 80 帧之间以及第 120 和第 160 帧之间创建动画补间动画，如图 7-43 所示。

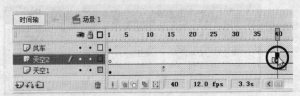

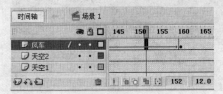

图 7-42　拖动关键帧　　　　　　　　　图 7-43　创建动画补间动画

Step 10 单击选中 "风车" 图层第 80 帧中的 "风车" 元件实例，然后打开 "属性" 面板，在 "颜色" 下拉列表中选择 "亮度" 选项，并在其右侧的编辑框中输入 "-100"，如图 7-44 所示。用同样的操作将 "风车" 图层第 120 帧中的 "风车" 元件实例的亮度设为 "-100"。

Step 11 在 "天空 2" 图层第 80、120、160 帧处插入关键帧，然后分别在第 40 和第 80 帧之间以及第 120 和第 160 帧之间创建动画补间动画，如图 7-45 所示。

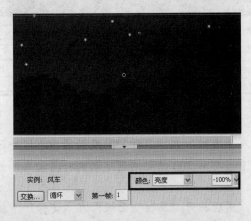

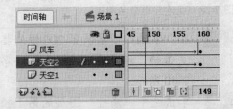

图 7-44　设置元件实例的亮度　　　　　　图 7-45　创建动画补间动画

Step 12 单击选中 "天空 2" 图层第 40 帧中的 "天空 2" 元件实例，然后打开 "属性"

面板，在"颜色"下拉列表中选择"Alpha"选项，并在其右侧的编辑框中输入"0"，如图 7-46 所示。用同样的操作将"天空 2"图层第 160 帧中的"天空 2"元件实例的透明度设为"0"。

Step 13　至此实例就完成了，按【Ctrl+Enter】组合键可观看动画效果，如图 7-47 所示。本例最终效果可参考本书配套素材"素材与实例"＞"第 7 章"文件夹＞"日夜轮换.fla"。

图 7-46　设置元件实例透明度

图 7-47　播放效果

综合实例 2——制作节日贺卡

下面通过制作图 7-48 所示的节日贺卡动画来巩固本章所学知识。

制作分析

首先打开素材文档并新建一个图层，然后将"库"面板中的元件拖入舞台，并利用动画补间动画制作开幕动画，最后利用形状补间动画制作闪光变为文字的动画。

制作步骤

Step 01　打开本书配套素材"素材与实例"＞"第 7 章"文件夹＞"贺卡素材.fla"文档，打开"库"面板，会发现"库"

图 7-48　节日贺卡

面板中有两个图形元件和一个位图图像，如图 7-49 所示。

Step 02　将"图层 1"重命名为"背景"，然后在"背景"图层上方再新建 3 个图层，并分别命名为"灯笼"、"帷幕 1"和"帷幕 2"，如图 7-50 所示。

Step 03　从"库"面板中将"夜景.jpg"图像拖入"背景"图层，并在"属性"面板中将其"X"、"Y"坐标设为"0";将"灯笼"图形元件拖入"灯笼"图层,然后复制3份"灯笼"元件实例,适当缩放后放置在图7-51所示的位置。

图7-49 "库"面板中的元件

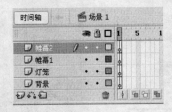

图7-50 新建并重命名图层

图7-51 拖入位图和灯笼

Step 04 将"帷幕"图形元件分别拖入"帷幕1"、"帷幕2"图层,并调整位置,使"帷幕1"图层上的元件实例覆盖舞台右半侧,"帷幕2"图层上的元件实例覆盖舞台左半侧,如图7-52所示。

Step 05 在所有图层的第70帧处插入普通帧,然后在"帷幕1"和"帷幕2"图层的第10帧和第30帧处插入关键帧。

Step 06 分别在"帷幕1"和"帷幕2"图层第10帧和第30帧之间创建动画补间动画,然后将"帷幕1"图层第30帧上的"帷幕"元件实例移至舞台右侧外,将"帷幕2"图层第30帧上的"帷幕"元件实例移至舞台左侧外,如图7-53所示。

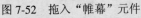

图7-52 拖入"帷幕"元件

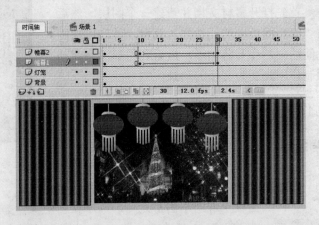

图7-53 创建开幕动画

Step 07 在"灯笼"图层上方新建4个图层,并分别命名为"节"、"日"、"快"和"乐",

如图 7-54 所示。

Step 08 在"节"图层的第 30 帧处插入关键帧,然后在舞台左下方绘制一个没有填充色的正圆,并为其填充由白色到"Alpha"值为"30%"的白色的放射状渐变,将其边线删除便制作好了一个闪光效果,如图 7-55 所示。

图 7-54　新建图层

图 7-55　绘制闪光效果

Step 09 在"日"图层的第 35 帧、"快"图层的第 40 帧和"乐"图层的第 45 帧处插入关键帧,并利用与 Step 08 相同的操作,分别在这些帧上绘制闪光效果(或直接将 Step 08 中绘制的闪光效果复制到这些帧),如图 7-56 所示。

Step 10 在"节"图层的第 35 帧和第 40 帧处插入关键帧,然后利用快捷键【Ctrl+Alt+S】打开"旋转和缩放"对话框,将"节"图层第 30 帧上的闪光图形缩小至 10%,最后在"节"图层第 30 帧和第 35 帧之间创建形状补间动画,如图 7-57 所示。

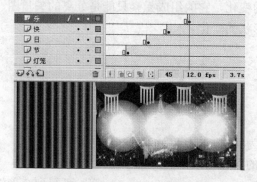

图 7-56　在不同图层中绘制闪光效果

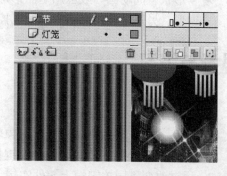

图 7-57　创建形状补间动画

Step 11 选择"文本工具" A,在"属性"面板中将"字体"设为"隶书"、"字体大小"设为"70"、"文本(填充)颜色"设为黄色(#FFFF00),然后在"节"图层第 40 帧上的闪光图形上输入"节"字。输入完毕后将第 40 帧上的闪光图形删除,再将"节"字分离,然后在"节"图层第 35 帧与第 40 帧之间创建形状补间动画,如图 7-58 所示。

Step 12 参考第 10 步和第 11 步的操作,在"日"、"快"和"乐"图层上创建形状补间动画,注意每向上一个图层,制作形状补间动画的帧数就向后延 5 帧,时间轴最终效果如图 7-59 所示。至此实例就完成了,最终效果可参考本书配套素材"素材与实例" > "第 7 章" 文件夹> "节日贺卡.fla"。

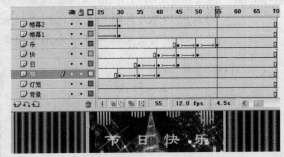

图 7-58 输入文字并创建形状补间动画　　　　图 7-59 在不同图层创建形状补间动画

本章小结

　　本章主要介绍了创建动画补间动画和形状补间动画的方法，这两类动画是 Flash 中最基本的动画类型。在本章的学习中，应注意以下几点。

➤ 可以将舞台上的对象转换为元件，也可以直接新建元件，然后编辑元件内容。元件实例是元件在舞台上的应用，编辑元件将影响与其链接的所有元件实例。

➤ 动画补间动画一般应用于对象的运动以及颜色、透明度变化，它的组成元素只能是元件实例。

➤ 形状补间动画一般应用于图形形状的变化，它的组成元素只能是分离的矢量图形。另外，利用形状提示可以控制形状的变化。

思考与练习

一、填空题

1. 按_____键可将舞台上的对象转换为元件；按_____键可直接创建元件。

2. 制作动画补间动画时，两个关键帧上的对象必须是_____。

3. 通过改变不同关键帧上元件实例_____、_____、_____等，可得到淡入淡出、发光等动画效果

4. 形状补间动画的组成元素只能是_____。

5. 创建形状补间动画后，在"属性"面板"混合"下拉列表中选择_____选项，可使创建的动画中间形状比较平滑和不规则；选择_____选项，可使创建的动画中间形状保留有明显的角和直线。

6. 使用_____功能，可以控制形状补间动画中的形状变化。

7. 最多可在形状补间动画中添加_____个形状提示。

8. 添加形状提示时，按_____顺序从形状的左上角开始放置，可使变形效果更好。

二、选择题

1. 下列不属于 Flash 中的元件类型的是（　　）。

　　A．图形元件　　　　B．影片剪辑　　　　C．按钮元件　　　　D．图像元件

2. 如果希望动画逐渐加速，可在"属性"面板"缓动"文本框中输入一个（　　）；如果希望动画逐渐减速，可在该文本框中输入一个（　　），默认情况下，"缓动"值为（　　）表示动画匀速变化。

　　A．百分数　　　　B．正值　　　　C．0　　　　D．负值

3. 要利用动画补间动画制作淡入淡出的动画效果，可在选中元件实例后，在"属性"面板"颜色"下拉列表中选择（　　）选项。

　　A．亮度　　　　B．色调　　　　C．Alpha　　　　D．高级

4. 下列关于形状提示的说法哪个是错误的（　　）

　　A．利用形状提示可以控制形状的变化过程

　　B．开始帧与结束帧上的形状提示是一一对应的

　　C．形状提示要在形状的边缘才能起作用

　　D．形状提示可以添加在形状的任何地方

三、操作题

运用本章所学知识，制作图 7-60 所示的烛光闪烁动画。本题最终效果请参考本书配套素材"素材与实例">"第 7 章"文件夹 >"烛光闪烁.fla"。

图 7-60　烛光闪烁

提示：

（1）新建一个 Flash 文档，将文档"大小"设为"300X400"像素，将"背景"颜色设为"黑色"，然后绘制蜡烛，并将其转换为名为"蜡烛"的图形元件。

（2）新建一个图层，并绘制火焰，然后利用形状补间动画制作火焰燃烧的动画。

（3）再新建一个图层，并将其拖到最下方，绘制一个正圆，并为其填充放射状渐变，制作烛光效果。

（4）将正圆的边线删除，并转换为名为"烛光"的图形元件，然后创建改变"烛光"元件实例透明度的动画补间动画，制作烛光闪烁的动画效果。

第8章

特殊动画的制作

本章内容提要

- 遮罩动画 164
- 路径引导动画 168
- 多场景动画 171
- 时间轴特效动画 174

章前导读

除了制作基本的补间动画外，在 Flash 中还可以制作一些特殊效果的动画，例如路径引导动画、遮罩动画、多场景动画、时间轴特效动画等。本章就来学习这些动画的制作方法。

8.1 遮罩动画

遮罩动画是 Flash 的一个重要动画类型，利用遮罩动画可以轻松实现许多特殊动画效果，如百页窗、放大镜、聚光灯等。

8.1.1 遮罩动画的特点

遮罩动画是利用遮罩图层创建的，使用遮罩图层后，被遮罩层上的内容就像通过一个窗口显示出来一样，这个窗口便是遮罩层上的对象。播放动画时，遮罩层上的对象不会被显示，被遮罩层上位于遮罩层对象之外的内容也不会被显示。遮罩层的作用如图 8-1 所示。

遮罩层中的内容可以是元件实例、图形、位图或文字等，但不能使用线条，如果动画中需要使用线条，需要先将其转化为填充。

在被遮罩层中，可以使用元件实例、图形、位图、文字或线条等元素，但不能使用动态文本。被遮罩层中的对象只能透过遮罩层中的对象被看到。

制作动画时，可以在遮罩层或被遮罩层上创建任何形式的动画，例如动画补间动画、形状补间动画等，从而制作出各种特殊的动画效果。

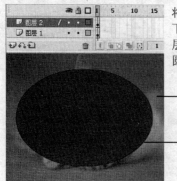

将"图层 2"设为"遮罩层"后，它下面的"图层 1"会自动变为被遮罩层，此时"图层 1"上的内容只有被圆形遮挡住的部分才能显示出来

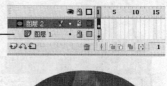

——先在"图层 1"上放置一幅图片

然后在"图层 2"上绘制一个圆形

图 8-1 遮罩图层的作用

8.1.2 创建遮罩动画——波纹效果

将遮罩和动画相结合，就可以制作出很多特效动画。下面通过制作波纹的动画效果，介绍遮罩动画的创建方法。

Step 01 打开本书配套素材"素材与实例" > "第 8 章"文件夹> "波纹素材.fla"文档，会看到舞台中有一幅位图，如图 8-2 所示。

Step 02 在"原图"图层上方新建一个图层，并将其命名为"放大"，如图 8-3 所示。

图 8-2 打开素材文件

图 8-3 新建"放大"图层

Step 03 利用【Ctrl+C】和【Ctrl+Shift+V】组合键，将"原图"图层中的位图原位复制到"放大"图层中，然后选中"放大"图层中的位图，按【Ctrl+Alt+S】组合键打开"缩放和旋转"对话框，在"缩放"选项的编辑框中输入"105"，并单击"确定"按钮，如图 8-4 所示。

Step 04 在"放大"图层上方新建一个图层，并将其命名为"遮罩"，如图 8-5 所示。

Step 05 选择"线条工具" ✎，将"笔触颜色"设为红色（#FF0000）、"笔触高度"设为"4"，在"遮罩"图层舞台空白处绘制水平线段，并使用"选择工具" ▶ 将线段调整为图 8-6 所示的波纹形状。

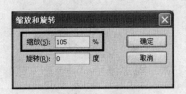

图 8-4　放大位图

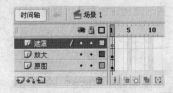

图 8-5　新建"遮罩"图层

图 8-6　绘制波纹

Step 06　选中绘制好的波纹，选择"修改">"形状">"将线条转换为填充"菜单项，将其转换为填充色，再按【F8】键将其转换为名为"波纹"的图形元件，如图 8-7 所示。

Step 07　将"波纹"元件实例移动到舞台适当位置，并使用"任意变形工具" ⊞ 调整其大小和角度，如图 8-8 所示。

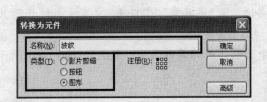

图 8-7　创建"波纹"图形元件

图 8-8　调整波纹的大小和位置

Step 08　在所有图层的第 40 帧处插入普通帧，在"遮罩"图层的第 40 帧处插入关键帧，然后在"遮罩"图层第 1 帧与第 40 帧之间创建动画补间动画，如图 8-9 所示。

Step 09　放大"遮罩"图层第 40 帧中的"波纹"元件实例，并将其向右上方移动一些距离，如图 8-10 所示。

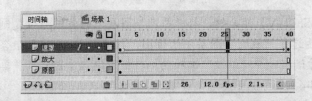

图 8-9　创建动画补间动画

图 8-10　放大"波纹"元件实例

Step 10　在"遮罩"图层的图层名称上右击鼠标，在弹出的快捷菜单中选择"遮罩层"菜单项，此时"遮罩"图层会变为遮罩层，"放大"图层会变为被遮罩层，如

图 8-11 所示。至此实例就完成了，按快捷键【Ctrl+Enter】预览一下效果吧。本例最终效果可参考本书配套素材"素材与实例">"第 8 章"文件夹>"波纹效果.fla"。

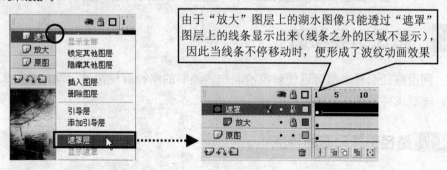

由于"放大"图层上的湖水图像只能透过"遮罩"图层上的线条显示出来（线条之外的区域不显示），因此当线条不停移动时，便形成了波纹动画效果

图 8-11 创建遮罩层

8.1.3 遮罩应用技巧

在设置遮罩图层时，系统默认将遮罩图层下面的一个图层设置为被遮罩图层。当需要使一个遮罩图层遮罩多个图层时，可通过以下两种方法实现。

➢ 如果需要转变为被遮罩层的图层位于遮罩图层上方，则将该图层拖至遮罩图层下方即可，如图 8-12 所示。

➢ 如果需要转变为被遮罩层的图层位于遮罩图层下方，可双击该图层图标，打开"图层属性"对话框，在"类型"列表中选择"遮罩层"单选钮即可，如图 8-13 所示。

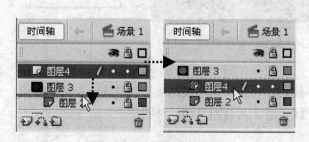

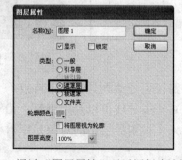

图 8-12 通过拖动创建遮罩层 图 8-13 通过"图层属性"对话框创建遮罩层

要取消被遮罩图层同遮罩图层之间的遮罩关系，即将被遮罩层设置为普通层，可通过下面两种方法实现。

➢ 将被遮罩图层拖到遮罩图层上面。

➢ 打开被遮罩图层的"图层属性"对话框，在"类型"列表中选择"一般"单选钮，利用该方法也可将遮罩层设为普通层。

在应用遮罩动画时，还应注意以下的技巧和事项。

➢ 无论遮罩层上的对象是何种颜色或透明度，是图像、图形还是元件实例，遮罩效果都一样。

> ➢ 要在 Flash 的舞台中显示遮罩效果，必须锁定遮罩层和被遮罩层。
> ➢ 在制作动画时，遮罩层上的对象经常挡住下层的对象，影响视线，为方便编辑，可以单击遮罩层图层的■图标，使遮罩层上的对象只显示轮廓线。

8.2　路径引导动画

利用路径引导动画可以使对象沿制作者绘制的路径有规律地运动，常用来制作鸟儿飞翔、蝴蝶飞舞等动画效果。

8.2.1　路径引导动画的特点

一个最基本的路径引导动画由两个图层组成，上面一层是引导层，图标为，下面一层是被引导层，图标为。创建路径引导动画时，只需在引导层中绘制一条线段作为引导线，便可以使被引导层中的对象沿着该引导线运动，如图 8-14 所示。播放动画时，引导层上的内容不会被显示。

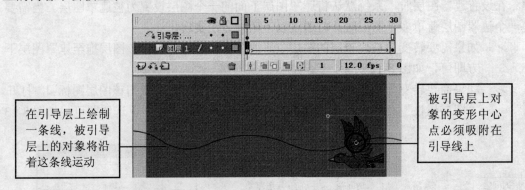

图 8-14　路径引导动画

路径引导动画具有以下特点。
> ➢ 引导线可以是用钢笔、铅笔、线条、椭圆、矩形或画笔等工具等绘制出的线段。
> ➢ 被引导层中的对象是跟着引导线走的，其必须是动画补间动画。

8.2.2　创建路径引导动画——海底世界

创建路径引导动画的一般顺序是先制作动画补间动画，然后创建引导层，并在引导层上绘制引导线，最后将被引导层上的对象吸附到引导线上。下面通过制作一个小鱼沿引导线游动的实例，来学习制作路径引导动画的方法。

Step 01　打开本书配套素材"素材与实例">"第 8 章"文件夹>"海底世界素材.fla"文档，在该文档中有两个名为"背景"和"小鱼"的图层，分别有一幅位图背景和一个名为"小鱼"的元件实例，如图 8-15 所示。

Step 02 将"小鱼"元件实例移动到舞台右侧，然后在所有图层的第60帧处插入普通帧。在"小鱼"图层第29帧处插入关键帧，然后将"小鱼"图层第29帧上的元件实例移动到舞台左侧，如图8-16所示。

Step 03 在"小鱼"图层的第30帧处插入关键帧，然后选中"小鱼"图层的第30帧上的"小鱼"元件实例，选择"修改" > "变形" > "水平翻转"菜单项，将元件实例水平翻转，如图8-17所示。

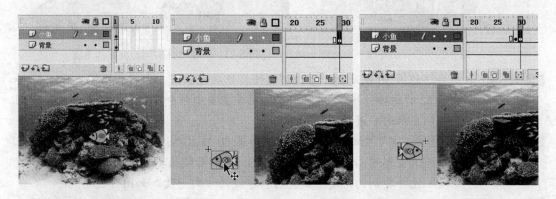

图8-15　文档中的素材　　　　图8-16　移动元件实例　　　　图8-17　翻转元件实例

Step 04 在"小鱼"图层的第60帧处插入空白关键帧，然后将"小鱼"图层第1帧中的"小鱼"元件实例原位复制到第60帧，并水平翻转，如图8-18所示。

Step 05 在"小鱼"图层的第1帧与第29帧之间以及第30帧与第60帧之间创建动画补间动画，如图8-19所示。

图8-18　复制并翻转元件实例　　　　　　图8-19　创建动画补间动画

Step 06 单击时间轴图层区底部的图标，在"小鱼"图层上方创建一个引导层，此时"小鱼"图层自动转为被引导层。然后在"引导层"上使用"铅笔工具"绘制图8-20所示的引导线作为小鱼的运动路径。

Step 07 使用"选择工具"细微调整第1帧和第29帧上"小鱼"元件实例的位置，使其变形中心点对准引导线并吸附在引导线上，然后使用"任意变形工具"调整"小鱼"元件实例的角度，使其与引导线的方向一致，如图8-21所示。

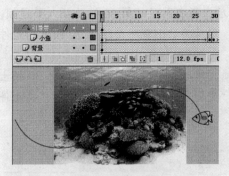
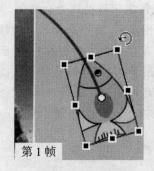
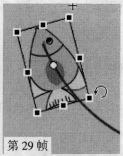

第 1 帧　　　　　　　　　　　第 29 帧

图 8-20　绘制引导线　　　　　图 8-21　调整元件实例的位置和角度

Step 08　在引导层的第 30 帧处插入空白关键帧，然后在该帧上使用"铅笔工具"  绘制图 8-22 所示的引导线。（本例中的动画主要由两个路径引导动画组成，分别是小鱼向左和向右游动。）

Step 09　使用"选择工具" 细微调整第 30 帧和第 60 帧上"小鱼"元件实例的位置（注意必须将其变形中心点吸附在引导线上），然后使用"任意变形工具" 调整"小鱼"元件实例的角度，使其与引导线的方向一致，如图 8-23 所示。

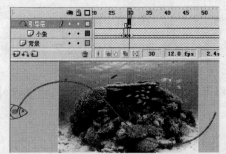
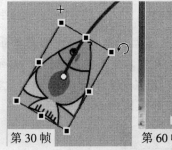
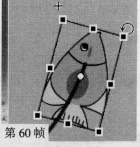

第 30 帧　　　　　　　　　　第 60 帧

图 8-22　绘制引导线　　　　　图 8-23　调整元件实例的位置和角度

Step 10　选中"小鱼"图层的第 1 帧，然后在"属性"面板中勾选"调整到路径"复选框，同样选中"小鱼"图层的第 30 帧，然后勾选"调整到路径"复选框，如图 8-24 所示。至此实例就完成了，本例最终效果可参考本书配套素材"素材与实例">"第 8 章"文件夹>"海底世界.fla"。

勾选"调整到路径"复选框，可使被引导层上的对象按照引导线的走势改变自己的角度

勾选"对齐"复选框，可使被引导层上对象的中心点自动吸附到引导线上

图 8-24　勾选"调整到路径"复选框

8.2.3　引导应用技巧

除了通过上面 Step 06 操作创建引导层外，还可在需要被引导的图层上单击鼠标右键，

从弹出的快捷菜单中选择"添加引导层"菜单项，在该图层上方创建一个引导层。此外，还可以将现有图层转换为引导层或被引导层，方法如下。

Step 01 用鼠标右键单击需要转换为引导层的图层，从弹出的快捷菜单中选择"引导层"，将其转换为引导层。此时引导层图标为 ，表明其不包含被引导层。

Step 02 用鼠标右键单击引导层下的图层，从弹出的快捷菜单中选择"属性"，打开"图层属性"对话框，选择"被引导"单选钮，单击"确定"按钮，此时引导层图标将变为 ，表明刚才设置的图层也成为被引导层。

　　使用以上 Step 02 的方法能在一个引导层下设置多个被引导层。要将引导层或被引导层转换为普通图层，只需打开"图层属性"对话框，选择"一般"单选钮即可。

制作路径引导动画时，需要注意以下一些技巧和注意事项。

➢ **引导线的绘制**：平滑、圆润、流畅的引导线有利于引导动画。如果引导线的转折点过多、转折处的线条转弯过急、中间出现中断或交叉重叠现象，都可能导致 Flash 无法准确判定对象的运动方向，从而导致引导失败。

➢ **对象必须吸附在引导线上**：在被引导层中动画开始和结束的关键帧上，一定要让元件实例的变形中心点位于引导线上，否则无法引导。如果实例为不规则形状，可以适当调整变形中心点的位置。此外，按下工具箱中的"贴紧至对象"按钮 ，可以使对象更容易地吸附在引导线上。

　　引导层中的内容在播放时是看不见的，利用这一特点，可以单独定义一个不含被引导层的引导层，在该引导层中放置一些文字说明、元件位置参考等作为对动画的说明。

8.3 多场景动画

　　Flash 在默认情况下只使用一个场景（场景 1）来组织动画，但在制作复杂的动画时，一个场景有时候会无法满足要求。遇到此情况时，我们可以使用多个场景来组织动画。例如，可以为影片简介、影片内容、片头片尾字幕等分别使用单独的场景。

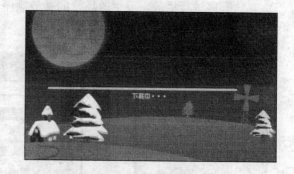

图 8-25　Flash 作品的 Loding

　　此外，在网上传播的 Flash 作品，在播放开始时通常都会有一个 Loding 告诉观众下载进度，如图 8-25 所示，要使用 Loding 也必须创建多个场景（将 Loading 单独放在一个场景中）。

　　要创建和编辑场景可执行下列操作。

➢ 要新建场景，可选择"窗口">"其他面板">"场景"菜单，在打开的"场景"面板中单击"添加场景"按钮 ＋ 即可，如图 8-26 所示。

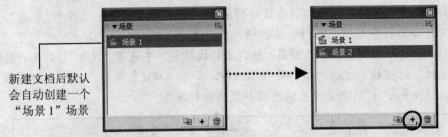

新建文档后默认会自动创建一个"场景 1"场景

图 8-26　新建场景

➢ 新建场景后，用户便可以在新场景中制作动画。要切换场景，可在"场景"面板中单击相应的场景，或单击"时间轴"面板右下方的"编辑场景"按钮，在展开的下拉列表中进行选择。

➢ 要更改场景的名称，可在"场景"面板中双击要改名的场景，然后输入新名称，如图 8-27 所示。

图 8-27　更改场景名称

➢ 要复制场景，只需在"场景"面板中选中要复制的场景，然后单击"直接复制场景"按钮即可，如图 8-28 所示。复制场景后，源场景的所有动画内容都将被复制到目标场景中。

➢ 在发布包含多个场景的 Flash 文档时，这些场景将按照在"场景"面板中的排列顺序进行播放，要更改场景的播放顺序，只需在"场景"面板中拖拽想要变更顺序的场景即可，如图 8-29 所示。

图 8-28　复制场景　　　　　　　　图 8-29　改变场景排列顺序

➢ 要删除场景，只需在"场景"面板中选中要删除的场景，然后单击"删除场景"
按钮，在弹出的警告对话框中单击"确定"按钮🗑即可，如图 8-30 所示。

图 8-30 删除场景

下面通过分析一个多场景动画，来进一步理解多场景动画的应用。

Step 01 打开本书配套素材"素材与实例">"第 8 章"文件夹>"多场景.fla"文档，然后按【Shift+F2】组合键打开"场景"面板，此时可以看到文档中共有三个场景，如图 8-31 所示，第一个场景中放置的是动画的 Londing。

Step 02 单击"时间轴"面板右下方的"编辑场景"按钮，在展开的下拉列表中选择"第一段"选项，切换到"第一段"场景，查看该场景中的动画内容，如图 8-32 所示。

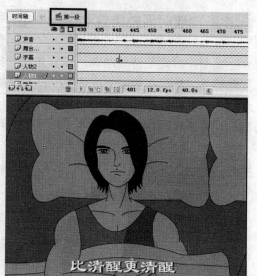

图 8-31 文档中的场景　　　图 8-32 跳转到"第一段"场景

Step 03 再次单击"时间轴"面板右下方的"编辑场景"按钮，在展开的下拉列表中选择"第二段"选项，切换到"第二段"场景，查看该场景中的动画内容。

Step 04 按【Ctrl+Enter】组合键预览动画，各场景中的动画将按照在"场景"面板中的排列顺序进行播放。

8.4 时间轴特效动画

利用 Flash 提供的时间轴特效，能让系统自动生成某些特殊动画，从而在执行最少步骤的情况下创建复杂的动画效果。

8.4.1 时间轴特效动画的特点

Flash 提供了变形、转换、分离、展开、模糊、投影、分散式直接复制和复制到网格几种时间轴特效，这些特效可应用在矢量图形、群组、元件实例、位图图像、文本等对象上。

> ➤ **"变形"特效**：通过调整对象的位置、缩放比例、旋转、透明度和色调生成动画。
> ➤ **"转换"特效**：制作淡入淡出、逐渐显示或逐渐消失效果的动画。
> ➤ **"分离"特效**：使对象分离成一个个碎片并散开，可用来制作爆炸效果。
> ➤ **"展开"特效**：制作对象逐渐增大（展开）、逐渐收缩、偏移等动画效果。
> ➤ **"模糊"特效**：制作对象逐渐模糊消失的动画效果。
> ➤ **"投影"特效**：制作对象的投影，其生成的是静态对象而不是动画。
> ➤ **"分散式直接复制"和"复制到网格"特效**：如果希望在舞台上有规律地复制多个对象，可使用这两种特效。

8.4.2 创建时间轴特效动画——电子相册

要制作时间轴特效动画，应首先在"插入">"时间轴特效"菜单中选择要添加的时间轴特效，然后在相应的对话框中设置参数。下面通过制作一个电子相册，介绍时间轴特效动画的创建方法。

Step 01 打开本书配套素材"素材与实例">"第 8 章"文件夹>"相册素材.fla"文档，按【F11】键打开"库"面板，会发现其中有 4 幅婴儿图像，如图 8-33 所示。

Step 02 在"图层 1"上方新建 4 个图层，如图 8-34 所示。

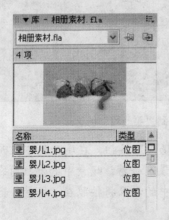

图 8-33 "库"面板中的图像

图 8-34 新建图层

Step 03　将"婴儿1.jpg"图像拖入"图层1",然后打开"属性"面板,将图像的X坐标和Y坐标都设为"0",如图8-35所示。

Step 04　分别将"婴儿2.jpg"、"婴儿3.jpg"和"婴儿4.jpg"图像拖入"图层2"、"图层3"和"图层4",再将"婴儿1.jpg"图像拖入"图层5",并参照Step 03的操作设置图像的坐标。

Step 05　在所有图层的第220帧处插入普通帧,然后在"图层5"第20帧处插入关键帧,如图8-36所示。

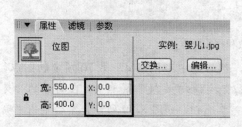

图8-35　设置图像坐标　　　　　　图8-36　插入普通帧和关键帧

Step 06　选中"图层5"第20帧中的图像,然后选择"插入">"时间轴特效">"变形/交换">"变形"菜单项,在打开的"变形"对话框中,将"效果持续时间"设为"30"帧数,"缩放比例"设为"10%","旋转"设为"1","最终的Alpha"设为"0%",如图8-37所示,然后单击"确定"按钮。

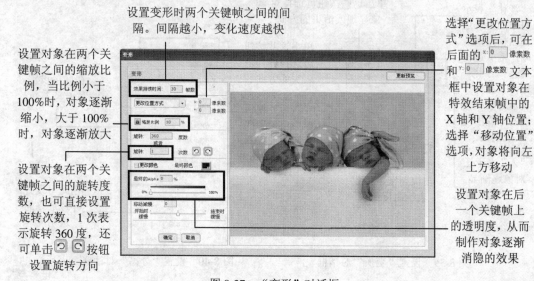

图8-37　"变形"对话框

Step 07　制作好"变形"特效后,"图层5"会自动更名为"变形1",在"库"面板中可以看到系统自动生成了与动画相关的元件,如图8-38所示。

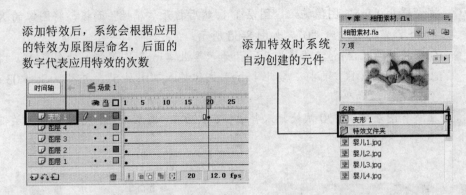

添加特效后,系统会根据应用的特效为原图层命名,后面的数字代表应用特效的次数

添加特效时系统自动创建的元件

图 8-38 自动生成特效和相关元件

Step 08 在"图层 4"的第 70 帧处插入关键帧,然后选中"图层 4"第 70 帧中的图像,选择"插入" > "时间轴特效" > "变形/交换" > "交换"菜单项,在打开的"交换"对话框的"方向"列表中单击"出"单选钮,如图 8-39 所示,然后单击"确定"按钮。

Step 09 在"图层 3"的第 120 帧处插入关键帧,然后选中"图层 3"第 120 帧中的图像,选择"插入" > "时间轴特效" > "效果" > "分离"菜单项,在打开的"分离"对话框中,将"效果持续时间"设为"30"帧数,如图 8-40 所示,然后单击"确定"按钮。

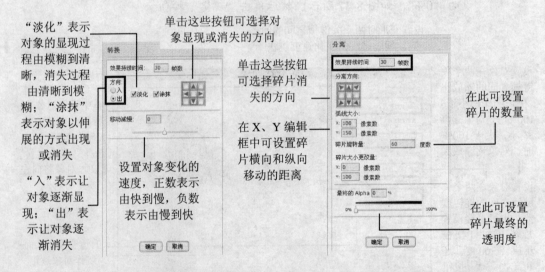

"淡化"表示对象的显现过程由模糊到清晰,消失过程由清晰到模糊;"涂抹"表示对象以伸展的方式出现或消失

单击这些按钮可选择对象显现或消失的方向

"入"表示让对象逐渐显现;"出"表示让对象逐渐消失

设置对象变化的速度,正数表示由快到慢,负数表示由慢到快

单击这些按钮可选择碎片消失的方向

在 X、Y 编辑框中可设置碎片横向和纵向移动的距离

在此可设置碎片的数量

在此可设置碎片最终的透明度

图 8-39 设置"交换"对话框   图 8-40 设置"分离"对话框

Step 10 在"图层 2"的第 170 帧处插入关键帧,然后选中"图层 2"第 170 帧中的图像,选择"插入" > "时间轴特效" > "效果" > "模糊"菜单项,在打开的"模糊"对话框中,将"效果持续时间"设为"30"帧数,如图 8-41 所示,然后单击"确定"按钮。至此实例就完成了,本例最终效果可参考本书配套素材"素材与实例" > "第 8 章"文件夹> "电子相册.fla"。

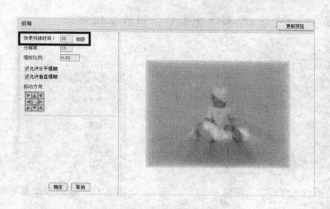

图 8-41 设置"模糊"对话框

添加特效后，如果要重新编辑特效，可选中舞台上对象，然后选择"修改" > "时间轴特效" > "编辑特效"菜单项，打开相应的对话框并重新设置参数即可。如果要删除特效，则选择"修改" > "时间轴特效" > "删除特效"菜单项。

综合实例 1——百叶窗

下面通过制作图 8-42 所示的百叶窗效果，来进一步学习遮罩动画的应用。

图 8-42 百叶窗效果

制作分析

本例主要是通过在 5 个图层上制作矩形块由小变大的补间动画，并将这些图层设置为遮罩层，从而逐渐显示其下方的图片来实现。

制作步骤

Step 01 打开本书配套素材"素材与实例" > "第 8 章"文件夹> "百叶窗素材.fla"文档，我们会看到舞台上有两幅重叠的位图，放置在不同图层上，如图 8-43 所示。

Step 02 在"图片 2"图层上方新建 5 个图层，分别将它们命名为"遮罩 1"、"遮罩 2"、

"遮罩3"、"遮罩4"和"遮罩5",如图 8-44 所示。

图 8-43　舞台中的图像　　　　　图 8-44　新建并重命名图层

Step 03　在"遮罩1"图层上使用"矩形工具" 绘制一个覆盖整个舞台的矩形，然后利用"线条工具" 将矩形分为 5 份，如图 8-45 所示。

Step 04　分别选中各个矩形，按照从左向右的顺序，将这些矩形转换为名为"遮罩1"、"遮罩2"、"遮罩3"、"遮罩4"和"遮罩5"的图形元件，如图 8-46 所示。

Step 05　将"遮罩1"图层中的元件实例按照其名称分别原位复制到"遮罩2"、"遮罩3"、"遮罩4"和"遮罩5"图层中，如图 8-47 所示。

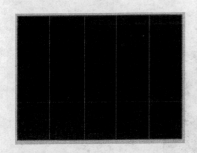

图 8-45　绘制矩形　　　　　图 8-46　创建图形元件　　　　　图 8-47　复制元件实例

Step 06　分别在"遮罩1"、"遮罩2"、"遮罩3"和"遮罩4"图层的上方新建一个图层，如图 8-48 所示。然后将"图片2"图层中的位图分别原位复制到这些新建的图层中，如图 8-49 所示。

Step 07　在所有图层的第 40 帧处插入普通帧，然后选中除了"图片1"图层以外的所有图层的第 1 帧，将其拖到第 10 帧处，如图 8-50 所示。

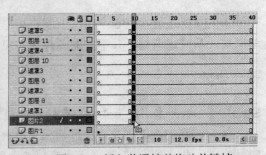

图 8-48　新建图层　　　图 8-49　复制位图　　　图 8-50　插入普通帧并拖动关键帧

Step 08 在"遮罩1"、"遮罩2"、"遮罩3"、"遮罩4"和"遮罩5"的第30帧插入关键帧,并在这些图层第10帧与第30帧之间创建动画补间动画,如图8-51所示。

Step 09 使用"任意变形工具" 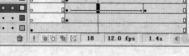 分别改变"遮罩1"、"遮罩2"、"遮罩3"、"遮罩4"和"遮罩5"图层第10帧上元件实例的宽度,使其缩为最小,如图8-52所示。注意不要调过头使其上下翻转。

图8-51 创建动画补间动画

图8-52 调整元件实例的宽度

Step 10 分别在"遮罩1"、"遮罩2"、"遮罩3"、"遮罩4"和"遮罩5"图层上右击鼠标,并在弹出的快捷菜单中选择"遮罩层"菜单,创建遮罩动画,如图8-53所示。至此实例就完成了,本例最终效果可参考本书配套素材"素材与实例">"第8章"文件夹>"百叶窗.fla"。

图8-53 创建遮罩动画

综合实例2——两只蝴蝶

下面通过制作图8-54所示的翩翩起舞的蝴蝶,来进一步学习路径引导动画的应用。

图8-54 翩翩起舞的蝴蝶

制作分析

本实例重点让大家掌握路径引导动画的应用。具体操作时，首先打开本书提供的素材（也可自己绘制），然后制作蝴蝶拍翅膀、星星旋转的影片剪辑，再制作文字影片剪辑，并利用引导路径动画使旋转的星星沿文字轮廓线运动，最后组织主场景，利用路径引导动画使蝴蝶围绕"心"飞翔。

制作步骤

Step 01 打开本书配套素材"素材与实例" > "第 8 章"文件夹> "蝴蝶素材.fla"文档。

Step 02 新建一影片剪辑，命名为"拍翅膀"，从"库"面板中将"身体"元件拖到影片剪辑中，在影片剪辑中新建一图层，将"翅膀"实例拖到新图层，适当缩放，放在"身体"实例左侧；复制"翅膀"实例，水平翻转，放在"身体"实例右侧，组成一只完整的蝴蝶，如图 8-55 所示。

Step 03 在"图层 1"第 21 帧插入扩展帧，将"身体"实例延伸到此；在"图层 2"第 2 帧插入关键帧，然后选中第 1 帧，使用"任意变形工具" ，将左边"翅膀"实例的变形中心点调到与身体接触位置，然后向里压缩，使用同样的方法设置右翅膀，如图 8-56 所示。这样，便做出了蝴蝶扇翅膀的动作。

Step 04 为让蝴蝶扇翅膀的动作有节奏感，同时选中图层 2 第 1、2 帧，将它们复制到第 6、7 帧，第 9、10 帧，第 11、12 帧、第 13、14 帧、第 17、18 帧，最后在第 21 帧插入扩展帧。如图 8-57 所示。

图 8-55　组成蝴蝶

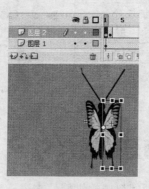

图 8-56　制作扇翅膀动作

图 8-57　复制帧

Step 05 新建一影片剪辑，命名为"旋转星星"，将"星星"元件拖到影片剪辑中，然后在第 15 帧插入关键帧，创建补间动画，并设置"逆时针"旋转"1"次，如图 8-58 所示。

Step 06 新建一影片剪辑，命名为"文字闪烁"，将"文字"元件拖到影片剪辑中，并把"图层 1"命名为"文字"，然后在第 40 帧插入扩展帧；新建一图层，命名为"星星 1"，从库中将"旋转星星"元件拖到该图层，放在文字"I"的顶部，如图 8-59 所示。

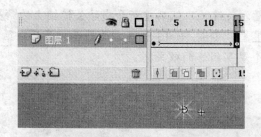

图 8-58　创建旋转星星元件　　　　　图 8-59　创建闪烁文字影片剪辑

Step 07　在"星星 1"图层第 40 帧插入关键帧，将该帧上的"旋转星星"实例拖到文字"I"的底部，如图 8-60 右图所示，然后在第 1 帧和第 40 帧之间创建动画补间动画。

Step 08　单击时间轴面板底部的按钮在"星星 1"图层上方创建一个引导层，然后将"文字"图层第 1 帧复制到引导层第 1 帧，接着把复制过来的文字打散成图形。这样做的目的是为了使组成文字的线条成为引导线。

Step 09　按下【Enter】键，看看星星是否沿着文字的线条运动，如果没有，则重新调整一下"星星 1"图层第 1 帧、第 40 帧星星的位置，使它们紧贴着文字"I"的线条。

Step 10　在"星星 1"图层上方新建两个图层，分别命名为"星星 2"、"星星 3"，此时创建的两个图层自动成为被引导图层。分别从"库"面板中将"旋转星星"元件拖到这两个图层，然后参考前面步骤，制作星星沿着文字"love"和"you"线条运动的动画。本例中，各图层第 1 帧上的星星位置如图 8-60 左图所示，第 40 帧上的星星位置如图 8-60 右图所示，"文字闪烁"影片剪辑时间轴最后效果如图 8-61 所示。

图 8-60　各图层第 1 帧和第 40 帧上的星星位置　　　图 8-61　时间轴最后效果

Step 11　制作好需要的元件后，按下【Ctrl+E】组合键回到主场景，下面我们开始布置主场景。新建 4 个图层，从上到下将 5 个图层分别命名为"文字"、"蝴蝶 2"、"闪烁"、"蝴蝶 1"、"心"，如图 8-62 所示。

Step 12　从"库"面板中将"心"元件拖到"心"图层上，适当缩放，放在舞台中上部，然后在该图层第 320 帧插入扩展帧。

Step 13　从"库"面板中将"星星"元件拖到"闪烁"图层上，选中"星星"实例，按【F8】将其转换为影片剪辑，命名为"闪烁星星"；使用"选择工具"双击"闪烁星星"实例，进入其内部，复制几份"星星"实例，分布在"心"周围，如图 8-63 左图所示。

Step 14 在"闪烁星星"影片剪辑第 3 帧插入关键帧，然后重新分布该关键帧上的"星星"实例位置，并多复制几份"星星"实例，如图 8-63 右图所示，最后在第 4 帧插入扩展帧。这便制作好了一个星星闪烁的效果。

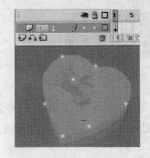

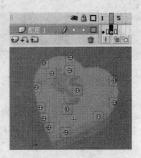

图 8-62　新建图层　　　　　　　　　　　　图 8-63　设置"闪烁星星"影片剪辑

Step 15 按下【Ctrl+E】组合键回到主场景，在"闪烁"图层第 320 帧插入扩展帧。接着从"库"面板中将"拍翅膀"元件拖到"蝴蝶 1"图层上，适当缩放，放在"心"旁边，如图 8-64 所示，最后在该图层第 320 帧插入扩展帧。

Step 16 将"蝴蝶 1"图层上的"拍翅膀"实例复制到图层"蝴蝶 2"上，然后在该图层第 170 帧插入关键帧并创建补间动画。

Step 17 在"蝴蝶 2"图层上方新建引导层，在引导层上绘制一条引导线，如图 8-64 所示。

Step 18 将"蝴蝶 2"图层第 1 帧上的蝴蝶移动到引导线开始的地方，使其变形中心点与引导线对齐，并旋转方向，使其与引导线切线方向相同，如图 8-65 左图所示，将第 170 帧上的蝴蝶移动到引导线末端，并旋转方向，使其与引导线切线方向相同，如图 8-65 右图所示。

图 8-64　绘制引导线

图 8-65　设置第 1 帧和第 170 帧上的蝴蝶

Step 19 选中"蝴蝶 2"图层第 1 帧和第 170 帧之间任意一帧，从"属性"面板中选择 ☑调整到路径复选框。最后按下【Enter】键，看看蝴蝶是不是沿着引导线飞翔。

Step 20 在"蝴蝶 2"图层第 250 帧、第 320 帧插入关键帧，并在这两个关键帧之间创建动画补间动画；在引导层第 171 帧插入空白关键帧，第 250 帧插入关键帧，并在第 250 帧上绘制一条引导线，如图 8-66 所示，然后参考前面方法，将"蝴蝶 2"图层第 250 帧、第 320 帧上的蝴蝶对齐引导线首端和末端，制作引导动画。

Step 21 在"文字"图层第 170 帧插入关键帧，将"文字闪烁"元件拖到该帧，放在舞台下部，如图 8-67 所示；在该图层第 196 帧插入关键帧，然后将第 170 帧上的文字设为透明，并在两个关键帧之间创建补间动画。最后在该图层第 320 帧插入扩展帧。

图 8-66 绘制引导线

图 8-67 将"文字闪烁"元件拖到舞台

Step 22 按下【Ctrl+Enter】组合键预览动画效果，确认无误后将动画保存。本例最终效果可参考本书配套素材"素材与实例" > "第 8 章"文件夹> "两只蝴蝶.fla"。

本章小结

本章主要介绍了制作遮罩动画、路径引导动画、多场景动画的方法，还介绍了时间轴特效的应用。在学习本章知识时，应注意以下几点。

➢ 无论遮罩层上的对象填充何种颜色、透明度的填充色，使用何种图形类型，遮罩效果都一样，并且在被遮罩层中不能放置动态文本。

➢ 制作路径引导动画时，引导线应平滑、圆润、流畅，并且被引导层中对象的变形中心点必须吸附在引导线上。

➢ 大多数 Flash 动画作品都不是只采用一种制作手法，而是综合应用多种制作手法的结果。在学习遮罩动画，路径引导动画时，既要学会它们的制作方法，还要善于引申，举一反三，从而制作出更多、更精彩的动画。

思考与练习

一、填空题

1. 遮罩动画是由遮罩层和被遮罩层组成的，_____上的内容需要透过_____上的对象才能显示出来。

2. 一个路径引导动画由_____和_____组成。

3. 在制作路径引导动画时，应保证绘制的引导线_____、_____、_____。

4. 在被引导层中动画开始和结束的关键帧上，一定要让元件实例的_____位于引导线上，否则无法引导。

5．要使"被引导层"中的对象在沿引导线移动的同时，还可以根据引导线的切线方向调整其自身的方向，应在"属性"面板中勾选_____复选框。

二、选择题

1．下列关于遮罩动画的注意事项，哪种是错误的（　　　）。

    A．播放动画时，被遮罩层上位于遮罩层对象覆盖范围之内的内容被显示

    B．要在 Flash 的舞台中显示遮罩效果，必须锁定遮罩层和被遮罩层

    C．遮罩层中的内容可以是元件实例、图形、位图或线条等

    D．被遮罩层中的内容可以是元件实例、图形、位图或线条等

2．下列关于路径引导动画的注意事项，哪一个是错误的（　　　）。

    A．引导线应平滑、圆润、流畅

    B．动画开始和结束的关键帧上，一定要让元件实例的变形中心点位于引导线上

    C．引导线必须转换为填充色，才能正确引导动画

    D．引导层中的内容在播放动画时不显示

3．下列不属于时间轴特效动画的是（　　　）。

    A．"变形"特效　　　B．"分离"特效　　　C．"展开"特效　　　D．"锐化"特效

三、操作题

运用本章所学知识，制作图 8-68 所示的放大镜效果。本题最终效果在本书配套素材"素材与实例"＞"第 8 章"文件夹＞"放大镜.fla"。

提示：

（1）打开本书配套素材"素材与实例"＞"第 8 章"文件夹＞"放大镜素材.fla"文件，该文档中有两个图层，且"人物2"图层上的位图要比"人物1"图层上的大。

（2）在"人物2"图层上方新建一个图层，并将其重命名为"遮罩"，然后绘制一个任意颜色的正圆，并将其转换为名为"镜片"的图形元件。

（3）在"遮罩"图层上方新建一个图层，并将其重命名为"放大镜"，然后绘制一个放大镜图形，并将其转换为名为"放大镜"的图形元件。

图 8-68　放大镜

（4）利用"镜片"和"放大镜"元件实例制作同步移动的动画补间动画，然后将"遮罩"图层转换为"遮罩层"。

第9章
元件的使用技巧与管理

本章内容提要

- 图形元件的使用 ·· 185
- 影片剪辑的使用 ·· 189
- 按钮元件的使用 ·· 190
- 元件的管理 ·· 192
- 公用库的使用 ·· 197

章前导读

在前面的章节中我们已经学习了元件的创建、编辑和使用方法。虽然元件的创建和编辑很简单，但要完全掌握其使用技巧也不是一件容易的事，比如，什么情况下使用图形元件？什么情况下使用影片剪辑元件？如何创建按钮元件，并通过它控制动画的播放？本章我们便来解决这些问题。

9.1 图形元件的使用

在 Flash 中，图形元件用于制作需要重复使用的静态图形（或图像），以及附属于主时间轴的可重复使用的动画片段。

9.1.1 图形元件的特点

由于图形元件中的动画片断是附属于主影片时间轴的，所以具有以下特点。

➢ 当按下【Enter】键在时间轴上预览动画时，可以预览图形元件实例内的动画效果。

➢ 将带有动画片断的图形元件实例放在主时间轴上时，需要为其添加与动画片断等长的帧，否则播放时无法完整播放。

➢ 选中舞台上的图形元件实例后，在"属性"面板中可以设置图形元件中动画的播放方式，如图 9-1 所示。

➢ 在图形元件中不能包含声音和动作脚本，也不能为舞台上的图形元件实例添加动作脚本。

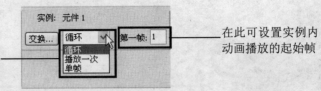

"循环"表示在实例附属的时间帧允许的情况下,实例内的动画不停地循环播放;"播放一次"表示实例内的动画只播放一次;"单帧"表示不播放动画

在此可设置实例内动画播放的起始帧

图 9-1　设置动画的播放方式

9.1.2　图形元件的适用范围

基于图形元件具有的特点,在制作 Flash 动画时如果遇到以下情况,应使用图形元件:

➢ 静态图形(或图像)需要重复使用时,最好将其创建为图形元件。

➢ 制作动画补间动画时,如果前后两个关键帧上的对象是静态对象,则最好先将其创建为图形元件(而不是影片剪辑)。

➢ 如果希望把做好的 Flash 动画导出成 GIF 等格式的图像动画,或导出成图像序列,那么其中包含动画片段的元件必须是图形元件。如果是影片剪辑,则导出的图像中只能显示影片剪辑第 1 帧上的图像。

➢ 由于图形元件中的动画可以直接在主时间轴上预览,因此在制作某些大型动画中的动画片段时,通常使用图形元件,这样比较方便配音和对动画进行调整。

➢ 在制作唱歌动画或多媒体教学课件等时,如果希望声音和人物口型匹配,通常需要将人物说话的嘴唇制作成图形元件,然后利用插入关键帧,以及控制嘴唇元件实例内部的动画来实现。

9.1.3　图形元件使用实例——唱歌动画

下面通过制作一个小男孩唱歌的动画效果,介绍图形元件在 Flash 动画中的应用。

Step 01 打开本书配套素材"素材与实例">"第 9 章"文件夹>"唱歌素材.fla"文档,会看到舞台中有一个小男孩,其身体、头部和嘴巴被分别放置在不同图层中,此外在该文件的"声音"图层中还添加了声音文件,按【Enter】键预览动画时可听到声音的播放效果,如图 9-2 所示。

Step 02 双击"嘴巴"图层中的"嘴部"图形元件实例进入该元件的编辑状态,可以看到其中包含了嘴部运动的动画,如图 9-3 所示。

图 9-2　打开素材文件

图 9-3　"嘴部"图形元件中的动画

Step 03　按【Ctrl+E】组合键返回主时间轴。选中第 1 帧上的"嘴部"元件实例并打开
"属性"面板，在"图形选项"下拉列表中选择"单帧"选项，如图 9-4 所示，
这样在播放动画时，"嘴部"元件实例中的动画会停留在第 1 帧，不进行播放。

Step 04　按下【Enter】键在 Flash 中预览动画，当前奏播放完毕出现第一句歌词时再次
按下【Enter】键暂停播放，然后在"嘴巴"图层出现歌词的那一帧插入关键帧
（本例中为第 118 帧），选中该帧上的"嘴部"元件实例，在"属性"面板的
"图形选项"下拉列表中选择"循环"选项，开始循环播放"嘴部"元件实例
中的动画，如图 9-5 所示。

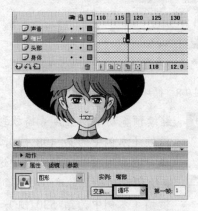

图 9-4　停止元件实例内动画的播放　　　　图 9-5　循环播放元件实例中的动画

Step 05　继续预览动画，当声音播放到"任何大风雪也不怕~"时，在"嘴巴"图层插入
关键帧（本例中为第 314 帧），选中该帧上的"嘴部"元件实例，在"属性"
面板"图形选项"下拉列表中选择"单帧"选项，在"第一帧"编辑框中输入
"12"，使"嘴部"元件实例中的动画停止在嘴巴张开的那一帧，如图 9-6 所示。

Step 06　继续预览动画，当"任何大风雪也不怕~"结束时，在"嘴巴"图层插入关键帧
（本例中为第 339 帧），选中该帧上的"嘴部"元件实例，在"属性"面板"图
形选项"下拉列表中选择"单帧"选项，在"第一帧"编辑框中输入"1"，使
"嘴部"元件实例中的动画停止在嘴巴闭合的那一帧，如图 9-7 所示。

图 9-6　停止元件实例播放　　　　　　　　图 9-7　使嘴部口形闭合

Step 07 继续预览动画，当出现"我要我要……"歌词时，在"嘴巴"图层插入关键帧（本例中为第 348 帧），选中该帧上的"嘴部"元件实例，在"属性"面板"图形选项"下拉列表中选择"循环"选项，如图 9-8 所示。

Step 08 继续预览动画，当声音播放到"我的好爸爸没找到~"时，在"嘴巴"图层插入关键帧（本例中为第 477 帧），选中该帧上的"嘴部"元件实例，在"属性"面板"图形选项"下拉列表中选择"单帧"选项，在"第一帧"编辑框中输入"18"，使"嘴部"元件实例停止在嘴巴张开的那一帧，如图 9-9 所示。

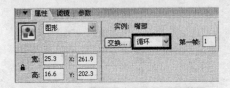 

图 9-8 循环播放元件实例中的动画　　　　　　　　图 9-9 停止元件实例播放

Step 09 继续预览动画，当声音播放到"我一见到他……"时，在"嘴巴"图层插入关键帧（本例中为第 498 帧），选中该帧上的"嘴部"元件实例，在"属性"面板"图形选项"下拉列表中选择"循环"选项，如图 9-10 所示。

Step 10 继续预览动画，当声音播放到"……就劝他回家~"时，在"嘴巴"图层插入关键帧（本例中为第 530 帧），选中该帧上的"嘴部"元件实例，在"属性"面板"图形选项"下拉列表中选择"单帧"选项，在"第一帧"编辑框中输入"10"，使"嘴部"元件实例停止在嘴巴张开的那一帧，如图 9-11 所示。

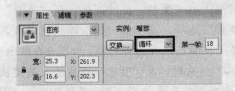 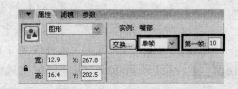

图 9-10 循环播放元件实例中的动画　　　　　　　图 9-11 停止元件实例播放

Step 11 继续预览动画，当声音 "……就劝他回家~" 结束时，在"嘴巴"图层插入关键帧（本例中为第 549 帧），选中该帧上的"嘴部"元件实例，在"属性"面板"图形选项"下拉列表中选择"单帧"选项，在"第一帧"编辑框中输入"1"，使"嘴部"元件实例停止在嘴巴闭合的那一帧，如图 9-12 所示。至此实例就完成了，本例最终效果可参考本书配套素材"素材与实例" >"第 9 章"文件夹> "唱歌动画.fla"。

　　　选中图形元件实例后，单击"属性"面板中的"交换"按钮 交换...，会打开图 9-13 所示的"交换元件"对话框，在这里可以选择需要在舞台相同位置交换的元件。在为动画添加字幕时，经常需要使用此功能。

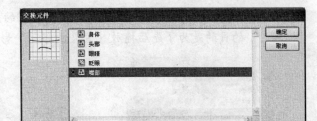

图 9-12　使嘴部口形闭合　　　　　　图 9-13　"交换元件"对话框

9.2　影片剪辑的使用

在 Flash 中，影片剪辑常用来制作可重复使用的、独立于主影片时间轴的动画片段，以及需要添加声音和动作脚本的对象。

9.2.1　影片剪辑的特点

影片剪辑具有独立的时间轴，本身便是一段独立的动画。Flash 中，通过多个影片剪辑的组合使用，能制作出比较复杂的动画。影片剪辑具有以下特点。

➤ 无法在主时间轴上预览影片剪辑实例内的动画效果，在舞台上看到的只是影片剪辑第 1 帧的画面。如果要欣赏影片剪辑内的完整动画，必须按快捷键【Ctrl+Enter】测试影片才行。

➤ 将影片剪辑放在时间轴的任何位置，当播放头到达这一帧时，影片剪辑中的动画便可以不停地重复播放，不需要再为其添加与动画片断等长的帧。

➤ 在影片剪辑内部可以添加别的影片剪辑、按钮元件和图形元件实例，从而实现复杂动画效果。

➤ 可以在影片剪辑内部添加动作脚本和声音，也可以为舞台上的影片剪辑实例添加动作脚本。

➤ 可以通过"滤镜"面板为影片剪辑实例添加滤镜效果。

9.2.2　影片剪辑的应用——萤火虫

下面通过分析萤火虫的动画效果，来了解影片剪辑在 Flash 动画中的应用。

Step 01　打开本书配套素材"素材与实例">"第 9 章"文件夹>"萤火虫.fla"文档，会看到主时间轴只有 1 帧，舞台中有一幅位图背景，和 3 个"萤火虫群"影片剪辑实例，如图 9-14 所示。

Step 02　双击舞台中任一"萤火虫群"影片剪辑实例，进入其编辑状态，会发现其中包含 5 个图层，每个图层中包含一个"萤火虫移动"影片剪辑实例，并且每个图层中"萤火虫移动"影片剪辑实例所在的关键帧不同，如图 9-15 所示。这样做的目的是为了先后播放"萤火虫移动"影片剪辑实例，制作萤火虫闪烁效果。

图 9-14　打开素材文件

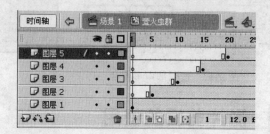

图 9-15　"萤火虫群"影片剪辑内部

Step 03　双击任一"萤火虫移动"影片剪辑实例，进入其编辑状态，会发现其中包含"萤火虫转动"影片剪辑实例由下向上运动的动画补间动画，如图 9-16 所示。

Step 04　双击"萤火虫转动"影片剪辑实例，进入其编辑状态，会发现其中包含一个引导路径动画，如图 9-17 所示。

图 9-16　影片剪辑实例内部的动画补间动画

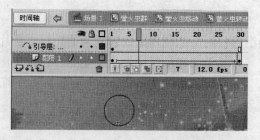

图 9-17　影片剪辑实例内部的引导路径动画

Step 05　返回主场景，按【Enter】键，会发现无法预览影片剪辑实例内的动画效果，在舞台上看到的只是影片剪辑内的第 1 帧画面，必须要按【Ctrl+Enter】键，才能观看由多个影片剪辑所组成的动画效果，如图 9-18 所示。

图 9-18　动画的播放效果

9.3　按钮元件的使用

在 Flash 中，按钮元件用来创建响应鼠标事件（例如单击、滑过）或其他动作的交互按钮。在动画中添加按钮后，播放动画时，便可以通过按钮控制动画进程，例如单击某按钮停止播放动画或者将动画转到另外的画面。

9.3.1 按钮元件的特点

按钮元件具有以下特点。

➢ 用来创建按钮元件的对象可以是图形元件实例、影片剪辑实例、位图、组合、分散的矢量图形等。

➢ 按钮元件的时间轴与影片剪辑一样，是相对独立的，但只有前 4 帧有作用，分别用来设置在不同的鼠标事件下按钮的形状，如图 9-19 所示。

➢ 在按钮元件中可以添加声音，但不能在其时间帧上添加动作脚本。

➢ 必须为利用按钮元件制作的按钮添加动作脚本，才能使其发挥作用。为按钮添加动作脚本的方法将在第 12 章详细介绍。

"弹起"帧中的内容是鼠标指针不接触按钮时，按钮的外观；"指针经过"帧中的内容是鼠标指针移到按钮上面，但没有按下时，按钮的外观；"按下"帧中的内容是在按钮上按下鼠标左键时，按钮的外观；"点击"帧用来定义响应鼠标的区域，此区域在动画播放时不可见

图 9-19 按钮元件的时间轴

9.3.2 按钮元件的创建方法——创建播放按钮

下面通过创建一个播放按钮，介绍按钮元件的创建方法。

Step 01 新建一个 Flash 文件，然后按快捷键【Ctrl+F8】，创建一个名为"播放"的按钮元件，如图 9-20 所示。

Step 02 在"播放按钮"按钮元件的编辑窗口中绘制一个没有填充色的椭圆，然后将这个椭圆原位复制，并利用快捷键【Ctrl+Shift+S】将复制品缩小 80%，如图 9-21 所示。

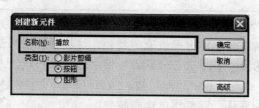

图 9-20 创建按钮元件

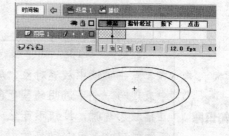

图 9-21 绘制按钮轮廓

Step 03 在"混色器"面板中将"填充颜色"设为由绿色（#00FF00）到深绿色（#009900）的线性渐变，如图 9-22 所示。然后在外围的椭圆中由上向下拖动鼠标填充渐变，在内部的椭圆中由下向上拖动鼠标填充渐变，并将外围椭圆的轮廓线改为深绿色（#009900），内部椭圆的轮廓线改为绿色（#00FF00），如图 9-23 所示。

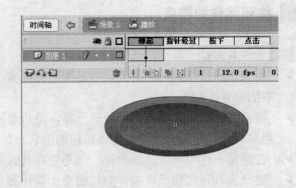

图 9-22　设置线性渐变　　　　　　　　　　图 9-23　填充按钮

Step 04　选择"文本工具" **A**，将"字体"设为"Arial Black"、"字体大小"设为"40"、"字体颜色"设为黄色（#FFFF00），然后在按钮上输入"play"字样，如图 9-24 所示。

Step 05　在时间轴上的"指针经过"帧、"按下"帧和"点击"帧处插入关键帧，然后选中"指针经过"帧中的文字和内部的小椭圆，将它们缩小 90%，并在外围椭圆和内椭圆的空隙处填充深绿色（#006600），如图 9-25 所示。这样一个按钮元件就制作完成了，本例的最终效果可参考本书配套素材"素材与实例" > "第 9 章"文件夹> "按钮.fla"。

图 9-24　输入文字　　　　　　　　　图 9-25　制作按钮鼠标指针经过时的外观

　　　　如果在"弹起"帧、"指针经过"帧和"按下"帧中都不添加内容，只在"点击"帧中放置对象，那么会制作出一个透明按钮，该按钮在主场景中表现为一个半透明的蓝色色块，其形状与"点击"帧中的对象一致，而在播放影片时，按钮不可见。此外，在"弹起"帧、"指针经过"帧和"按下"帧中放置包含动画的影片剪辑，可制作出动态按钮。

9.4　元件的管理

　　在 Flash 中创建的元件都保存在"库"面板中，对元件的管理也是在"库"面板中进行的，下面具体介绍在"库"面板中管理元件的方法。

9.4.1　复制元件

我们可以将一个文件中的元件复制到另一个文件中，以达到文件间素材的共享。复制元件的方法主要有以下两种。

> 一种是在"库"面板的"元件项目列表"中用鼠标右击需要复制的元件，在弹出的快捷菜单中选择"复制"项，然后切换到目标文件，右击"库"面板的"元件项目列表"空白处，在弹出的快捷菜单中选择"粘贴"项。

> 另一种是将舞台上的元件实例直接复制到目标文件的舞台中，此时该实例所链接的元件也同时被复制到目标文件的"库"面板中。

除了在不同的文件中复制元件外，在同一文件中，如果希望使用已有元件的部分或全部内容，可先复制一份元件的副本，然后修改副本，具体操作步骤如下。

Step 01　打开本书配套素材"素材与实例" > "第 9 章"文件夹> "管理元件.fla"文件，然后右击"库"面板中的"头"图形元件，从弹出的快捷菜单中选择"直接复制"项，如图 9-26 左图所示。

Step 02　在打开的"直接复制元件"对话框"名称"编辑框中，输入新的元件名称"头2"，然后单击"确定"按钮即可完成复制，如图 9-26 右图所示。

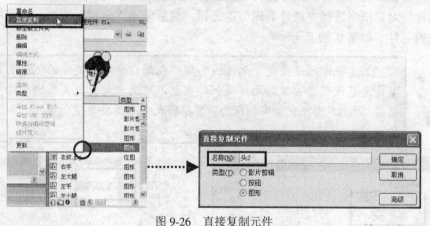

图 9-26　直接复制元件

9.4.2　删除与重命名元件

在制作 Flash 动画时，有时会有空余的元件，如果放任这些元件不管会增大 Flash 文件的体积。我们可使用以下两种方法删除空余的元件。

> 一种方法是选中要删除的元件（可同时选中多个元件），然后单击"库"面板底部的"删除"按钮，如图 9-27 所示。

> 另一种方法是将要删除的元件拖到"库"面板底部的"删除"按钮上。

为了方便识别元件中的内容，有时我们需要重命名元件。要重命名元件，可在"库"面板中双击元件的名称，然后在出现的文本框中输入元件新名称。例如，将"管理原件.fla"文件"库"面板中的"身体"元件重命名为"身体侧面"，如图 9-28 所示。

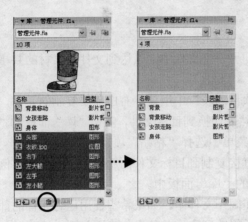 

图 9-27　同时删除多个元件　　　　　　　　　图 9-28　为元件重命名

9.4.3　转换元件类型

　　在 Flash 动画制作过程中，可根据实际需要改变元件的类型。例如，右击"管理元件.fla"文件"库"面板中的"身体"图形元件，在弹出的快捷菜单中选择"属性"项，在打开的"元件属性"对话框中选择"影片剪辑"单选钮，然后单击"确定"按钮，即可将其转换为影片剪辑元件，如图 9-29 所示。

　　　　上述操作只是改变了元件的类型，在舞台中与其链接的元件实例的类型并没有改变。要改变元件实例的类型，可选中要更改类型的元件实例，然后"属性"面板的"实例行为"下拉列表中选择要变更的类型，如图 9-30 所示。

图 9-29　更改元件类型　　　　　　　　图 9-30　更改元件实例类型

9.4.4　查找空闲元件

　　制作好 Flash 动画后，我们可查找那些没有使用过的元件并将它们删除，以减小动画文件的体积。单击"库"面板右上角的 ▤ 按钮，在打开的菜单中选择"选择未用项目"项，此时没有使用过的空闲元件将全部被选中，如图 9-31 所示。

　　　　如果从外部导入了位图，并在舞台上将位图分离，那么使用这种方法会连"库"面板中的位图也选中，而如果删除了"库"面板中的位图，那么舞台上被分离的位图就会变为红色的色块。

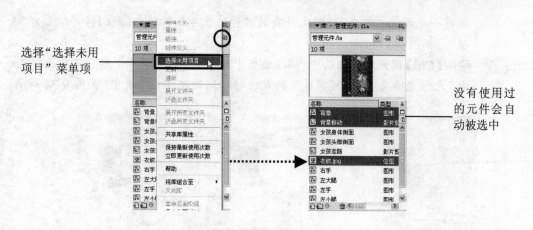

选择"选择未用项目"菜单项

没有使用过的元件会自动被选中

图 9-31 选择没有使用过的元件

9.4.5 排序元件

在"元件项目列表"的顶部，有"名称"、"类型"、"使用次数"、"链接"和"修改日期"五个排序按钮，如图 9-32 所示。默认情况下，元件按名称排列，单击某一按钮后，元件会重新进行相应的排列。

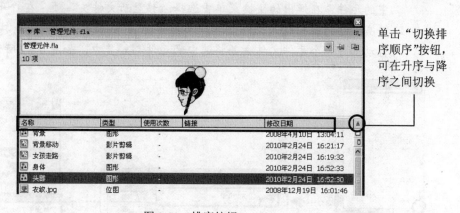

单击"切换排序顺序"按钮，可在升序与降序之间切换

图 9-32 排序按钮

9.4.6 元件文件夹的使用

在制作较大的 Flash 作品时，往往会创建很多元件，如果不加以整理，"库"面板中就会显得杂乱，不利于对元件进行查找和管理。此时，我们可以将相关的元件分类放置在不同的元件文件夹中，从而使"库"面板中的元件变得井然有序。下面通过对"管理元件.fla"文件"库"面板中的元件进行管理，介绍元件文件夹的使用方法。

Step 01 打开本书配套素材"素材与实例">"第 9 章"文件夹>"管理元件.fla"文件，按【F11】键打开"库"面板，单击"库"面板底部的"新建文件夹"按钮 🗀，新建一个元件文件夹，此时文件夹的名称处于可编辑状态，我们将其命名为"女孩"，如图 9-33 所示。

Step 02 按住【Ctrl】键依次单击选中"库"面板中与女孩有关的元件，然后将其拖到"女孩"元件文件夹上，即可将选中的元件移动到该元件文件夹中，如图 9-34 所示。

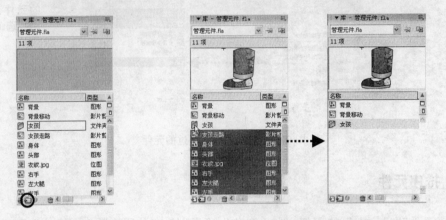

图 9-33　通过按钮创建元件文件夹　　　　　图 9-34　将元件拖入文件夹

Step 03 按住【Ctrl】键依次单选中击"背景"和"背景移动"元件，然后用鼠标右击选中的元件，在弹出的快捷菜单中选择"移至新文件夹"项，在打开的"新建文件夹"对话框中输入文件夹名"人物背景"，然后单击"确定"按钮，此时会自动创建一个元件文件夹并将选中的元件移入其中，如图 9-35 所示。

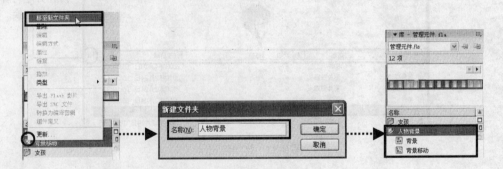

图 9-35　通过快捷菜单新建元件文件夹

Step 04 要展开或折叠某个元件文件夹，直接双击该元件文件夹即可，要展开或折叠所有元件文件夹，可单击"库"面板右上角的 按钮，从弹出的菜单中选择"展开所有文件夹"或"折叠所有文件夹"项，如图 9-36 所示。

Step 05 要将元件文件夹中的元件移至文件夹外，则选择元件后直接将其拖出文件夹即可；要在元件文件夹之间移动元件，可直接将某元件文件夹中的元件拖到其他元件文件夹中。

图 9-36　展开/折叠元件文件夹

9.5　公用库的使用

Flash 自身为我们提供了很多有用的素材，这些素材被放置在"公用库"中，并被分为"学习交互"、"按钮"和"类"3 种类型。下面以使用"公用库"中的按钮为例，介绍"公用库"的使用方法。

Step 01　打开或新建 Flash 文件后，选中要添加按钮的图层和关键帧，然后选择"窗口" > "公用库" > "按钮"菜单，打开"按钮"的"公用库"，如图 9-37 所示。

Step 02　双击展开"公用库"面板中的各元件文件夹，即可看到 Flash 提供的各种按钮，选中需要的按钮，将其拖入到舞台即可，如图 9-38 所示。

图 9-37　按钮的公用库　　　　　　　　　　　图 9-38　将按钮拖到舞台

　　　将"公用库"中的按钮拖入舞台后，按钮元件会自动复制到本文件的"库"面板中。如果按钮不符合要求，可双击舞台上的按钮实例，进入按钮元件的编辑状态进行修改。修改按钮元件并不影响公用库中的按钮，但会改变"库"面板中的按钮元件。

综合实例 1——天鹅飞翔

下面通过制作图 9-39 所示的天鹅飞翔动画，来巩固本章所学知识。

制作分析

　　首先打开素材文件，并将素材中天鹅拍翅的相关帧复制到剪贴板中；然后新建一个 Flash 文件，创建一个影片剪辑，并将复制的帧粘贴到影片剪辑中，制作天鹅拍翅的影片剪辑；最后新建图层，绘制天空、太阳和云彩，并分别将它们转换为图形元件，再创建动画补间动画，完成本例的制作。

图 9-39　天鹅飞翔

制作步骤

Step 01 打开本书配套素材 "素材与实例" > "第 9 章" > "天鹅素材.fla" 文档，该文档提供了一个天鹅飞翔的逐帧动画。选中所有图层中的所有帧，然后在选中的帧上右击鼠标，在弹出的快捷菜单中选择 "复制帧" 菜单项，如图 9-40 所示。

Step 02 新建一个 Flash 文档，然后按快捷键【Ctrl+F8】创建一个名为 "天鹅" 的影片剪辑，如图 9-41 所示。

图 9-40　复制帧

图 9-41　创建影片剪辑

Step 03 创建影片剪辑后，会自动进入影片剪辑的编辑状态，在 "图层 1" 的第 1 帧上右击鼠标，在弹出的快捷菜单中选择 "粘贴帧" 菜单项，将复制的动画粘贴到该影片剪辑中，如图 9-42 所示。

Step 04 单击舞台左上角的 🔲 场景 1 按钮返回主场景，然后新建 3 个图层，将原图层和新建的图层分别重命名为 "天空"、"云 1"、"天鹅" 和 "云 2"，如图 9-43 所示。

图 9-42　粘贴帧　　　　　　　　　　图 9-43　新建图层

Step 05　使用"矩形工具" <span></span>在"天空"图层上绘制一个覆盖整个舞台的没有填充色的矩形，然后为其填充由黄色（#FFFF00）到橘黄色（#FF6600）的线性渐变（鼠标拖动方向为由下向上），如图 9-44 所示。

Step 06　使用"椭圆工具" <span></span>在"天空"图层的舞台外绘制一个正圆，并为其填充由黄色（#FFFF00）到橙黄色（#FFCC00）的放射状渐变，然后删除边线并将其转换为名为"太阳"的图形元件，并将其移动到舞台下方，如图 9-45 所示。

 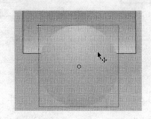

图 9-44　绘制矩形　　　　　　图 9-45　制作"太阳"图形元件

Step 07　使用"椭圆工具" <span></span>在"云 1"图层上绘制 3 个相交的椭圆，然后删除中间的连线，再为其体填充由"Alpha"值为"60%"的橙黄色（#FFCC00）到"Alpha"值为"60%"的红色（#990000）的放射状渐变，最后将轮廓线删除，如图 9-46 所示。

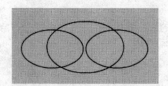 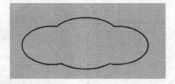 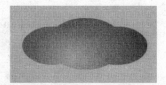

图 9-46　绘制云彩

Step 08　将绘制的云彩复制多份，然后单击"云 1"图层的第 1 帧选中所有云彩，并按【F6】将其转换为名为"云 1"的图形元件，如图 9-47 所示。

Step 09　参考 Step 07 的操作，在"云 2"图层中绘制近处的云彩，并为其填充由橙黄色（#FFCC00）到红色（#990000）的放射状渐变，然后将轮廓线删除，如图 9-48 所示。

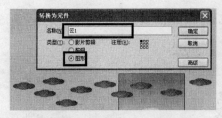

图 9-47　创建"云 1"图形元件　　　　　　图 9-48　绘制近处的云

Step 10　将绘制的云彩复制多份，然后单击"云 2"图层的第 1 帧选中所有云彩，并将其转换为名为"云 2"的图形元件，如图 9-49 所示。

Step 11　按【F11】键打开"库"面板，然后将"库"面板中的"天鹅"影片剪辑拖到"天鹅"图层舞台的右上角，并适当调整其大小，如图 9-50 所示。

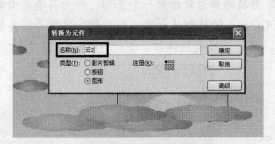

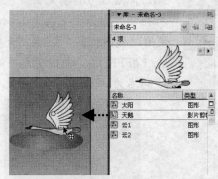

图 9-49　创建"云 2"图形元件　　　　　　图 9-50　拖入"天鹅"影片剪辑

Step 12　在所有图层的第 150 帧处插入普通帧，然后在"云 1"和"云 2"图层的第 150 帧处插入关键帧，将"云 1"和"云 2"图层上的云彩向右水平移动，并在这两个图层第 1 帧与第 150 帧之间创建动画补间动画，如图 9-51 所示。

Step 13　在"天鹅"图层的第 25 帧和第 70 帧处插入关键帧，并在"天鹅"图层第 25 帧与第 70 帧之间创建动画补间动画，然后将第 70 帧上的"天鹅"影片剪辑实例向左移动，如图 9-52 所示。

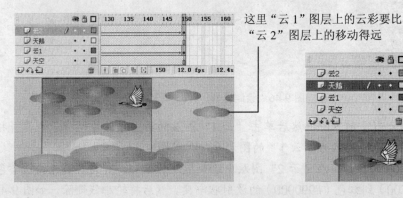

这里"云 1"图层上的云彩要比
"云 2"图层上的移动得远

图 9-51　制作云彩移动的动画　　　　　　图 9-52　制作天鹅移动的动画

Step 14　在"天鹅"图层的第 90 帧和第 130 帧处插入关键帧，在"天鹅"图层第 90 帧与第 130 帧之间创建动画补间动画，然后将第 130 帧上的"天鹅"影片剪辑实例放大至 200%，并移动到舞台中间偏右位置，如图 9-53 所示。至此实例就完成了，本例的最终效果可参考本书配套素材"素材与实例" > "第 9 章"文件夹> "天鹅飞翔.fla"。

在舞台中预览动画时，天鹅是不会动的，当按下【Ctrl+Enter】键测试动画时，才能看到天鹅扇动翅膀的动画效果

图 9-53 制作天鹅由远至近的动画

综合实例 2——控制动画播放

下面通过在动画中添加按钮并控制动画播放，来进一步学习按钮元件的应用，效果如图 9-54 所示。

图 9-54 控制动画播放

制作分析

打开要控制播放的动画和按钮素材文档，在动画文档中新建图层，然后将按钮复制到新图层中，接着为动画文档中的关键帧添加"stop"命令语句，为按钮添加"goto"命令语句，完成本例的制作。

制作步骤

Step 01 打开本书配套素材"素材与实例" > "第 9 章"文件夹> "影片素材.fla"文档和

"按钮.fla"文档，其中，"影片素材.fla"文档是一个雨中漫步的动画效果，如图 9-55 所示。

Step 02 在"雨"图层上新建 2 个图层，分别命名为"按钮"和"命令"，将"按钮.fla"文档中的"播放"按钮实例复制到"影片素材.fla"文档中"按钮"图层中，然后在"按钮"图层的第 2 帧处插入空白关键帧，如图 9-56 所示。

图 9-55　"影片素材"文档中的动画　　　　图 9-56　新建图层并复制按钮

Step 03 单击选中"命令"图层的第 1 帧，然后按【F11】键打开"动作"面板，确定"脚本助手"处于激活状态，然后单击左侧"脚本命令"列表框中的"时间轴控制"将其展开，再双击"stop"命令，为所选关键帧添加"stop"命令语句（表示动画在该帧停止播放），如图 9-57 所示。

Step 04 选中"按钮"图层第 1 帧中的"播放"按钮实例，然后在"动作"面板中双击"时间轴控制"下的"goto"命令，为按钮添加"goto"命令语句（由于"脚本助手"处于激活状态，所以系统会自动安排好格式），在"帧"编辑框中输入"2"（表示单击该按钮，动画将跳转到第 2 帧并播放），其他参数保持默认，如图 9-58 所示。本例的最终效果可参考本书配套素材"素材与实例" > "第 9 章"文件夹> "控制影片播放.fla"。

添加动作脚本后的关键帧会
在帧上面出现一个"α"符号

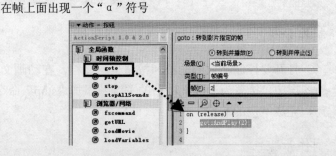

图 9-57　为关键帧添加"stop"命令　　　　　图 9-58　为按钮添加"goto"命令

本章小结

本章主要介绍了图形元件、影片剪辑和按钮元件的特点和应用，以及如何在"库"面板中对元件进行管理。在学习本章知识时，应重点注意以下几点。

➢ 图形元件中的时间轴是附属于主时间轴的，与主时间轴同步；影片剪辑中的时间轴是独立的，即使主时间轴只有 1 帧，也可以完整播放其中的内容。

➢ 在影片剪辑内部可以添加别的影片剪辑、按钮元件和图形元件实例，从而实现复杂动画效果。

➢ 按钮元件的时间轴与影片剪辑一样，是相对独立的，但只有前 4 帧有作用，分别用来设置在不同的鼠标事件下按钮的形状。

➢ 必须为按钮添加动作脚本，才能使其发挥作用。

思考与练习

一、填空题

1. 在 Flash 中，图形元件用于制作需要_____的静态图形（或图像），以及附属于_____的可重复使用的动画片段。

2. 要使图形元件实例中的动画暂停播放，应在该元件实例"属性"面板的"图形选项"下拉列表中选择_____。

3. 当需要制作包含声音和动作脚本的动画片段时，应使用_____。

4. 在 Flash 中应用按钮元件时，需要为其添加_____，才能够使其产生作用。

5. 对元件的管理都是在_____面板中进行的。

6. 按钮元件的时间轴有_____、_____、_____和_____几个帧。

二、选择题

1. 下列不属于图形元件特点的是（　　　）。
   A．图形元件没有独立的时间轴　　　　B．可以使用图形元件制作动画片段
   C．在图形元件中不能包含声音　　　　D．在图形元件中可以包含声音

2. 下列不属于影片剪辑特点的是（　　　）。
   A．影片剪辑具有独立的时间轴
   B．可以在主时间轴上预览影片剪辑中的动画效果
   C．可以通过"滤镜"面板为影片剪辑实例添加滤镜效果
   D．在影片剪辑内部可以添加别的影片剪辑、按钮元件和图形元件实例

3. 按钮元件（　　　）帧中的内容是鼠标指针移到按钮上面，但没有按下时按钮的外观。
   A．弹起　　　　　B．鼠标经过　　　　C．按下　　　　D．点击

4．要查找空闲元件，可执行下列哪个操作（　　　）。

A．单击"库"面板右上角的▦按钮，在打开的菜单中选择"选择未用项目"项

B．选择"修改"＞"元件"＞"选择未用项目"菜单

C．右击"库"面板空白处，从弹出的快捷菜单中选择"查找空闲元件"项

D．从"库"面板菜单中选择"查找空闲元件"项

5．下列不属于 Flash 公用库类型的是（　　　）

A．学习交互　　　　　　B．按钮　　　　　　C．类　　　　　　D．组件

三、操作题

利用本章所学知识制作图 9-59 所示的动态按钮。在播放该动画时，只要将鼠标移到女孩上，女孩便开始跑步。本题最终效果在本书配套素材"素材与实例"＞"第 9 章"文件夹＞"动态按钮.fla"。

提示：

（1）打开本书配套素材"素材与实例"＞"第 9 章"文件夹＞"女孩跑步.fla"文档，将"库"面板中的"女孩跑步"影片剪辑拖到舞台中，然后按【F8】键将其转换为名为"动态按钮"的按钮元件。

（2）双击"动态按钮"按钮元件进入其编辑状态，将除"指针经过"帧以外帧上的"女孩跑步"影片剪辑实例分离，实例就完成了。

图 9-59　动态按钮

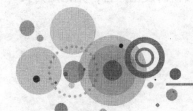

第10章

在动画中应用声音

本章内容提要

- Flash 支持的声音格式·······················205
- 添加声音·······································205
- 编辑声音·······································207
- 声音与字幕的同步·····························210
- 设置输出音频·································213

章前导读

　　在 Flash 动画中恰当地加上声音能使动画更加生动，例如为下雨的场景加上雨声、风声，或为贺卡加上一段优美的音乐，对于音乐 MTV 或动画短剧来说，更是离不开声音。要在动画中加入声音，首先应将声音文件导入动画中，然后将其添加在关键帧上。

10.1　Flash 支持的声音格式

　　一般情况下，可以直接导入 Flash 软件的声音文件格式有 WAV 和 MP3 两种。如果在系统中安装了 QuickTime 4 或更高版本，则还可以导入 AIFF、Sound Designer II、只有声音的 QuickTime 影片、Sun AU 和 System 7 Sounds 等格式的声音文件。

> **WAV 格式：**WAV 格式是一种没有经过任何压缩的声音文件格式。在 Windows 平台下，几乎所有音频软件都提供对它的支持。但是由于其容量较大，所以一般只用来保存音乐和音效素材。

> **MP3 格式：**MP3 格式是一种经过高度压缩的声音文件格式，为 Flash 动画添加声音时，最好使用 MP3 格式，以减小动画的体积。

10.2　添加声音

　　制作动画时，我们可以为动画的某个关键帧添加声音，播放动画时声音会从该关键帧开始播放；也可以为按钮添加声音，以便在鼠标单击或滑过按钮时发出声音。无论是为关键帧还是按钮添加声音，都需要先将声音文件导入动画中。

10.2.1　导入声音

下面是在动画中导入声音文件的方法。

Step 01　打开本书配套素材"素材与实例" > "第 10 章"文件夹> "扬帆远航.fla"文档，该文档是一段帆船航行的动画。选择"文件" > "导入" > "导入到库"菜单项，打开"导入"对话框，如图 10-1 所示。

Step 02　在对话框中选择要导入的声音，这里我们选择本书配套素材"素材与实例" > "第 10 章"文件夹> "歌曲.mp3"文件，然后单击"打开"按钮，即可将声音文件导入到"库"面板中，如图 10-2 所示。

图 10-1　"导入"对话框

图 10-2　"库"面板中的声音

10.2.2　添加声音

要让声音从指定的帧开始播放，就需要将声音添加到该帧上，下面通过在"扬帆远航.fla"文档的主时间轴上添加声音，来介绍为关键帧添加声音的方法。

Step 01　在"扬帆远航.fla"文档"帆船"图层上方新建一个图层，并将其重命名为"声音"，如图 10-3 所示。

Step 02　在"声音"图层第 2 帧插入一个关键帧，然后将"库"面板中的"歌曲.mp3"文件拖入舞台，此时时间轴上会显示波形形状，波的长度便是声音文件在时间轴上的播放长度，如图 10-4 所示。

经验之谈

　　尽管可以将声音与其他对象放置在同一图层上，但是为了方便编辑声音，建议为声音创建单独的图层，如果有多个声音文件，最好将不同的声音放在不同图层上。

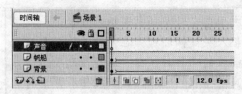

图 10-3　新建"声音"图层　　　　　　图 10-4　为关键帧添加声音

　　　　另一种添加声音的常用方法是：选中要添加声音的关键帧，在"属性"面板"声音"下拉列表中选择要添加的声音，如图 10-5 所示。此外，如果要为影片剪辑或者按钮元件添加声音，只需进入影片剪辑或者按钮元件内部，然后利用与主时间轴中添加声音相同的操作添加即可，图 10-6 所示是添加了声音的按钮元件。

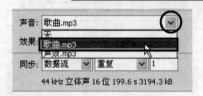

图 10-5　通过"属性"面板添加声音　　　图 10-6　在按钮元件中添加声音

10.3　编辑声音

　　在 Flash 中添加声音后，还可以对声音的同步选项、效果和封套等进行编辑，以使声音符合动画的需要。

10.3.1　设置同步选项

　　通过设置声音的同步选项，可以控制声音的播放形式。例如，是重复循环播放还是只播放一次。下面以设置"扬帆远航.fla"文档中导入的声音为例，介绍具体设置方法。

Step 01　选中"扬帆远航.fla"文档"声音"图层的第 2 帧（即添加了声音的关键帧），然后在"属性"面板"同步"下拉列表中选择同步选项，本例选择"数据流"选项，如图 10-7 所示。

图 10-7　选择"数据流"选项

>
> 　　数据流声音的播放长度完全取决于它在时间轴中占据的帧数，如果想要使声音停止，只需在相应的地方插入关键帧即可。在制作音乐动画、音乐短剧等需要使声音与时间轴同步播放的动画时，需要选择该选项。
> 　　事件声音一般用在不需要控制声音播放的地方，例如按钮或贺卡的背景音乐。

Step 02 选择声音类型后，还可以设置是"重复"播放还是"循环"播放，如图 10-8 所示；若选择"重复"，则还可以选择声音重复播放的次数，如图 10-9 所示。

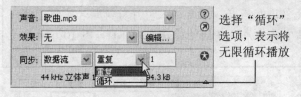　　选择"循环"选项，表示将无限循环播放　　

图 10-8　选择声音的循环方式　　　　　　　　图 10-9　设置声音重复播放次数

10.3.2　设置声音效果

在 Flash 中为声音预设了一些常用的效果，只需选中添加声音的关键帧，如选中"扬帆远航.fla"文档"声音"图层的第 2 帧，然后即可在"属性"面板"效果"下拉列表中选择要添加的声音效果，如图 10-10 所示，本例选择"淡入"选项。

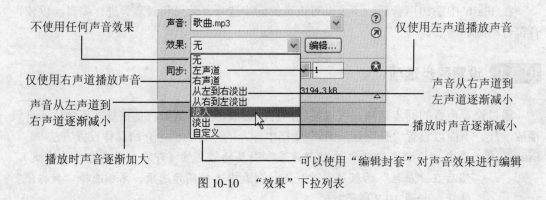

图 10-10　"效果"下拉列表

10.3.3　编辑封套

利用"编辑封套"对话框可以设置声音的长度（如将声音的开头和结尾掐去）和音量，下面通过设置"扬帆远航.fla"文档中的声音，介绍"编辑封套"对话框的使用方法。

Step 01 在"扬帆远航.fla"文档中按下【Enter】键预览动画，会发现由于将声音效果设为了"淡入"，所以前面的声音非常小，选中"声音"图层第 2 帧，在"属性"面板中单击"编辑"按钮打开"编辑封套"对话框，如图 10-11 所示。对话框各选项的意义如下。

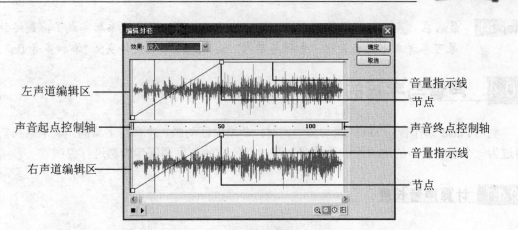

图 10-11　"编辑封套"对话框

> **声音起点控制轴：**拖动声音起点控制轴可设置声音开始播放的位置。
> **声音终点控制轴：**拖动声音终点控制轴可设置声音结束播放的位置。
> **效果：**在该下拉列表中可设置声音效果。
> **节点：**上下拖动节点可以调整音量指示线，从而调整相应播放位置的音量大小。音量指示线位置越高，音量越大。此外，单击音量指示线，可在单击处会增加一个节点，最多可以有 8 个节点；用鼠标将节点拖动到编辑区的外面，可删除节点。
> **"放大"按钮⊕/"缩小"按钮⊖：**单击这两个按钮，可以改变对话框中声音显示范围，从而方便编辑声音。
> **"秒"按钮◎/"帧"按钮▦：**单击这两个按钮，可以改变对话框中声音显示的长度单位，有"秒"和"帧"两种。
> **"播放声音"按钮▶：**单击该按钮，可以试听编辑后的声音。
> **"停止声音"按钮■：**单击该按钮，可以停止正在播放的声音。

Step 02　单击"缩小"按钮⊖显示更多的声音，然后将左声道的第 2 个节点向左拖动，此时右声道的节点也会跟着移动，如图 10-12 所示。

Step 03　单击"帧"按钮▦切换到"帧"显示状态，由于这个动画只有 150 帧，所以我们将声音终点控制轴拖到第 150 帧处（即将 150 帧后的声音掐去），设置完成后单击"确定"按钮，如图 10-13 所示。

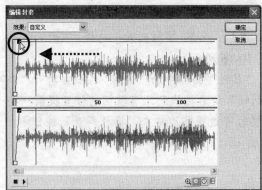

图 10-12　拖动节点

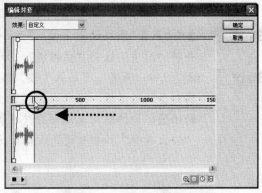

图 10-13　拖动声音终点控制轴

Step 04 最后在"声音"图层第 150 帧处插入关键帧。至此声音就添加完成了，最终效果可参考本书配套素材"素材与实例">"第 10 章"文件夹>"添加声音.fla"。

10.4 声音与字幕的同步

利用 Flash 制作音乐 MTV 或动画短剧时，必须保证动画、声音与字幕同步。下面我们通过为一个雨中漫步的动画添加歌曲和字幕，并使歌曲与字幕同步为例进行说明。

10.4.1 计算声音长度

制作音乐动画时，通常需要先添加歌曲，并将声音同步方式设置为"数据流"，然后计算歌曲播放长度（即在时间轴上占用的帧数），并在歌曲结尾处插入普通帧。后面的动画制作，便可以根据音乐的节奏和长度来安排内容。

Step 01 打开本书配套素材"素材与实例">"第 10 章"文件夹>"控制影片播放.fla"文档，在所有图层上方新建两个图层，并分别命名为"声音"和"字幕"，如图 10-14 所示。

Step 02 按快捷键【Ctrl+R】打开"导入"对话框，选择本书配套素材"素材与实例">"第 10 章"文件夹>"下雨.mp3"文件，单击"打开"按钮导入声音，如图 10-15 所示。

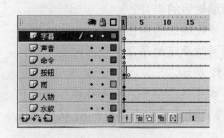

图 10-14 新建图层

图 10-15 导入声音

Step 03 选中"声音"图层的第 1 帧，在"属性"面板"声音"下拉列表中选择"下雨.mp3"，并将"同步"设为"数据流"，如图 10-16 所示。

Step 04 继续选择"声音"图层第 1 帧，单击"属性"面板中的"编辑"按钮，打开"编辑封套"对话框，将"声音起点控制轴"向右拖拽到比有歌词的位置提前一些的位置，切掉歌曲前奏部分（在调整时可边操作边单击"播放声音"按钮▶、"停止声音"按钮■预览效果），如图 10-17 所示。

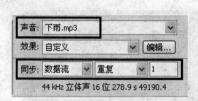

图 10-16　为关键帧添加声音　　　　　　　　图 10-17　设置声音起始位置

Step 05　单击对话框底部的"帧" 按钮，然后向右拖动对话框底部的滚动条，这样便能从对话框中看到歌曲所占用的帧数了，如图 10-18 所示，可以看出本例歌曲占用的帧数大约是 2900 帧，最后单击"确定"按钮关闭"编辑封套"对话框。

Step 06　在"声音"图层第 2900 帧处插入关键帧，将歌曲延伸到此处。为了使动画能正常播放，在其他图层 2900 帧处插入普通帧，如图 10-19 所示。

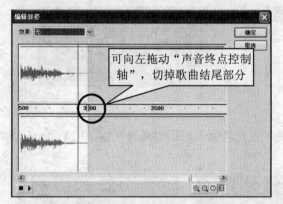

可向左拖动"声音终点控制轴"，切掉歌曲结尾部分

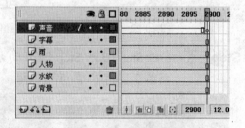

图 10-18　查看声音长度　　　　　　　　图 10-19　根据声音长度插入帧

通常，制作音乐动画或短剧时，是根据音乐的节奏和长度来安排动画内容。本例为了方便读者的学习，才在制作好的动画中添加音乐。

10.4.2　制作字幕

制作字幕时，需要将每一句歌词都制作成元件，并可按照自己的喜好设置字体、字号、颜色等属性，以使字幕更加美观。

Step 01　继续 10.4.1 的实例，按【Ctrl+F8】组合键新建一个名为"文字 1"的图形元件，如图 10-20 所示。

Step 02 单击"确定"按钮进入"文字 1"图形元件的编辑状态，选择"文本工具" **A**，将"字体"设为"汉仪综艺体简"（字体可根据自己的喜好设置）、"字体大小"设为"20"、"文本颜色"设为白色、"对齐模式"设为"居中对齐"，然后在舞台中输入第一句歌词，如图 10-21 所示。

图 10-20　创建"文字 1"图形元件　　　　　　图 10-21　输入第一句歌词

Step 03 右击"库"面板中的"文字 1"图形元件，在弹出的快捷菜单中选择"直接复制"菜单，然后在打开的"直接复制元件"对话框中，将"名称"改为"文字2"，并单击"确定"按钮，如图 10-22 所示。

Step 04 双击"库"面板中的"文字 2"图形元件，并将图形元件中的文字修改为第 2 句歌词，如图 10-23 所示。

图 10-22　创建"文字 2"图形元件　　　　　　图 10-23　修改文字

Step 05 参照 Step 03 和 Step 04 步的方法，创建其他歌词图形元件，图 10-24 所示为本例第 3、第 4、第 5 句歌词。

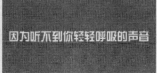

图 10-24　创建其他歌词图形元件

10.4.3　添加字幕

制作好歌词后，可以使用图形元件的"交换"功能将它们添加到与歌曲对应的帧上，具体操作如下。

Step 01 继续 10.4.2 的实例，按下【Enter】键预览动画，当听到第 1 句歌词时按下【Enter】键暂停播放，然后在"字幕"图层播放头所在的位置插入关键帧（可稍微提前

几帧插入），并将"库"面板中的"文字 1"图形元件拖到舞台适当位置，如图
10-25 所示。

Step 02　再次按下【Enter】键预览动画，当第 2 句歌词出现时按下【Enter】键暂停播放，
并在"字幕"图层相应位置插入关键帧。

Step 03　选中刚创建的关键帧上的"文字 1"元件实例，单击"属性"面板中的"交换"
按钮 [交换...] 打开"交换元件"对话框，选择"文字 2"图形元件，单击"确定"
按钮，如图 10-26 所示。此时，该关键帧上的"文字 1"元件实例便被替换成
了"文字 2"元件实例。

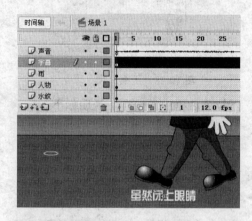

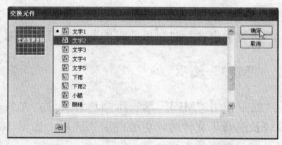

图 10-25　在舞台中添加字幕　　　　　　　　　图 10-26　交换元件

Step 04　利用与 Step 03 相同的方法，将其他图形元件交换到相应关键帧中。本例最终效
果可参考本书配套素材"素材与实例" > "第 10 章"文件夹> "字幕与声音的
同步.fla"。

10.5　设置输出音频

　　包含声音的 Flash 文件体积一般都会比较大，默认情况下，在将动画发布成 swf 文件
时，Flash 会自动对输出的音频进行压缩，以减小 swf 文件的体积。你也可以在制作好动画
后，根据需要自己设置输出音频、压缩声音文件，在声音质量和文件尺寸之间取得某种平
衡。

　　下面以设置"字幕与声音的同步.fla"文档中导入的"下雨.mp3"歌曲为例，说明设置
输出音频的方法。

Step 01　在"库"面板中右击"下雨.mp3"音乐文件，在弹出的快捷菜单中选择"属性"
项，打开"声音属性"对话框，如图 10-27 所示。

Step 02　如果声音文件的源文件在外部被修改过，想使 Flash 文档中的声音也作相同修
改，可单击 [更新(U)] 按钮更新影片中的声音文件。

Step 03　在"压缩"下拉列表框可选择所需的压缩格式，如图 10-28 所示。

Step 04　单击 [测试(T)] 按钮可测试音频设置效果，单击 [停止(S)] 按钮可停止播放。

图 10-27　"声音属性"对话框

图 10-28　压缩选项

设置输出音频时，最关键的是选择好"压缩"下拉列表框中的选项，说明如下。

1. "MP3"选项

通常使用"MP3"选项压缩声音文件。尤其是在输出较长的音乐文件时，更要使用该选项，如图 10-29 所示。相关参数的意义如下。

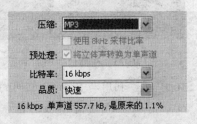

图 10-29　选择"MP3"选项

> **预处理**：选择"将立体声转换为单声道"复选框可将混合立体声转换为单声，减少输出音频的体积。该选项只有在选择的比特率为 20kbps 或更高时才可用。

> **比特率**：用于确定导出的声音文件每秒播放的位数。Flash 支持 8kbps 到 160kbps 的比特率，比特率越大声音效果越好，但相应的容量也越大，比特率越小声音效果越差，容量也越小。

> **品质**：用于确定压缩速度和声音品质，如果要将影片发布到网络上，可选择"快速"选项；如果是在本地运行影片，则可以使用"中"或"最佳"选项。

2. "ADPCM"选项

"ADPCM"选项用来设置 8 位或 16 位的声音数据，当输出较短小的事件声音，例如单击按钮的声音时，可使用此设置，如图 10-30 所示。该选项相关参数意义如下。

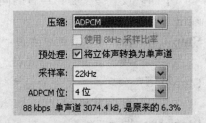

图 10-30　选择"ADPCM"选项

> **将立体声转换为单声道**：选择该复选框可将混合立体声转换为单声。

> **采样率**：主要用来控制声音保真度和文件大

小，较低的采样率可以减小文件大小，但同时也降低声音品质。对于语音来说，5kHz 是最低可接受的标准；对于音乐文件来说，则至少需要设置 11kHz；22kHz 是用于 Web 回放的常用选择；44kHz 是标准 CD 音频比率。

> 　　由于在 Flash 中不能增强音质，所以如果某段声音是以 11kHz 的单声道录制的，则该声音在导出时将仍保持 11kHz 单声道，即使将其采样率更改为 44kHz 也无效。

➢ **ADPCM 位**：决定在 ADPCM 编码中使用的位数。该数值越小，声音文件越小，但音效也越差。其中，2 位是最小值，音效最差，5 位是最大值，音效最好。

3. 其他选项

"原始"选项表示不对声音进行压缩，如图 10-31 所示。其参数的含义同"ADPCM"选项相同，只是少了一个用于压缩声音的参数。

选择"语音"选项，可以使用一种适用于语音压缩的方式输出声音，如图 10-32 所示。

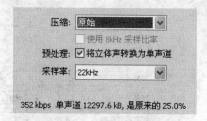

图 10-31　选择"原始"选项

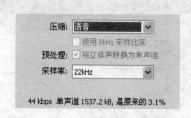

图 10-32　选择"语音"选项

如果选择"默认"选项，表示使用系统默认的压缩设置。

综合实例——制作 MTV

下面利用本章所学知识，在 Flash 中导入一首歌曲，并利用它制作图 10-33 所示的 MTV。

制作分析

首先创建一个 Flash 文档，并导入歌曲。然后打开素材文档，根据歌曲安排动画和歌词。需要注意的是动画的安排应与歌曲相对应，歌词的放置也应与歌曲同步。

图 10-33　浪花一朵朵

制作步骤

1. 导入素材

Step 01 新建一个宽 550 像素、高 400 像素的 Flash 文档，然后按【Ctrl+R】组合键打开"导入"对话框，在对话框中选择本书配套素材"素材与实例">"第 10 章"文件夹>"浪花一朵朵.mp3"，单击"打开"按钮，将歌曲导入文档，如图 10-34 所示。

Step 02 在本例中我们将利用"浪花一朵朵.mp3"歌曲的第一段制作动画。参考 10.4 节介绍的方法，利用"编辑封套"对话框切去歌曲后面部分，只留下第 1 段，并查看歌曲占用的帧数，本例为 1300 帧左右。

Step 03 将"图层 1"重命名为"声音"，在该图层第 2 帧处插入关键帧，第 1315 帧处插入普通帧。选中"声音"图层第 2 帧，在"属性"面板"声音"下拉列表中选择"浪花一朵朵.mp3"，在"同步"下拉列表中选择"数据流"，其他选项保持默认参数不变，如图 10-35 所示。

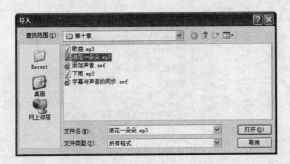

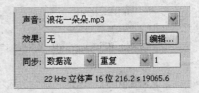

图 10-34　导入声音　　　　　　　　　　图 10-35　添加声音

Step 04 打开本书配套素材"素材与实例">"第 10 章"文件夹>"MTV 素材.fla"文件，选中"库"面板中的所有元件，在所选元件上右击鼠标，在弹出的"快捷菜单"中选择"复制"项，如图 10-36 所示。

Step 05 切换到新建的 Flash 文档，在"库"面板中右击鼠标，在弹出的"快捷菜单"中选择"粘贴"项，将提供的素材粘贴到新文档中，如图 10-37 所示。

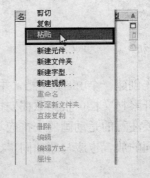

图 10-36　复制元件　　　　　　　　　　图 10-37　粘贴元件

2. 合成动画

Step 01 继续在新文档中操作。新建 5 个图层，分别命名为"背景 1"、"背景 2"、"人物 1"、"人物 2"和"字幕"，并将这些图层按照图 10-38 所示顺序排列。

Step 02 选中"背景 1"图层第 1 帧，将"库"面板中"背景"文件夹下的"背景 1"图形元件拖到舞台中，移动其位置，使其右上角的天空覆盖在舞台中，如图 10-39 所示。

如果找不准位置，可单击"显示图层轮廓"按钮■进行确认

图 10-38　新建图层　　　　　图 10-39　将"背景 1"图形元件拖入舞台

Step 03 按下【Enter】键预览动画，当听到"拉~拉~拉~"的前奏时按下【Enter】键暂停播放，然后在"背景 2"图层插入关键帧（本例中为第 162 帧，可根据实际情况进行调整），如图 10-40 所示。

Step 04 将"库"面板中"背景"文件夹下的"背景 2"图形元件拖到舞台中，放好位置，然后在"背景 2"图层的第 191 帧处插入关键帧，接着在"背景 2"图层第 162 帧与 191 帧之间创建动画补间动画，如图 10-41 所示。

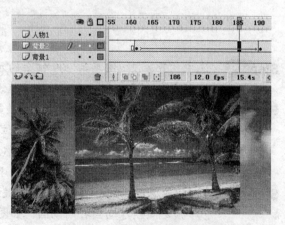

图 10-40　根据声音插入关键帧　　　　　图 10-41　创建动画补间动画

Step 05 选中"背景 2"图层的第 162 帧上的元件实例，在"属性"面板"颜色"下拉列表中选择"Alpha"（透明度），并将其值设为"0%"，如图 10-42 所示，这样

便制作了"背景 2"实例的淡入效果。

Step 06 在"背景 1"图层和"背景 2"图层第 208 帧处插入空白关键帧,然后将"背景 2"图层第 191 帧上的元件实例原位复制到"背景 1"图层第 208 帧,如图 10-43 所示。

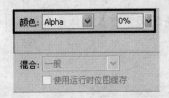

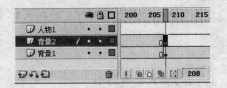

图 10-42 设置元件实例透明度　　　　图 10-43 复制元件实例

Step 07 在"背景 2"图层第 209 帧处插入关键帧,然后将"库"面板中"背景"文件夹下的"背景 3"图形元件拖到舞台中,放好位置,如图 10-44 所示。

Step 08 在"背景 2"图层第 235 帧处插入关键帧,然后在"背景 2"图层第 209 帧与 235 帧之间创建动画补间动画,如图 10-45 所示。

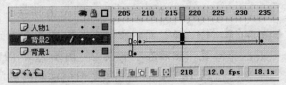

图 10-44 拖入"背景 3"图形元件　　　　图 10-45 创建动画补间动画

Step 09 选中"背景 2"图层第 209 帧上的元件实例,然后在"属性"面板"颜色"下拉列表中选择"Alpha",并将其值设为"0%"。

Step 10 在"背景 1"图层和"背景 2"图层第 261 帧处插入空白关键帧,然后将"背景 2"图层第 235 帧上的元件实例原位复制到"背景 1"图层第 261 帧。在"背景 2"图层第 262 帧处插入关键帧,然后将"库"面板中"背景"文件夹下的"背景 4"图形元件拖到舞台中,如图 10-46 所示。

Step 11 在"背景 2"图层第 291 帧处插入关键帧,然后在"背景 2"图层第 262 帧与第 291 帧之间创建动画补间动画,如图 10-47 所示;之后将"背景 2"图层第 262 帧上元件实例的"Alpha"值设为"0%"。

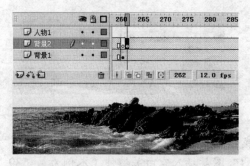

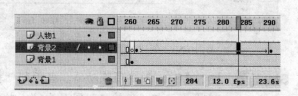

图 10-46　拖入"背景4"图形元件　　　　图 10-47　创建动画补间动画

Step 12 按下【Enter】键预览动画，当听到"我要你陪着我……"歌词时按下【Enter】键暂停播放，在"背景1"图层、"背景2"图层和"人物1"图层插入关键帧（本例为第 313 帧，可根据实际情况进行调整）。

Step 13 将"库"面板中"背景"文件夹下的"海滩2"图形元件拖到"背景1"图层第 313 帧，将"男主角"文件夹下的"唱歌"影片剪辑拖到"人物1"图层第 313 帧，放在舞台中间，如图 10-48 所示。

Step 14 在"人物1"图层第 385 帧处插入关键帧，然后将"库"面板中"背景"文件夹下的"沙滩1"影片剪辑拖到"人物1"图层第 385 帧，放好位置，如图 10-49 所示。

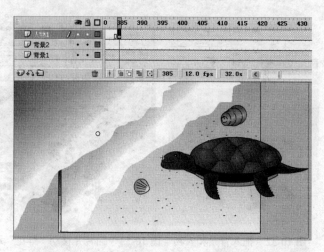

图 10-48　拖入背景和人物　　　　图 10-49　拖入"沙滩1"影片剪辑

Step 15 在"人物1"图层第 411 帧处插入关键帧，然后在该图层第 385 帧与 411 帧之间创建动画补间动画，如图 10-50 所示，再将"人物1"图层第 385 帧上影片剪辑实例的"Alpha"值设为"0%"。

Step 16 按下【Enter】键预览动画，当听到"你不要害怕……"歌词时按下【Enter】键暂停播放，在"人物1"图层插入空白关键帧（本例中为第 460 帧），如图 10-51 所示。

图 10-50 创建动画补间动画　　　　　　　　　图 10-51 插入空白关键帧

Step 17 按下【Enter】键预览动画，当听到"我会一直……"歌词时按下【Enter】键暂停播放，在"背景 1"图层和"人物 1"图层插入空白关键帧（本例为第 539 帧），然后将"库"面板中"背景"文件夹下的"背景 5"图形元件拖到"背景 1"图层第 539 帧，将"男主角"文件夹下的"鲜花"图形元件和"女主角"文件夹下的"女孩"图形元件拖到"人物 1"图层第 539 帧，如图 10-52 所示。

Step 18 在"人物 1"图层第 557 帧处插入关键帧，利用"属性"面板将"女孩"元件实例交换为"女孩 2"元件实例，然后将"鲜花"元件实例水平翻转，并移动到图 10-53 所示的位置。

Step 19 在"人物 1"图层第 574 帧处插入空白关键帧，然后将"人物 1"图层第 539 帧上的内容原位复制到"人物 1"图层第 574 帧中；在"人物 1"图层第 592 帧处插入空白关键帧，将"人物 1"图层第 557 帧上的内容原位复制到"人物 1"图层第 592 帧中，如图 10-54 所示。

图 10-52 拖入背景和人物　　图 10-53 翻转并移动"鲜花"元件实例　　图 10-54 原位复制元件实例

Step 20 按下【Enter】键预览动画，当听到"……让你乐悠悠"的歌词结束时按下【Enter】键暂停播放，在"人物 2"图层插入关键帧（本例中为第 614 帧），然后将"库"面板中"背景"文件夹下的"翻页"影片剪辑拖到"人物 2"图层第 614 帧，如图 10-55 所示。

Step 21 在"背景 1"图层和"人物 1"图层第 636 帧处插入空白关键帧，在"人物 2"图层第 636 帧处插入关键帧，然后在"人物 2"图层第 614 帧与第 636 帧之间创建动画补间动画，并将第 614 帧上的影片剪辑实例的"Alpha"值设为"0%"，如图 10-56 所示。

Step 22　按下【Enter】键预览动画，当听到"我不管你懂不懂……"的歌词时按下【Enter】键暂停播放，在"背景 1"图层、"人物 1"图层和"人物 2"图层插入空白关键帧（本例中为第 708 帧），将"背景 1"图层第 313 帧上的元件实例原位复制到"背景 1"图层第 708 帧中，将"人物 1"图层第 313 帧上的影片剪辑实例原位复制到"人物 1"图层第 708 帧中，如图 10-57 所示。

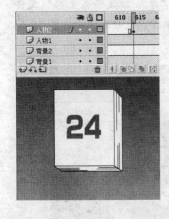

图 10-55　拖入"翻页"影片剪辑　　图 10-56　创建动画补间动画　　图 10-57　复制背景和人物

Step 23　按下【Enter】键预览动画，当听到"我知道有一天……"的歌词时按下【Enter】键暂停播放，在"人物 2"图层插入关键帧（本例中为第 788 帧），将"库"面板"女主角"文件夹下的"爱"图形元件拖到"人物 2"图层第 788 帧的舞台中，如图 10-58 所示。

Step 24　在"背景 1"图层和"人物 1"图层第 806 帧处插入空白关键帧，在"人物 2"图层第 806 帧处插入关键帧，然后在"人物 2"图层第 788 帧与第 806 帧之间创建动画补间动画，并将"人物 2"图层第 788 帧上元件实例的"Alpha"值设为"0%"，如图 10-59 所示。

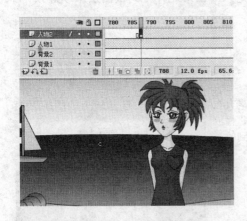
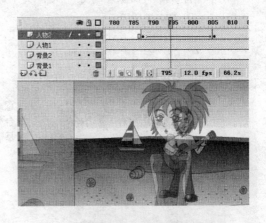

图 10-58　拖入"爱"图形元件　　　　　　图 10-59　创建动画补间动画

Step 25 按下【Enter】键预览动画，当听到 "……爱上我" 的歌词结束时按下【Enter】键暂停播放，在 "背景 2" 图层、"人物 1" 图层和 "人物 2" 图层插入空白关键帧（本例中为第 862 帧），将 "库" 面板 "背景" 文件夹下的 "海滩 2" 图形元件拖到 "背景 2" 图层第 862 帧并放大，再将 "库" 面板 "男主角" 文件夹下的 "装帅" 图形元件拖到 "人物 1" 图层第 862 帧，如图 10-60 所示。

Step 26 在 "人物 2" 图层第 891 帧处插入关键帧，然后将 "库" 面板 "男主角" 文件夹下的 "大帅哥" 图形元件拖到 "人物 2" 图层第 891 帧，放好位置，如图 10-61 所示。

图 10-60　拖入背景和人物　　　　　图 10-61　拖入文字动画实例

Step 27 按下【Enter】键预览动画，当听到 "……真的很不错" 的歌词结束时按下【Enter】键暂停播放，在 "背景 1" 图层、"背景 2" 图层、"人物 1" 图层和 "人物 2" 图层插入空白关键帧（本例中为第 930 帧），将 "库" 面板 "背景" 文件夹下的 "日月交替" 图形元件拖到 "背景 1" 图层第 930 帧，如图 10-62 所示。

Step 28 按下【Enter】键预览动画，当听到 "……也也也也不回头" 的歌词结束时按下【Enter】键暂停播放，在 "人物 1" 图层插入关键帧（本例中为第 980 帧），将 "库" 面板 "背景" 文件夹下的 "老人" 图形元件拖到该图层第 980 帧，如图 10-63 所示。

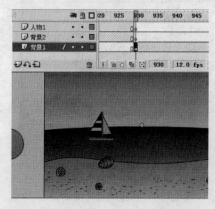 

注意此时老人在舞台外面，播放时是看不到的

图 10-62　拖入 "日月交替" 图形元件　　　　图 10-63　拖入 "老人" 图形元件

Step 29 在"背景1"图层的第995帧插入空白关键帧,在"人物1"图层第995帧处插入关键帧,然后在该图层第980帧与995帧之间创建动画补间动画,并将该图层第980帧上的元件实例的"Alpha"值设为"0%",如图10-64所示。

Step 30 按下【Enter】键预览动画,当听到"哎呦……"歌词时按下【Enter】键暂停播放,在"人物1"图层插入关键帧(本例为第1010帧),再在该图层第1040帧处插入关键帧,然后将该图层第1040帧上的元件实例向右移动,使舞台中只显示老公公的特写,最后在该图层第1010帧与第1040帧之间创建动画补间动画,如图10-65所示(这种手法在动画制作中被称为"摇镜头")。

图10-64　创建动画补间动画

图10-65　制作"摇镜头"

Step 31 按下【Enter】键预览动画,当听到"拉~拉~……"歌词时按下【Enter】键暂停播放,在"人物1"图层插入关键帧(本例为第1082帧),再在该图层第1110帧处插入关键帧,然后将该图层第1110帧上的"老人"图形元件实例缩小,使老公公和老婆婆在舞台中都能够显示,最后在该图层第1082帧与第1110帧之间创建动画补间动画,如图10-66所示(这种手法在动画制作中被称为"拉镜头")。

Step 32 按下【Enter】键预览动画,当听到"……拉~拉~"的歌词结束时按下【Enter】键暂停播放,在"背景1"图层、"背景2"图层和"人物1"图层插入空白关键帧(本例中为第1129帧),将"库"面板"背景"文件夹下的"海滩2"图形元件拖到"背景1"图层第1129帧并放大,将"库"面板中的"牵手"图形元件拖到"背景2"图层第1129帧,如图10-67所示。

图10-66　制作"拉镜头"

图10-67　拖入图形元件

Step 33 在"人物1"图层第 1175 帧处插入关键帧，并将"库"面板"背景"文件夹下的"夕阳"图形元件拖到该帧；在"背景1"图层和"背景2"图层第 1200 帧处插入空白关键帧，在"人物1"图层第 1200 帧处插入关键帧，然后在该图层第 1175 帧与第 1200 帧之间创建动画补间动画，并将第 1175 帧上元件实例的"Alpha"值设为"0%"，如图 10-68 所示。

Step 34 在"人物2"图层第 1263 帧处插入关键帧，将"库"面板"背景"文件夹下的"黑屏"图形元件拖到"人物2"图层第 1263 帧，使其完全覆盖舞台中的其他元素，然后在该图层第 1307 帧处插入关键帧，在第 1263 帧与第 1307 帧之间创建动画补间动画，并将"人物2"图层第 1263 帧上元件实例的"Alpha"值设为"0%"，如图 10-69 所示。

图 10-68　创建动画补间动画　　　　　　　图 10-69　创建渐黑效果

Step 35 在歌曲的结尾处，我们会发现音乐拖得有些长，在"声音"图层第 1302 帧处插入关键帧即可，如图 10-70 所示。

3. 添加字幕

Step 01 在"字幕"图层第 2 帧处插入关键帧，然后将"库"面板"字幕"文件夹下的"开场字幕"影片剪辑拖到该帧，放在舞台中心偏上位置，如图 10-71 所示。

因为我们将声音的"同步"设为"数据流"，所以插入关键帧就等于将声音截断了

如果掌握不好位置，可双击影片剪辑实例，进入编辑状态观看

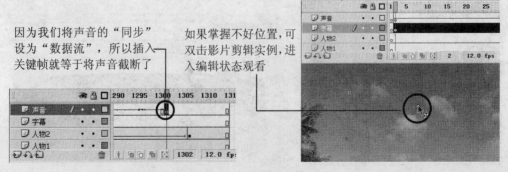

图 10-70　截断声音　　　　　　　　　　　图 10-71　添加开场字幕

Step 02 在"字幕"图层第 162、163 帧处插入空白关键帧，将"库"面板"字幕"文件夹下的"歌词 1"图形元件拖到该图层第 163 帧（第一句歌词出现的地方），放在舞台下方，如图 10-72 所示。

Step 03 参考本章 10.4 节介绍的方法添加其余歌词（有的歌词会多次使用），当添加完最后一句歌词后，在"字幕"图层第 1250、1261 帧处插入关键帧，并在这两帧之间创建动画补间动画，然后将第 1261 帧上元件实例的"Alpha"值设为"0%"，如图 10-73 所示，最后在"字幕"图层第 1262 帧处插入空白关键帧。

Step 04 在"字幕"图层第 1307 帧处插入关键帧，选择"文本工具" **A**，将"字体"设为"汉仪综艺体简"（字体可根据自己的喜好选择）、"字体大小"设为"70"、"文本颜色"设为白色，然后在舞台中心位置输入图 10-74 所示的文字。

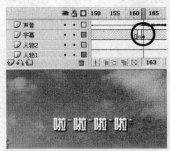

图 10-72　添加第 1 句歌词

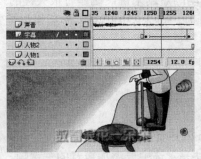

图 10-73　制作渐隐效果

图 10-74　输入文字

4. 设置输出音频

Step 01 双击"库"面板中的"浪花一朵朵.mp3"声音文件，在打开的"声音属性"对话框中将"压缩"设为"MP3"、"比特率"设为"48kbps"、"品质"设为"最佳"，取消勾选"将立体声转换为单声道"复选项，如图 10-75 所示。

Step 02 设置好后单击"确定"按钮，实例就完成了。本例最终效果可参考本书配套素材"素材与实例"＞"第 10 章"文件夹＞"浪花一朵朵.fla"。

图 10-75　设置输出音频

本章小结

本章主要介绍了在动画中添加声音、编辑声音、设置声音与字幕同步，以及设置输出音频的方法。学完本章内容后，用户应重点掌握以下知识。

➢ 在 Flash 动画中加入声音时，需要注意的是选择声音的同步方式。其中，事件声音一般用在不需要控制声音播放的地方，例如按钮或某些背景音乐；数据流声音的播放与时间轴同步，常用来制作音乐 MTV 或动画短剧等。

➢ 添加声音后，我们可利用"编辑封套"对话框掐掉声音的开头和结尾处，以及计算机声音长度。

➢ 对于音乐 MTV 或动画短剧来说，制作时很关键的一点是使声音与字幕同步；此外，制作此类动画时，可先添加声音，然后根据声音的长度和内容来安排动画。

思考与练习

一、填空题

1. 可以直接导入 Flash 的声音文件格式主要有_____和_____两种。

2. 添加声音的常用方法是：选中要添加声音的关键帧，在"属性"面板_____下拉列表中选择要添加的声音。

3. 在设置"同步"选项时，如果要使声音与主时间轴同步，应选择_____项，要在按钮中添加音效，应选择_____项。

4. 要在 Flash 中改变声音的长短，可利用_____对其进行调整。

5. 当 Flash 文档中包含较长的音乐文件时，通常我们都会在"声音属性"的"压缩"下拉列表中选择_____选项压缩声音文件。

二、选择题

1. 为动画添加声音时，最常使用的是（　　）格式的声音文件。
    A．WAV   B．MP3   C．AIFF   D．Sound Designer II

2. 要停止事件声音的播放，应在包含事件声音的图层中插入关键帧，然后选择"属性"面板"同步"下拉列表中的（　　）选项。
    A．事件   B．开始   C．停止   D．数据流

三、操作题

利用本章所学知识制作图 10-76 所示的音乐动画。本题最终效果可参考本书配套素材"素材与实例">"第 10 章"文件夹>"课后练习.fla"。

提示：

（1）打开本书配套素材"素材与实例">"第 10 章"文件夹>"江雪.fla"文档。

（2）导入本书配套素材"素材与实例">"第 10 章"文件夹>"深谷幽兰.mp3"文件。

（3）参考本章 10.2 节内容为动画添加声音。

（4）参考本章 10.3 节内容，为声音添加"淡入"效果，并在"编辑封套"中将淡入的时间缩短（向右拖动表示正常音量的节点）。

（4）最后参考本章 10.4 节内容，为"深谷幽兰.mp3"声音文件设置输出音频（在"压缩"下拉列表中选择"MP3"选项，将"比特率"设为"48"）。

图 10-76　课后练习

第11章
在动画中应用外部图像和视频

本章内容提要

- 导入图形或图像 ································· 228
- 编辑位图 ······································· 229
- 导入视频 ······································· 234
- 设置视频 ······································· 237

章前导读

除了声音外，我们还可以将外部图形、图像、视频、.swf 影片等导入到 Flash 中作为素材使用。对于绘画功底不是很好的用户来说，善于在动画中使用外部素材，可以减少绘制图形的麻烦。下面便来学习导入、编辑和应用外部素材的方法。

11.1　导入图形或图像

在 Flash 中导入普通位图和矢量图形的方法与导入声音大同小异，下面首先介绍 Flash 支持的图形和图像格式，然后介绍编辑位图的方法。

11.1.1　Flash 支持的图形和图像格式

一个好的动画创作者不仅可以自己绘制图形，还应善于搜集、选择、编辑和使用外部素材。在学习导入图形和图像的方法之前，我们先来了解一下 Flash 都支持什么格式的图形和图像。

> **支持的矢量图形有**：Windows 元文件（扩展名为.wmf）、增强的 Windows 元文件（扩展名为.emf）、AutoCAD DXF 文件（扩展名为.dxf）、Illustrator 文件（扩展名为.eps、.ai、.pdf）等。

> **支持的位图图像有**：BMP（扩展名为.bmp）、JPEG（扩展名为.jpg）、GIF（扩展名为.gif）、PNG（扩展名为.png）、PSD（扩展名为.psd）等。如果安装了 QuickTime 4 或更高版本，则还可以支持 MacPaint 文件（扩展名为.pntg）、PICT 文件（扩展名为.pct、.pic）、QuickTime 图像（扩展名为.qtif）、Silicon Graphics 图像（扩

展名为.sgi）、TGA 文件（扩展名为.tga）和 TIFF 文件（扩展名为.tiff）等格式的
位图。

经验之谈
　　虽然在 Flash 中可以导入的位图格式很多，但在实际应用时，为了避
免增大 Flash 影片的体积，最好导入.jpg、.gif 或 png 格式的图像，而且，
在导入图像前，最好使用别的图像编辑软件将图像编辑为动画需要的大小。

11.1.2　导入图形或图像

在 Flash 中，可使用如下方法导入外部矢量图形或位图图像。

➢ **导入到当前帧**：选择"文件" > "导入" > "导入到舞台"菜单项，或按"Ctrl+R"
组合键，在打开的"导入"对话框（参见图 11-1）中选择要导入的图形或图像（可
选择本书配套素材"素材与实例" > "第 11 章"文件夹> "位图.jpg"文件），单
击"打开"按钮便能将所选图像导入到当前图层的当前帧上。导入的图像被放置
在舞台上，同时，将被自动放入"库"面板，如图 11-2 所示。

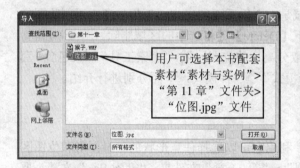

图 11-1　"导入"对话框　　　　　　图 11-2　舞台和"库"面板中的位图

➢ **导入到库**：选择"文件" > "导入" > "导入到库"菜单，可以在打开的"导入到
库"对话框中选择要导入的图形或图像文件，单击"打开"按钮将其导入到"库"
面板中。以后要使用图像文件时，从"库"面板中将其拖到舞台即可。在 Flash
中，导入的图像同元件一样，可以多次使用而不会增大文件体积。

经验之谈
　　使用第一种方式导入的矢量图不会出现在"库"面板中；使用第二种
方式导入的矢量图将转换为与源文件同名的图形元件。此外，如果希望一
次导入多个文件，可在"导入"或"导入到库"对话框中，按住【Ctrl】
键（选择一组非连续文件）或【Shift】键（选择一组连续文件）单击选择。

➢ **使用复制方式**：可直接将其他 Flash 文档中的图形或图像粘贴到当前文档中。

11.2　编辑位图

将位图图像或矢量图形导入到 Flash 之后，如果其不符合使用要求，可进行编辑处理。

导入的矢量图形的编辑方法与在 Flash 中创建的矢量图形相同，下面重点讲解位图的编辑。

11.2.1　分离位图

　　将位图图像导入到文档后，它将作为一个整体对象而存在，只能使用"任意变形工具" ⊞ 或其他工具进行整体操作（如旋转或缩放等），而无法对其局部进行编辑，也无法选取图像区域。要做这些操作，需要先将位图分离。

　　选中位图图像后，选择"修改">"分离"菜单项，或按下【Ctrl+B】组合键即可分离位图，如图 11-3 所示。

图 11-3　分离位图

11.2.2　选取位图区域

　　制作 Flash 动画时，选取位图图像区域是一个很重要的操作。例如，当需要删除图像背景颜色时，可以选中图像背景，然后按下【Delete】键将选中的区域删除。

　　在 Flash 中可以利用"套索工具" ⌀ 选取分离后的位图区域，"套索工具" ⌀ 又包含"套索模式" ⌀ 、"多边形模式" ⊡ 和"魔术棒模式" ⌁ 3 种模式，下面分别进行介绍。

1. 使用"套索模式"

　　该模式是"套索工具" ⌀ 的默认模式，利用它可以选择任意形状的矢量图形和位图区域。例如，打开本书配套素材"素材与实例">"第 11 章"文件夹>"套索.fla"文档，要选取其中的小恐龙，可通过图 11-4 所示的方法实现。

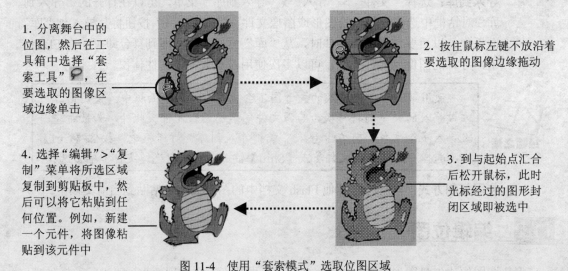

1. 分离舞台中的位图，然后在工具箱中选择"套索工具" ⌀ ，在要选取的图像区域边缘单击

2. 按住鼠标左键不放沿着要选取的图像边缘拖动

3. 到与起始点汇合后松开鼠标，此时光标经过的图形封闭区域即被选中

4. 选择"编辑">"复制"菜单将所选区域复制到剪贴板中，然后可以将它粘贴到任何位置。例如，新建一个元件，将图像粘贴到该元件中

图 11-4　使用"套索模式"选取位图区域

2. 使用"多边形模式"

使用"多边形模式" 可以通过绘制多边形的方式，将位于多边形中的位图或矢量图形区域选中。这对于选择边线为直线的图形区域非常有用。例如，打开本书配套素材"素材与实例">"第 11 章"文件夹>"多边形.fla"文档，要选取其中的包装盒，可通过图 11-5 所示的方法实现。

2. 将鼠标光标放在包装盒的一个棱角处单击，然后在其他棱角处继续单击制作多边形，最后在第 1 个单击点处双击，此时多边形内的图像区域便被选中了

1. 在工具箱中选择"套索工具" 后，按下工具箱"选项"区的"多边形模式" 按钮

图 11-5　使用"多边形模式"选取位图区域

3. 使用"魔术棒模式"

使用"魔术棒模式" 可以选取位图中颜色相近的区域。例如，打开本书配套素材"素材与实例">"第 11 章"文件夹>"魔术棒.fla"文档，要去除其中的背景，可通过图 11-6 所示的方法实现。

"阈值"用来设置颜色容差，数值越低选择的颜色范围越小，选择越精确，越大选择的颜色范围越广，同时也容易造成误差

1. 选择"套索工具" 后，按下工具箱"选项"区的"魔术棒"按钮 ，再单击"魔术棒设置"按钮

设置所选边缘的光滑程度，选择"像素"表示不平滑，选择"平滑"表示光滑，其他两个选项介于平滑和不平滑之间

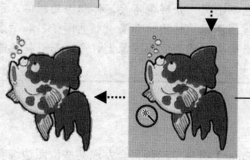

2. 参数设置好后，将光标放在图像淡蓝色背景区域，当光标变为 形状时单击，即可选中与单击点像素颜色相似的区域。继续将光标放在其他未选区域，当光标呈 形状时单击（如果光标呈 形状，则单击会取消已选择的区域）。最后按【Delete】键将选中的区域删除

图 11-6　使用"魔术棒模式"去除背景

11.2.3　将位图转换为矢量图

除了选取位图区域外，我们还可以将位图转换为矢量图，这样可以更加方便地编辑图形和制作动画。将位图转换为矢量图的方法如下。

Step 01　打开本书配套素材"素材与实例" > "第 11 章"文件夹> "转换.fla"文档，选中舞台中的位图，然后选择"修改" > "位图" > "转换位图为矢量图"菜单项，打开"转换位图为矢量图"对话框，将"颜色阈值"设为"30"，如图 11-7 中图所示。

Step 02　单击"确定"按钮，等待一段时间后就会发现位图变为了矢量图，并显示为选中状态，如图 11-7 右图所示。

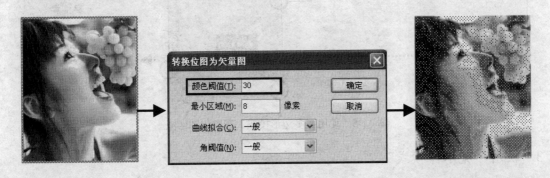

图 11-7　将位图转换为矢量图

> **颜色阈值：** 设置颜色之间的差值，范围为 1~500 之间的整数。阈值越小，转换过来的矢量图形颜色越丰富，与原图像差别越小。
>
> **最小区域：** 范围为 1~1000 之间的整数。值越小，转化后图像越精确，与原图像越接近。
>
> **曲线拟合：** 设置转换时如何平滑图形轮廓线，范围从"像素"到"非常平滑"，"像素"表示不平滑。
>
> **角阈值：** 设置是保留锐利边缘（颜色对比强烈的边缘），还是进行平滑处理，范围从"较多转角"到"较少转角"。"较多转角"会保留原图像的锐利边缘。

　　转换图形时，最好转换颜色不丰富、分辨率不大、体积小的图像。色彩比较丰富或分辨率比较高的位图图像，转换时如果"颜色阈值"和"最小区域"设置过小，会使转换后的矢量图形比原图像大许多，而且转换速度会非常慢。

11.2.4　设置位图输出属性

在动画中使用位图时，如果按下【Ctrl+Enter】键预览动画，会发现某些位图边缘有锯齿，影响位图的美观；此外，如果在 Flash 中过多使用了位图，会发现动画体积变得很大。

下面介绍通过设置位图输出属性，来解决这两个问题的方法。

Step 01　打开本书配套素材"素材与实例">"第 11 章"文件夹>"输出属性.fla"文档，
在"库"面板中用鼠标右击需要修改的位图，在弹出的快捷菜单中选择"属性"
菜单，打开"位图属性"对话框，如图 11-8 左图所示。

Step 02　选中"允许平滑"复选框，在"压缩"下拉列表中选择"照片（JPEG）"选项，
此时若取消选取"使用导入到 JPEG 数据"复选框，则还可以在"品质"文本
框中输入品质参数，本例输入"50"，如图 11-8 右图所示。

Step 03　设置好相关选项后，单击"测试"按钮，从对话框底部可查看压缩前和压缩后
的图像大小；单击"确定"按钮后，可将设置应用于该位图在动画中链接的所
有图像。

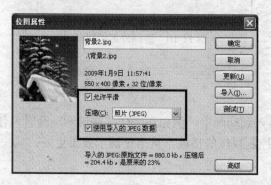
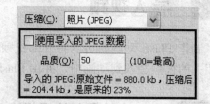

图 11-8　设置为图输出属性

> **"允许平滑"复选框**：选择该复选框可为位图消除锯齿，使位图边缘变得光滑。

> **"压缩"下拉列表**：选择"照片（JPEG）"选项，将以 JPEG 格式压缩图像，适
用于具有复杂颜色或色调变化的图像，例如具有渐变填充的图像；选择"无损
（PNG/GIF）"选项，将使用无损压缩格式压缩图像，这样不会丢失图像中的任
何数据，适用于具有简单形状和较少颜色的图像。

> **"使用导入的 JPEG 数据"复选框**：选择"照片（JPEG）"压缩方式后，若选择
此复选框，会使用导入图像的默认压缩品质压缩图像。否则，将出现"品质"文
本框，在该文本框中输入的值越高（1 到 100），图像质量越好，但文件也会越大。

11.2.5　从外部编辑位图

由于 Flash 并不是专业的位图编辑软件，使用它编辑位图有一定的局限性，不过，我
们可以利用"编辑方式…"命令在外部对位图进行编辑。

Step 01　打开本书配套素材"素材与实例">"第 11 章"文件夹>"输出属性.fla"文档，
在"库"面板中用鼠标右击需要修改的位图，在弹出的快捷菜单中选择"编辑
方式…"菜单，如图 11-9 所示。

Step 02　在打开的"选择外部编辑器"对话框中选择一款电脑中安装的图形编辑软件，比

如 Photoshop，单击"打开"按钮，启动选中的图形编辑软件，如图 11-10 所示。

Step 03 在图形编辑软件中对位图进行修改并保存，所做的修改会反映到 Flash 中。

图 11-9　选择"编辑方式…"菜单　　　　　　图 11-10　选择外部编辑器

11.3　导入视频

制作 Flash 动画时可以将外部视频导入到动画中，例如在制作某些演示动画时，便可将相关的视频加入到动画中，并由 Flash 控制视频的播放，从而使演示效果更好。

11.3.1　Flash 支持导入的视频格式

Flash 8 支持几乎所有常见的视频格式，但是需要一定的软件支持。

➢　如果系统安装了 QuickTime 7 及其以上版本，则支持.avi、.dv、.mpg、.mpeg 和.mov 格式的视频文件。

➢　如果系统安装了 DirectX 9 或更高版本，则支持.avi、.mpg、.mpeg 和.wmv、.asf 格式的视频文件。

如果导入的视频文件是系统不支持的文件格式，Flash 会显示一条警告消息，表示无法完成该操作，如图 11-11 所示。

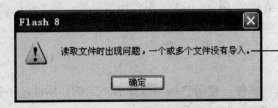

当遇到无法导入视频时，用户可以不必专门安装 QuickTime 7 或以上版本，而是下载一个能播放多种格式视频文件的播放器，如暴风影音。安装上后便可以导入视频了

图 11-11　警告消息

11.3.2　导入视频

下面以导入一个视频片段为例，介绍在 Flash 中导入视频的方法。

Step 01 新建一个 Flash 文档。选择"文件"＞"导入"＞"导入视频"菜单项，打开导入视频向导对话框，单击 浏览... 按钮，在打开的"打开"对话框中选择本书配套素材"素材与实例"＞"第 11 章"文件夹＞"动画剪辑.avi"文件，单击"打开"按钮回到导入视频向导对话框后，单击"下一个"按钮，如图 11-12 所示。

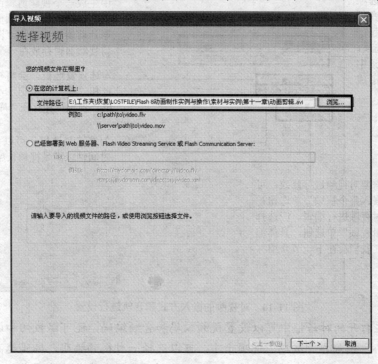

图 11-12　选择要导入的视频

Step 02 在打开的对话框中选择视频在 Flash 中的部署方式，共有 5 个选项，本例选择"在 SWF 中嵌入视频并在时间轴上播放"单选钮，然后单击"下一个"按钮，如图 11-13 所示。

选择这种方式会将视频文件直接嵌入到影片中

选择这几项会将外部视频转换为 FLA 视频格式，存放在保存动画文档的目录中，播放动画时，自动从外部加载 FLA 视频

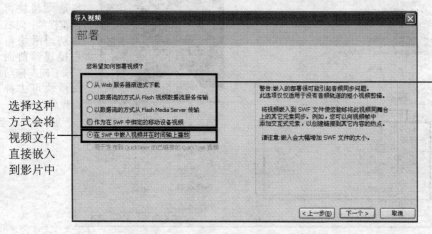

图 11-13　"部署"对话框

Step 03 在打开的对话框中对视频的嵌入方式和音轨进行设置，这里选择"符号类型"为"图形"，其他参数保持默认设置，单击"下一个"按钮，如图 11-14 所示。

选择"集成"选项会让视频中的音频同视频嵌在一起；选择"分离"选项，会使音频从视频中分离出来单独形成一个音频文件

选择"嵌入的视频"选项，会在文档中生成一个视频剪辑；选择"影片剪辑"选项，会将视频剪辑存放在一个影片剪辑中；选择"图形"选项，会将视频剪辑存放在一个图形元件中

勾选该复选框，会将视频放置在舞台和"库"面板中，不勾选该复选框，视频只保存在"库"面板中

勾选该复选框，可以自动扩展时间轴以满足视频长度的要求

如果不需要对视频进行修改，可选择"嵌入整个视频"单选钮；如果要对视频进行编辑，应选择"先编辑视频"单选钮，具体编辑方法，我们会在下一节介绍

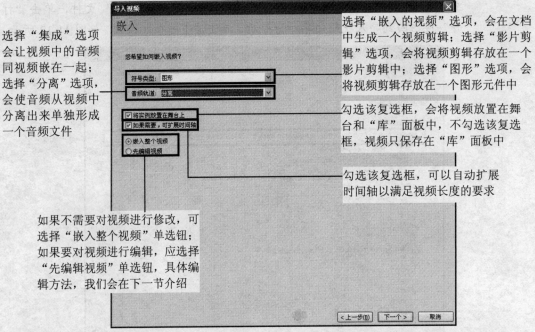

图 11-14 对视频的嵌入方式和音轨进行设置

Step 04 在打开的对话框中可以设置视频编码和音频编码，还可以裁切和调整视频的大小。例如在"编码"选项卡中，可以选择一种视频编码，编码越高，视频品质越好，同时也会增加影片体积；切换到"裁切和修剪"选项卡，可以裁切和调整视频的大小，如图 11-15 所示，本例保持默认选项并单击"下一个"按钮。

在"裁切和修剪"选项卡中可裁切视频，例如，要去掉视频顶部，可单击该区域上方的按钮，然后拖动滑块裁切，裁切效果将在对话框左上方视频预览区显示

拖动滑块可预览视频；向右拖动滑块可去掉视频前面部分；向左拖动滑块可去掉视频后面部分

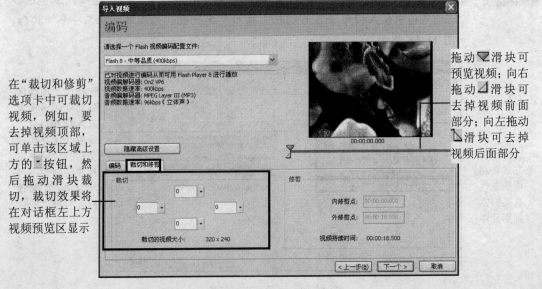

图 11-15 "编码"对话框

Step 05　在打开的对话框中单击"完成"按钮，稍等一段时间，就会将视频导入到文档中，如图 11-16 所示。

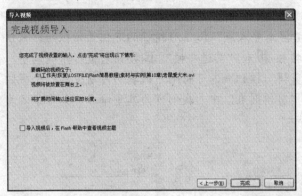

图 11-16　完成视频导入

11.4　设置视频

用户可在导入视频的过程中拆分视频；导入视频后，还可以利用时间轴控制函数或行为控制视频的播放。

11.4.1　拆分视频

如果只希望导入视频的一部分而不是整个视频，可在导入视频的过程中对其进行拆分，删除不想要的部分，拆分视频的具体方法如下。

Step 01　导入视频时，在"嵌入"对话框中选择"先编辑视频"单选钮，然后单击"下一个"按钮，会打开图 11-17 所示的"拆分视频"对话框。

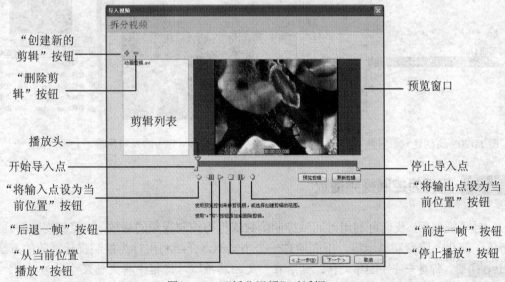

图 11-17　"拆分视频"对话框

Step 02 向右拖动"开始导入点" ◢ 确定视频片断的起始帧，向左拖动"停止导入点" ◣ 确定视频片断的结束帧，如图 11-18 所示。单击"预览剪辑"按钮 `预览剪辑`，可观看截取片断的播放效果。

Step 03 当拖动"开始导入点" ◢ 和"停止导入点" ◣ 很难精确的定位开始帧与结束帧时，可以单击"后退一帧"按钮 ◁‖ 和"前进一帧" ‖▷ 按钮来进行精确调整。

Step 04 调整好后，单击"创建新的剪辑"按钮 ✛，可将刚才截取的片断生成一个视频剪辑，创建的剪辑将出现在"剪辑列表"中，我们可为其重命名，如重命名为"剪辑 1.avi"如图 11-19 所示。

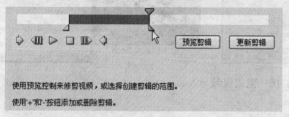

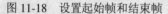

图 11-18 设置起始帧和结束帧

图 11-19 创建新的剪辑

Step 05 要调整剪辑中截取的内容，可以先选中要调整的剪辑，然后调整其"开始导入点" ◢ 和"停止导入点" ◣，调整好后单击"更新剪辑"按钮即可。

Step 06 要删除不想要的剪辑，只需选中它，然后单击"删除剪辑"按钮 ▭ 即可。

Step 07 参照 Step 02、03、04 的操作再创建一个剪辑，如图 11-20 所示，然后单击"下一个"按钮，按照提示导入视频，我们会发现只有"剪辑列表"中的剪辑被导入了，并且视频会按照"剪辑列表"中的顺序排列在"库"面板或舞台中，如图 11-21 所示。

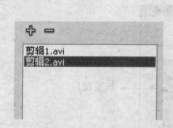

图 11-20 再创建一个剪辑

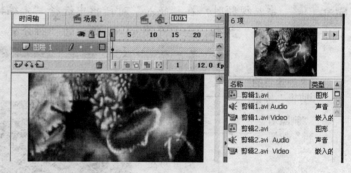

图 11-21 导入的视频片断

11.4.2 用行为控制视频播放

导入视频后，我们可利用时间轴控制函数或行为控制视频的播放，如控制视频的开始、暂停、停止、隐藏和显示等。下面通过一个小实例，介绍利用行为控制视频播放的方法。

Step 01 新建一个 Flash 文档，然后在"文档属性"对话框中将文档尺寸设为 350×350

像素，舞台颜色设为深蓝色（#000099），然后导入本书配套素材"素材与实例"
>"第 11 章"文件夹>"控制视频.avi"文件（注意导入时需要在"部署"对话
框中选择"在 SWF 中嵌入视频并在时间轴上播放"单选钮，在"嵌入"对话
框中的"符号类型"下拉列表中选择"嵌入的视频"选项）。

Step 02 将舞台上的"控制视频"实例移至舞台中央，然后从"属性"面板中为其定义
一个实例名称"shiping"，如图 11-22 所示。

图 11-22　为视频实例定义一个实例名称

Step 03 将"图层 1"重命名为"视频"，在"视频"图层上方新建一个图层，命名为"按
钮"，然后打开"公用库"面板，向舞台拖入两个按钮元件（分别用来做"停
止"和"播放"按钮），如图 11-23 所示。

Step 04 选中"Stop"按钮实例，选择"窗口">"行为"菜单项，打开"行为"面板，
然后单击➕按钮，从打开的菜单中选择"嵌入的视频">"停止"菜单项，打
开"停止视频"对话框，如图 11-24 所示。

图 11-23　在舞台上创建按钮实例

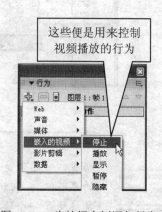

这些便是用来控制
视频播放的行为

图 11-24　为按钮实例添加行为

知识库

　　Flash 中的行为相当于已编写好的动作脚本，可以使用它控制影片剪辑
实例、视频剪辑实例、声音文件等对象的播放。对于不擅长使用动作脚本
的用户，行为是制作交互动画的一个好用的工具。

Step 05 在"停止视频"对话框中选中刚才定义的视频实例，然后单击"确定"按钮，
如图 11-25 所示。

Step 06 此时"行为"面板如图 11-26 所示，按下快捷键【Ctrl+Enter】预览动画，在动

画播放窗口中单击"stop"按钮，会发现视频停止了。

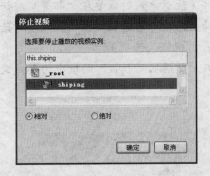

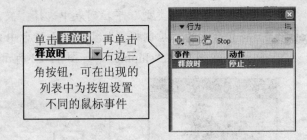

图 11-25 "停止视频"对话框   图 11-26 "行为"面板

Step 07 选中舞台中的"play"按钮，单击"行为"面板中的 ✚ 按钮，从打开的菜单中
选择"嵌入的视频" > "播放"菜单，如图 11-27 左图所示，在打开的"播放视
频"对话框中选中视频实例，然后单击"确定"按钮，如图 11-27 右图所示。
至此本例就完成了，最终效果可参考本书配套素材"素材与实例" > "第 11 章"
文件夹> "控制视频.fla"。

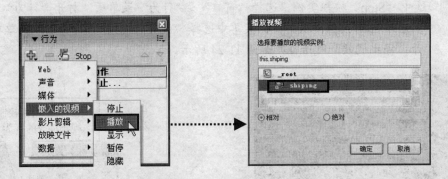

图 11-27 为"play"按钮添加行为

从图 11-26 所示的"行为"面板可以看出，一个完整的行为由两部分
组成，一部分是"动作"，例如停止指定视频的播放，另一部分是触发动作
的"事件"，例如单击并释放鼠标后，停止视频的播放，其中的单击并释放
鼠标便是一个事件。
本例是在按钮实例上添加行为，除此之外，我们还可以在影片剪辑实
例、视频剪辑实例，以及关键帧上添加行为。

综合实例 1——制作电子相册

下面通过制作图 11-28 所示的电子相册，让大家进一步掌握位图在 Flash 中的应用。

制作分析

　　首先从外部导入需要用到的位图图像，包括一个心形花环和婚纱照片；然后制作一个

形状、大小与花环相似的图形元件，用来作为遮罩
图形，以使相片轮廓不超过心形边缘；接着新建元
件，在元件内部编辑各相片，并使用遮罩选取图中
需要的部分；最后在主场景中制作相片在花环中淡
入淡出的动画，并加入背景音乐。

图 11-28　电子相册

制作步骤

Step 01　新建一个 Flash 文档，设置文档大小为
　　　　560×402 像素，其他为默认。

Step 02　选择 "文件" > "导入" > "导入到库"
　　　　菜单项，将本书配套素材 "素材与实例" > "第 11 章" > "相册" 文件夹中的
　　　　所有图片导入到 "库" 面板中（共提供了一张心形花环图和 6 张婚纱照），如
　　　　图 11-29 所示。

Step 03　从 "库" 面板中将 "相框" 图片拖到舞台上，利用 "对齐" 面板将图片设置为
　　　　与舞台一样大小，并与舞台对齐，如图 11-30 所示。

图 11-29　将素材导入 "库" 面板中

图 11-30　设置 "心形花环" 图形

Step 04　新建一个图层，在新图层上绘制一个与心形花环形状相似且大小相同的边框，
　　　　使用任意颜色填充图形并将边框删除，再将该图形转换为图形元件，命名为 "遮
　　　　罩"，如图 11-31 所示。最后将舞台上的 "遮罩" 实例删除。

Step 05　新建一个名为 "P1" 的图形元件，从 "库" 面板中将 "h1" 图片拖到元件内部，
　　　　然后新建一个图层，从 "库" 面板中将 "遮罩" 元件拖到新图层中，并使用 "任
　　　　意变形工具" 适当缩放 h1 图像，再将 "遮罩" 覆盖在 h1 图像上面，如图 11-32
　　　　所示。最后将新图层设置为遮罩层，此时图形效果如图 11-33 所示。

图 11-31 绘制遮罩元件   图 11-32 设置遮罩实例   图 11-33 设置遮罩

Step 06 新建 5 个图形元件，分别命名为 "P 2"、"P 3"、"P 4"、"P 5" 和 "P 6"，并参考 Step 05 设置各元件，各元件内部的最后图形效果如图 11-34 所示。

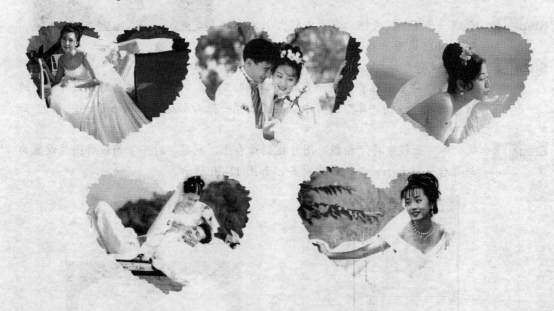

图 11-34 各元件效果

Step 07 回到主场景。将 "图层 1" 重命名为 "相框"，"图层 2" 重命名为 "照片"，在 "相框" 图层第 480 帧插入扩展帧。

Step 08 从 "库" 面板中将 "P1" 图形元件拖到 "照片" 图层，放在心形上面，如图 11-35 所示，然后在该图层第 40 帧和第 80 帧插入关键帧。

Step 09 分别选中第 1 帧和第 80 帧上的 "P1" 实例，在 "属性" 面板中设置其透明度为 "0%"；然后在 "照片" 图层第 1 帧和第 40 帧以及第 40 帧和第 80 帧之间创建动画补间动画。

Step 10 在 "照片" 图层第 81 帧插入空白关键帧，从 "库" 面板中将 "P2" 元件拖到该帧，放在心形上面，如图 11-36 所示，并参考 Step 08 和和 Step 09 和为该实例创建淡入淡出的补间动画。

Step 11 参照 Step 08 和和 Step 09 和的操作，分别从库中将 "P3"、"P4"、"P5" 和 "P6" 元件拖到 "照片" 图层，制作淡入淡出的补间动画。

Step 12 新建一个图层，并将其命名为"音乐"，在该图层第 1 帧为动画添加背景音乐（"素材与实例" > "第 11 章" > "相册" 文件夹> "音乐.mp3"）；添加音乐后，将音乐同步方式设置为事件，重复播放 10 次。至此实例就完成了，最终效果可参考本书配套素材 "素材与实例" > "第 11 章" 文件夹> "电子相册.fla"。

图 11-35　设置"P1"实例　　　　　图 11-36　设置"P2"实例

综合实例 2——制作家庭影院

下面通过制作图 11-37 所示的家庭影院，进一步了解视频在 Flash 中的应用，以及使用时间轴控制函数控制视频播放的方法。

图 11-37　家庭影院

制作分析

新建一个 Flash 文档，导入位图，并利用位图制作家庭影院的背景，然后新建图层并导入视频，再将"公用库"中的按钮元件拖入舞台，最后为帧和按钮添加脚本命令以控制视频的播放，完成制作。

制作步骤

Step 01 新建一个 Flash 文档，将文档大小设为 400×250 像素，将"背景颜色"设为黑色，如图 11-38 所示。

Step 02 将"图层 1"重命名为"屏幕",然后按快捷键【Ctrl+R】,导入本书配套素材"素材与实例">"第 11 章"文件夹>"屏幕.png"文件,如图 11-39 所示。

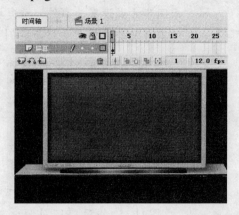

图 11-38　新建 Flash 文档　　　　　　　　　　图 11-39　导入位图

Step 03 使用"矩形工具"□ 在"屏幕"图层上绘制一个"笔触颜色"为绿色(#00FF00)、"填充颜色"为空☑,与位图等宽的矩形,然后在其内部再绘制一个小一些的矩形,如图 11-40 所示。

Step 04 在"颜色"面板中设置由黑色到深灰色(#999999)的线性渐变,使用"颜料桶工具"🖌 由上向下拖动填充外侧的矩形、由下向上拖动填充内侧的小矩形,然后删除矩形的边线,并将两个矩形组合,如图 11-41 所示。

图 11-40　绘制矩形　　　　　　　　　　图 11-41　填充线性渐变并组合

Step 05 在"屏幕"图层第 400 帧处插入普通帧,然后再新建 4 个图层,分别命名为"视频"、"声音"、"按钮"和"命令",如图 11-42 所示。

Step 06 在"视频"图层的第 2 帧处插入关键帧,然后按快捷键【Ctrl+R】,导入本书配套素材"素材与实例">"第 11 章"文件夹>"老鼠爱大米.avi"文件。导入时在"部署"对话框中选择"在 SWF 中嵌入视频并在时间轴上播放"单选钮,如图 11-43 所示,在"嵌入"对话框"符号类型"下拉列表中选择"嵌入的视频"选项,在"音频轨道"下拉列表中选择"分离"选项,如图 11-44 所示。其余参数保持默认设置,按照提示操作导入视频。

图 11-42　新建图层

图 11-43　设置部署参数

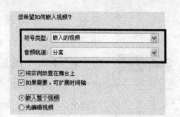

图 11-44　设置嵌入参数

Step 07　导入视频后，使用"任意变形工具" 调整其大小和位置，使其恰好位于显示器位图的屏幕上方，如图 11-45 所示。

Step 08　在"声音"图层第 2 帧处插入关键帧，然后在"属性"面板"声音"下拉列表中选择"老鼠爱大米.aviAudio"，在"同步"下拉列表中选择"数据流"选项，如图 11-46 所示。

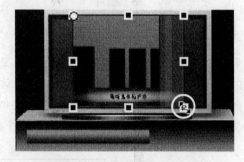

图 11-45　调整视频大小和位置

图 11-46　添加声音

Step 09　选择"窗口" > "公用库" > "按钮"菜单项，从打开的"公用库"中选择 3 个自己喜欢的按钮，拖到"按钮"图层第 1 帧舞台的右下方，并调整其大小和位置，如图 11-47 所示。

Step 10　选中"命令"图层第 1 帧，按【F9】键打开"动作"面板，在"动作"面板左上角的命令列表中双击展开"全局函数" > "时间轴控制"，然后双击"stop"，为该关键帧添加"stop"命令，如图 11-48 所示。

图 11-47　添加按钮

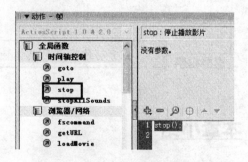

图 11-48　为关键帧添加"stop"命令

Step 11　选中"按钮"图层第 1 帧上用于使影片播放的按钮，在"动作"面板中确认"脚本助手"处于激活状态，然后在"动作"面板左上角的命令列表中展开"全局函数" > "时间轴控制",并双击"play",为按钮添加"play"命令,如图 11-49 所示。

Step 12 选中"按钮"图层第 1 帧上用于使影片暂停的按钮,在"动作"面板左上角的命令列表中展开"全局函数" > "时间轴控制",然后双击"stop",为按钮添加"stop"命令,如图 11-50 所示。

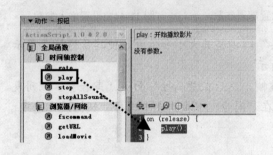 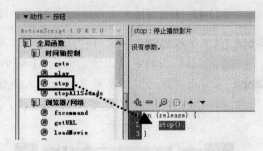

图 11-49 为按钮添加"play"命令　　　　图 11-50 为按钮添加"stop"命令

Step 13 选中"按钮"图层第 1 帧上用于使影片停止的按钮,在"动作"面板左上角的命令列表中展开"全局函数" > "时间轴控制",然后双击"goto",为按钮添加"goto"命令,并在"帧"编辑框中输入"1",如图 11-51 所示。至此实例就完成了,最终效果可参考本书配套素材"素材与实例" > "第 11 章"文件夹> "家庭影院.fla"。

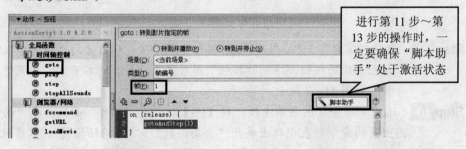

图 11-51 为按钮添加"goto"命令

关于动作脚本的具体使用方法,用户可参考本书第 12 章内容。

本章小结

本章主要介绍了在 Flash 中应用及编辑位图和视频的方法。在学习本章知识时应注意以下几点。

➢ 在编辑位图时,必须将位图分离或转换为矢量图形,才能进行局部编辑。

➢ 在设置位图的输出属性时，应根据实际情况在位图大小与美观程度间寻找一个平衡点。

➢ 在导入视频时，最好将声音与视频分离，以利于编辑。

➢ 应掌握控制视频播放的行为与动作脚本的使用。

➢ 平常要养成搜集素材的习惯，这样制作动画时便可以节省很多时间。

思考与练习

一、填空题

1．Flash 支持的矢量图形格式有 _____ 、 _____ 、 _____ 和 _____ 等；支持的位图格式有 _____ 、 _____ 、 _____ 和 _____ 等。

2．在设置位图的发布选项时，对于具有复杂颜色或色调变化的图像，应使用 _____ 压缩格式；对于具有简单形状和相对较少颜色的图像，应使用 _____ 压缩格式。

3．使用"套索工具" 🔍 对位图进行编辑前，应先将位图 _____ 。

4．在使用"魔术棒"模式 🪄 选取位图区域时，阈值设置得越 _____ ，选择的颜色范围越小，也就越精确。

二、选择题

1．下列说法中正确的是（　　）。

    A．要对位图进行局部编辑，应首先将位图分离

    B．将位图转换为矢量图形时，"颜色阈值"和"最小区域"设置的越小，转换的速度越快

    C．在设置位图输出属性时，若图像的颜色较复杂，则应在"压缩"下拉列表中选择"无损（PNG/GIF）"选项

    D．在 Flash 中可改变位图的分辨率和大小尺寸

2．若只安装了 DirectX 9 或以上版本，而没有安装 QuickTime 7 及以上版本，则 Flash 无法支持（　　）格式的视频。

    A．avi   B．asf   C．mov   D．.wmv

三、操作题

运用本章所学知识，制作一个图 11-52 所示的海底影院。本题最终效果在本书配套素材"素材与实例" > "第 11 章" > "海底影院.fla"。

提示：

（1）新建一个 Flash 文档，导入本书配套素材"素材与实例" > "第 11 章" > "海底.jpg"图像文件作为底图。

（2）新建图层，将本书配套素材"素材与实例" > "第 11 章"文件夹> "海底影院.avi"文件作为图形元件导入到"库"面板中，注意导入时将声音分离。

（3）利用"矩形工具" ⬜绘制卷轴并将其转换为图形元件，并制作卷轴由远至近和展开的补间动画。

（4）将包含视频剪辑的图形元件拖入舞台并调整大小，然后利用动画补间动画制作视频的淡入效果。

（5）最后为动画添加分离后的声音。

图 11-52　海底影院

第12章

动作脚本的应用

本章内容提要

- 动作脚本入门 249
- 添加动作脚本的方法 256
- 时间轴控制函数 258
- 影片剪辑属性和控制函数 260
- 浏览器/网络函数 263

章前导读

利用 Flash 中的动作脚本可以实现 Flash 作品与观众的互动，比如控制动画播放进程、制作 Flash 课件和 Flash 游戏等，还可以做出很多特殊动画效果，如下雪、下雨等。本章我们就来介绍利用动作脚本制作简单交互动画的方法。

12.1 动作脚本入门

本节主要介绍动作脚本相关概念、动作面板的使用、动作脚本语法规则、动作脚本的添加位置、实例名称和路径等基础知识，让读者轻松跨入 Flash 动作脚本之门。

12.1.1 动作脚本相关概念

Flash 中的动作脚本是一种面向对象的编程语言，即 ActionScript 语言。在具体学习 Flash 动作脚本前，应了解与其相关的一些概念。

> **动作**：动作是在播放.swf 文件时指示.swf 文件执行某些任务的语句。例如，gotoAndStop()命令语句是将播放头跳转到特定的帧或标签，并停止播放动画。

> **事件**：是播放.swf 文件时发生的事件。例如，加载影片剪辑，播放头进入某个帧，操作者单击按钮或影片剪辑，以及操作者按下键盘按键，都会产生不同的事件。

> **对象**：是面向对象程序设计的核心和基本元素，对象把一系列的数据和操作该数据的代码封装在一起，从而使得程序设计者在编程时不必关心对象内部的设计。

例如，在 Flash 中，所有影片剪辑和按钮元件实例都属于对象。所有对象都有属于自己的属性和方法，有自己的名称（在每个程序中都是唯一的），某些对象还有一组与之相关的事件。

➤ **属性：** 用于定义对象的特性，如是否可见、颜色和尺寸等。例如，_visible 用于定义影片剪辑实例是否可见，所有影片剪辑实例都有此属性。

➤ **方法：** 是与对象相关的函数，通过这些函数可操纵对象或了解与对象相关的一些信息。例如，getBytesLoaded() 是影片剪辑对象的方法，用来指示加载的字节数。

➤ **内置对象：** 内置对象是在动作脚本语言中预先定义的。例如，内置的 Date 对象可以提供系统时钟的信息。

12.1.2 动作脚本语法规则

要使动作脚本能够正常运行，必须按照正确的语法规则进行编写。下面为大家介绍动作脚本的语法规则。

1. 区分大小写

在 Flash 中，所有关键字、类名、变量、方法名等均区分大小写。例如 play 和 PLAY 在动作脚本中被视为不同。

2. 点语法

在动作脚本中，点 "." 用于指示与对象或影片剪辑相关的属性或方法，它还用于标识影片剪辑、变量、函数或对象的目标路径。点语法表达式以对象或影片剪辑的名称开头，后面跟着一个点，最后以要指定的元素结尾，例如：

_root.js.js1.stop();

表示对主时间轴（-root）中 "js" 影片剪辑实例中的 "js1" 影片剪辑添加 stop() 语句。

3. 大括号、分号与小括号

➤ **大括号：** 大括号 "{}" 常用来划分函数、类和对象，也用来将程序分成一个个的板块等，如下例所示：

```
on (release) {
myDate = new Date();
currentMonth = myDate.getMonth();
}
```

➤ **分号：** 动作脚本语句以分号 ";" 结束，如下例所示：

```
var column = passedDate.getDay();
var row = 0;
```

➤ **小括号：** 在定义函数时，需要将所有参数都放在小括号中。

> 虽然在结束处不添加分号，Flash 仍然能够成功地运行脚本。但是，使用分号是一个良好的脚本撰写习惯。

4. 注释

通过在脚本中添加注释，有助于用户理解动作脚本的含义，并可以向其他开发人员提供信息。

要指示某一行或一行的某一部分是注释，只要在该注释前加两个斜杠 "//" 即可，如下所示：

```
on (release) {
// 创建新的 Date 对象
myDate = new Date();
currentMonth = myDate.getMonth();
// 将月份数转换为月份名称
monthName = calcMonth(currentMonth);
year = myDate.getFullYear();
currentDate = myDate.getDate();
}
```

5. 关键字

动作脚本保留一些单词用于该语言中的特定用途，例如变量、函数或标签名称，它们不能用作标识符，我们称其为关键字。以下列出了动作脚本的所有关键字：

break	case	class	continue
default	delete	dynamic	else
extends	for	function	get
if	implements	import	in
instanceof	interface	intrinsic	new
private	public	return	set
static	switch	this	typeof
var	void	while	with

12.1.3 动作脚本的添加位置

在 Flash 中，我们可以将动作脚本添加在关键帧、影片剪辑实例或按钮实例上。

将动作脚本添加到关键帧上时，只需选中关键帧，然后在"动作"面板中输入相关动作脚本即可，添加动作脚本后的关键帧会出现一个 "ɑ" 符号。如图 12-1 所示。

在影片剪辑和按钮实例上添加动作脚本时，需要用"选择工具" 选中舞台上的实例，然后在"动作"面板中为其添加脚本。

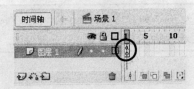

图 12-1　添加了动作脚本的关键帧

需要注意的是，只能为主时间轴或影片剪辑内的关键帧添加脚本，不能为图形元件和按钮实例内的关键帧添加脚本。

12.1.4　实例名称和路径

Flash 动作脚本的主要功能是制作交互动画，控制动画播放。这里所指的"交互"包括两个方面：一是人和动画的交互，浏览者能控制动画播放进程；二是动画内部各对象之间的交互，例如由一个影片剪辑实例控制另一个影片剪辑实例的播放。

要控制动画播放，必须为相关对象取一个名称，然后还要确定它们的位置，即路径，这样才能明确动作脚本是设置给谁。

1. 实例名称

这里所指的实例包括影片剪辑实例、按钮元件实例、视频剪辑实例、动态文本实例和输入文本实例，它们是 Flash 动作脚本面向的对象。在 Flash 中，无论这些对象在任何位置，都可以利用动作脚本找到它们，但前提是为实例取一个名称。

要定义实例的名称，只需使用"选择工具" 选中舞台上的实例，然后在"属性"面板中输入名称即可，如图 12-2 所示。

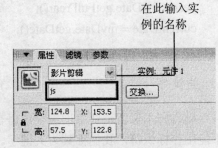

在此输入实例的名称

图 12-2　为实例定义名称

　　需要注意的是，在动画中，每个实例名称都是唯一的，不要为两个或两个以上的实例定义相同的名称，否则动作脚本在执行时会出现错误。

2. 绝对路径

在 Flash 主时间轴里可以放置多个影片剪辑实例，每个影片剪辑又都有它自己的时间轴，而且每个影片剪辑还可以包含多个子影片剪辑实例或按钮实例等。这样，在一个 Flash 动画中，就会出现层层叠叠的实例，因此，要利用动作脚本控制一个实例的播放，不仅需要知道该实例名称，还需要知道该实例的路径。

在 Flash 中，实例的路径分为绝对路径和相对路径。我们先来看绝对路径。

使用绝对路径时，不论在哪个影片剪辑中进行操作，都是从主时间轴（用_root 表示）出发，到影片剪辑实例，再到下一级子影片剪辑实例，一层一层地往下寻找，每个影片剪辑实例之间用"."分开。

例如：假设在主时间轴舞台上有一个影片剪辑实例名称为 js，在 js 实例中包含一个子影片剪辑实例 js1，在 js1 实例中还包含一个子影片剪辑实例 js2。

要对 js2 实例添加 stop();语句，应输入以下动作脚本：

_root.js.js1.js2.stop();

要对 js 添加 play();语句，应输入以下动作脚本：

_root.js.play();

3. 相对路径

相对路径是以当前实例为出发点，来确定其他实例的位置。

比如我们以上面的 js1 影片剪辑实例为例，为其添加 stop()语句。

在 js1 影片剪辑中，对它本身进行操作的动作脚本为：

this.stop();

对 js 实例进行操作，因为 js 是它的上一级（父级），所以动作脚本为：

_parent.stop();

对 js2 的操作，因为 js2 是它的子级，所以动作脚本为：

this.js2.stop();或者 js2.stop();

> 绝对路径比较好理解，并且绝对路径可以不必考虑你是在哪级影片剪辑中进行操作，只需从主时间轴（_root）出发，一层一层地往下找即可，因此，对于初学者来说，最好使用绝对路径。用相对路径必须清楚动作脚本是在哪级影片剪辑中写的，是作用于哪级影片剪辑。比较熟练时，使用相对路径会较快捷。

12.1.5 动作面板的使用

在 Flash 中添加或编辑动作脚本，都是通过"动作"面板进行的。选择"窗口">"动作"菜单项或按【F9】键，即可打开"动作"面板，如图 12-3 所示。

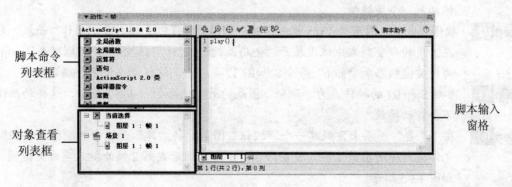

图 12-3 "动作"面板

"动作"面板包括以下 3 个组成部分。

➢ **脚本命令列表框**：分类列出了 Flash 中的所有动作脚本语句。

➢ **对象查看列表框**：用来查看动画中已添加脚本的对象的具体信息。

➢ **脚本输入窗格**：用来输入、编辑和查看动作脚本。

选择要添加脚本的对象后，在"动作"面板中可以通过两种方式输入动作脚本。

1. 普通输入

在"动作"面板中，用户可利用下列任意一种方法输入动作脚本。

➢ 展开"脚本命令列表框"中的动作脚本分类，双击需要添加的动作脚本语句。

➢ 展开"脚本命令列表框"中的动作脚本分类，将需要的动作脚本语句拖到脚本输入窗格。

➢ 直接在脚本输入窗格中输入要添加的动作语句。

➢ 单击脚本输入区上方的 按钮，从弹出的菜单中选择要添加的动作语句命令。

> 要查看、编辑或删除某个对象上的动作脚本，需要选中该对象，此时添加在该对象上的动作脚本会显示在脚本输入窗格，进行相关操作即可。

2. 利用脚本助手

Flash 8 的"动作"面板提供了"脚本助手"功能，当"脚本助手"处于激活状态时，Flash 会根据添加脚本的对象，以及添加的脚本的不同自动安排脚本格式，用户只需根据提示设置相关参数即可。

下面通过为第 10 章制作的 MTV 添加播放控制按钮，介绍利用"脚本助手"为对象添加动作脚本的方法。

Step 01 打开本书配套素材"素材与实例">"第 11 章"文件夹>"浪花一朵朵.fla"文档，在"声音"图层上方新建一个图层，命名为"命令"，然后在该图层第 1315 帧插入一个关键帧。

Step 02 确保"命令"图层第 1315 帧处于选中状态，按【F9】键打开"动作"面板，在左上角的命令列表中依次展开"全局函数">"时间轴控制"，然后双击"stop"为该关键帧添加"stop"命令，如图 12-4 所示，这样动画便不会循环播放。

Step 03 参照 Step 02 的操作，为"命令"图层的第 1 帧添加"stop"命令，这样动画便不会自动播放。

Step 04 在"声音"图层上方新建一个"按钮"图层，将"库"面板中的"播放按钮"元件拖到该图层第 1 帧，放在舞台右下角，然后在第 2 帧处插入空白关键帧，如图 12-5 所示。

图 12-4 为关键帧添加"stop"命令　　　　图 12-5 拖入播放按钮

Step 05 选中"播放按钮"按钮元件实例,在"动作"面板中单击"脚本助手",使其处于激活状态,然后在"动作"面板中双击"时间轴控制"下的"goto"命令,并在"帧"编辑框中输入"2",如图 12-6 所示。这样设置后,单击该按钮,动画将自动跳转到第 2 帧并播放。

在这里可以选择是转到并播放(相当于使用普通方法输入"gotoAndPlay"语句,参考 12.3 节内容)还是转到并停止(相当于使用普通方法输入"gotoAndStop"语句)

在这里设置命令目标的类型,通常选择帧编号,即第几帧

在这里可以设置转到哪个场景

在这里设置转到哪个帧

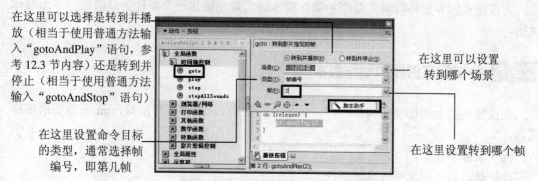

图 12-6 使用脚本助手输入"goto"命令

以上操作中,如果不使用脚本助手,则需要先为按钮元件实例输入事件处理函数 on (release) (表示单击并释放按钮),再输入 gotoAndPlay(2); (表示转到第 2 帧并播放)。可以看出,对于新手来说,使用脚本助手减少了输入难度。

Step 06 在"按钮"图层第 1315 帧处插入关键帧,然后将"库"面板中的"返回按钮"元件拖到舞台右下角位置,如图 12-7 所示。

Step 07 选中"返回按钮"按钮实例,打开"动作"面板,参照 Step 05 的操作,为按钮添加"goto"命令,并选择"转到并停止"单选钮,其他参数保持默认设置,如图 12-8 所示。这样设置后,单击该按钮,动画将转到第 1 帧并停止播放。至此实例就完成了,最终效果可参考本书配套素材"素材与实例" > "第 12 章"文件夹> "添加动作脚本.fla"。

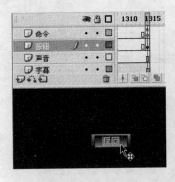

这个命令的意思是单击并释放按钮后，转到第1帧并停止播放

图 12-7　拖入返回按钮　　　　图 12-8　为按钮添加 "goto" 命令

12.2　添加动作脚本的方法

在 Flash 中可以为关键帧、按钮实例和影片剪辑实例添加动作脚本。为关键帧添加动作脚本比较简单，选中关键帧，然后在"动作"面板中输入相关命令语句便可以了。

为按钮实例和影片剪辑实例添加动作脚本时需要先添加一个事件处理函数，下面具体说明。

12.2.1　为按钮实例添加动作脚本

在按钮实例上添加动作脚本时，必须先为其添加 on 事件处理函数，on 函数的语法格式为：

on（鼠标事件）{

此处是语句，用来响应鼠标事件

}

例如，在一个按钮上添加如下脚本：

on（press）{

stop()；

}

这段脚本的意思是在按钮上发生按下鼠标的事件（press）时，停止（stop()；）播放动画。这里大括号{}中的内容是响应鼠标事件的语句块，必须为这些语句块添加上大括号。

在 Flash 中，鼠标事件主要有以下几种。

➢ **press**：表示在按钮上按下鼠标左键时触发动作。

➢ **release**：表示在按钮上按下鼠标左键，松开鼠标时触发动作。

➢ **releaseOutside**：在按钮上按下鼠标左键，接着将鼠标光标移至按钮外，松开鼠标时触发动作。

➢ **rollOver**：将鼠标光标放在按钮上时触发动作。

➢ **rollOut**：将鼠标光标从按钮上滑出时触发动作。

- ➢ **dragOver**：按着鼠标左键不松手，将鼠标光标滑入按钮时触发动作。注意 rollOver 是没有按下鼠标左键，这里是按下鼠标左键。
- ➢ **dragOut**：按着鼠标左键不松手，将鼠标光标滑出按钮时触发动作。
- ➢ **keyPress**：其后的文本框处于可编辑状态，在其中按下相应的键输入键名，以后 当按下该键时可触发动作。

同一个按钮实可以被附加许多不同的事件处理程序段，下面以一个小实例进行说明。

Step 01 打开本书配套素材"素材与实例">"第 12 章"文件夹>"为按钮添加脚本.fla" 文档，会发现舞台中是一段动画补间动画，并且在"背景"图层上有一个按钮 实例，如图 12-9 所示。

Step 02 利用"选择工具" ▶单击选中按钮实例，打开"动作"面板，依次展开"全局 函数">"影片剪辑控制"，然后双击"on"命令，此时在脚本输入窗格将出现 图 12-9 右图所示画面，这里我们单击"press"，表示按下鼠标左键时触发动作。

图 12-9　打开素材文档和输入 on 事件处理函数

Step 03 将鼠标光标放置在第 2 个大括号左侧，然后在"动作"面板中依次展开"全局 函数">"时间轴控制"，并双击"stop"命令，表示按下按钮时停止播放动画， 如图 12-10 左图所示；将鼠标光标放置在第 2 个括号下面，并参考前面介绍的 方法输入"on(release)"事件处理函数和"play"命令，如图 12-10 右图所示。

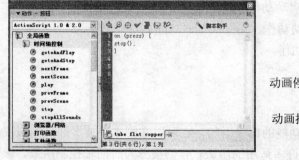 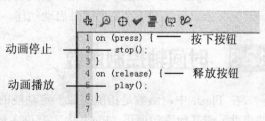

图 12-10　输入其他动作脚本

Step 04 按【Ctrl+Enter】组合键测试影片，我们会发现当按下鼠标左键时动画暂停，当释放鼠标左键后，动画继续播放。

> 输入脚本命令后，可单击"语法检查"按钮✔进行测试，检测结果会显示在"输出"面板中，如果没有错误，则会弹出图 12-11 所示的对话框。此外，如果在"脚本助手"状态下输入"on"事件处理函数，可以在"动作"上方的列表中选择按钮在什么事件下触发动作，如图 12-12 所示。

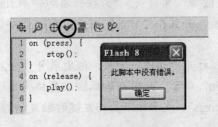

图 12-11　对脚本进行检测

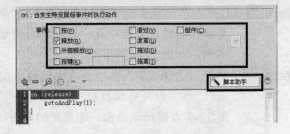

图 12-12　指定触发事件

12.2.2　为影片剪辑实例添加动作脚本

在影片剪辑实例上添加动作脚本命令语句时，必须先为其添加 onClipEvent 事件处理函数。onClipEvent 函数的语法格式为：

onClipEvent (系统事件) {

　　此处是语句，用来相应事件

}

Flash 中系统事件主要有以下几种。

➢ **Load**：载入影片剪辑时，启动大括号内的动作。

➢ **unload**：在时间轴中删除影片剪辑实例之后，启动大括号内的动作。

➢ **enterFrame**：只要影片剪辑在播放，便会不断地启动大括号内的动作。

➢ **mouseMove**：每次移动鼠标时启动动作。

➢ **mouseDown**：当按下鼠标左键时启动动作。

➢ **mouseUp**：当释放鼠标左键时启动动作。

➢ **keyDown:** 当按下某个键时启动动作。

➢ **keyUp:** 当释放某个键时启动动作。

12.3　时间轴控制函数

在 Flash 中，函数是指能完成一定功能的命令语句，它可以在脚本中被事件（例如按钮事件）或其他语句调用。Flash 内置有许多适用的函数，它们被分为时间轴控制函数、影片剪辑函数、浏览器\网络函数等类型。每一类函数都有自己独特的功能，本节将介绍时间轴控制函数。

时间轴控制函数用来控制动画中时间轴（播放头）的播放进程，我们前面接触过的语句：play、stop、gotoAndPlay、gotoAndStop 都属于时间轴控制函数。时间轴控制函数可以加在关键帧、按钮实例、影片剪辑实例上。需要注意的是，每一个函数都需要以()和分号;结尾。

在"动作"面板中展开"全局函数">"时间轴控制"，可以看到 Flash 内置有哪些时间轴控制函数，如图 12-13 所示。

图 12-13　时间轴控制函数

1. stop();

stop 语句的作用是将动画停止在当前帧。例如，为某按钮添加如下动作脚本，则单击并释放按钮后，动画将在当前位置停止播放。

```
on(release){
stop ();
}
```

2. play();

play 语句的作用是使停止播放的动画从当前位置继续播放。例如，为某按钮添加如下动作脚本，则单击并释放按钮后，停止播放的动画将从当前帧开始继续播放。

```
on(release){
play ();
}
```

3. gotoAndPlay(scene,frame);

gotoAndPlay 语句通常加在关键帧或按钮实例上，作用是当动画播放到某帧或单击某按钮时，跳转到指定的帧并从该帧开始播放。

其中，frame 表示将播放头跳转到哪个帧，可以是帧标签或具体第几帧；scene 表示跳转到哪个场景。如果动画中只有一个场景，则输入帧数或帧标签即可。例如，把下面的语句加在某关键帧上，表示动画播放到该关键帧时，跳转到第 10 帧并开始播放。

gotoAndPlay(10);

选中某关键帧后，可从"属性"面板的"帧"文本框中为其输入一个帧标签。

4. gotoAndStop(scene,frame);

gotoAndStop 的作用是当播放头播放到某帧或单击某按钮时，跳转到指定的帧并从该帧停止播放。其语法格式和使用方法同 gotoAndPlay 语句相同。

5. nextFrame();

从当前帧跳转到下一帧并停止播放。例如，为某按钮添加如下脚本，这样单击并释放按钮后，动画将从当前帧跳到下一帧并停止播放。

```
on(release){
nextFrame();
}
```

6. prevFrame();

从当前帧跳转到前一帧并停止播放。其使用方法同 nextFrame();语句相同。

7. nextScene();

跳转到下一个场景并停止播放。当有多个场景时，可以使用此命令使各场景产生交互。

8. prevScene();

跳转到前一个场景并停止播放。

9. stopAllSounds();

在不停止播放动画的情况下，使当前播放的所有声音停止播放。利用这个命令可以制作静音按钮。例如，为某按钮添加如下脚本，这样单击并释放按钮后，将停止播放动画中的声音。

```
on(release){
stopAllSounds();
}
```

12.4 影片剪辑属性和控制函数

利用影片剪辑属性和影片剪辑控制函数可以制作一些特效动画，例如炫目效果、鼠标拖动效果、下雨效果和下雪效果等。

12.4.1 影片剪辑属性

影片剪辑属性是指舞台上的影片剪辑实例属性。制作动画时，利用动作脚本设置影片剪辑实例的属性，能让它们在动画播放过程中自身产生变化，从而制作出多姿多彩的动画特效。

下面是一些常用的影片剪辑属性。

➢ **_alpha**：影片剪辑实例的透明度。有效值为 0（完全透明）到 100（完全不透明）。默认值为 100。例如：js._alpha=30;，表示将"js"实例的透明度设置为 30%。

➢ **_rotation**：影片剪辑实例的旋转角度（以度为单位）。从 0 到 180 的值表示顺时针旋转，从 0 到-180 的值表示逆时针旋转。不属于上述范围的值将与 360 相加或相减以得到该范围内的值。例如：语句 js._rotation=450;与 js._rotation=90;相同。

➢ **_visible**：确定影片剪辑实例的可见性，当影片剪辑实例的_visible 值是 true（或者为 1）时，实例可见；当实例的_visible 值是 false（或者为 0）时，实例不可见。

➢ **_height**：影片剪辑实例的高度（以像素为单位）。例如：js._height=40;，表示将"js"实例的高度设置为 40 像素。

➢ **_width**：影片剪辑实例的宽度（以像素为单位）。例如：js._width=50;，表示将"js"实例的宽度设置为 50 像素。

➢ **_xscale**：影片剪辑实例的水平缩放比例。例如：js._xscale =60;，表示将"js"实例的宽度缩小为原来的 60%。

➢ **_yscale**：影片剪辑实例的垂直缩放比例。例如：js._yscale =80;，表示将"js"实例的高度缩小为原来的 80%。

当_xscale 和_yscale 的值在 0～100 之间时，是缩小影片剪辑；当_xscale 和_yscale 的值大于 100 时，是放大原影片剪辑；当_xscale 或_yscale 为负时，为水平或垂直翻转影片剪辑并进行缩放。

➢ **_x**：影片剪辑在舞台上的 x 坐标（整数，以像素为单位），例如 zh._x=120;，表示将"zh"实例在舞台上的 x 坐标变为 120。

➢ **_y**：影片剪辑在舞台上的 y 坐标（整数，以像素为单位）。例如 zh._y=240;，表示将"zh"实例在舞台上的 y 坐标变为 240。

12.4.2　影片剪辑控制函数

影片剪辑控制函数是用来控制影片剪辑的命令语句，在"动作"面板中展开"全局函数">"影片剪辑控制"，可以看到 Flash 内置的影片剪辑控制函数，如图 12-14 所示。on 和 onClipEvent 函数已经在前面介绍过，下面介绍其他重要语句的应用。

图 12-14　影片剪辑控制函数

1. duplicateMovieClip();

duplicateMovieClip 语句的作用是复制影片剪辑，它经常被用来制作下雨、下雪等效果。其语法格式为：

duplicateMovieClip（目标，新名称，深度）；

相关参数的意义如下：

➢ **目标**：要复制的影片剪辑的名称和路径。

➢ **新名称**：复制后的影片剪辑实例名称。

➢ **深度：** 被复制影片剪辑的堆叠顺序编号。每个复制的影片剪辑都必须设置唯一的深度，否则后来复制的影片剪辑将替换以前复制的影片剪辑。新复制的影片剪辑总是在原影片剪辑的上方。

例如，在主场景时间轴上有一个名称为 bin 的影片剪辑实例，如果要在动画播放到第 50 帧时复制出一个该影片剪辑实例，可在第 50 帧插入关键帧，并输入如下脚本：

```
duplicateMovieClip("bin","bin2",2);
```

2. setProperty();

setProperty 语句用来设置影片剪辑属性，格式为：

setProperty("目标",属性,值);

相关参数的意义如下：

➢ **目标：** 需要设置属性的影片剪辑实例路径和实例名。

➢ **属性：** 要控制影片剪辑属性，如透明度、可见性、放大比例等。

➢ **值：** 属性对应的值。例如：

setProperty("_root.js.js1", _alpha, 40);

表示把实例 js 的子实例 js1 的透明度设置为 40%。

3. getProperty();

getProperty 语句用来获取某个影片剪辑实例的属性。常常用来动态地设置影片剪辑实例属性，格式为：

getProperty("目标"，属性);

相关参数的意义如下：

➢ **目标：** 被取属性的影片剪辑实例名称。

➢ **属性：** 取得何种属性。例如：

setProperty("_root.bm",_x, getProperty("_root.js",_x));

表示将影片剪辑实例 js 的 x 坐标设置为实例 bm 的 x 坐标。或者说，取得影片剪辑实例 js 的纵坐标值，并把这个值作为 bm 的纵坐标值。

4. removeMovieClip();

removeMovieClip 语句用来删除用 duplicateMovieClip 语句复制的影片剪辑实例，其格式为：

removeMovieClip("复制的影片剪辑实例路径和名称");

5. startDrag();

startDrag 语句用来在播放动画时，拖拽影片剪辑实例，格式为：

名称.startDrag(锁定, 左,上,右,下);

相关参数的意义如下：

➤ **名称**：要拖拽的影片剪辑实例名称和路径。

➤ **锁定**：表示拖动时中心是否锁定在鼠标，ture 表示锁定，false 表示不锁定。

➤ **左、上、右、下**：设置拖拽的范围，注意该范围是相对于未被拖动前的影片剪辑实例而言。

除名称外，后面几个参数可以设置，也可以不设置。例如：js.startDrag();，表示可以任意拖动当前舞台中的 js 实例。

6. stopDrag();

stopDrag 语句用来停止拖动舞台上的影片剪辑实例，格式为：

stopDrag();

12.5 浏览器/网络函数

浏览器/网络函数主要用来控制动画的播放窗口，以及链接网站。这里只介绍比较常用的 getURL 语句和 fscommand 语句。

1. getURL();

getURL 语句可为按钮或其他事件添加网页网址，也可以用来向其他应用程序传递变量，格式为：

getURL("网址","窗口","变量");

➤ **网址**：在其中输入要链接的网址，必须在网址前面加上 http://，否则无法链接。

➤ **窗口（可选参数）**：选择以什么方式打开网页，其中 "_self" 表示在当前浏览器窗口中打开网页；"_blank" 表示在新窗口打开网页；"_parent" 表示在上一级浏览器窗口打开网页；"_top" 表示在当前浏览器上方打开网页。

➤ **变量（可选参数）**：用来规定参数的传输方式，其中 "用 GET 方式发送" 表示将参数列表直接添加到 url 之后，与之一起提交，一般适用于参数较少且简单的情况；"用 POST 方式发送" 表示将参数列表单独提交，在速度上会慢一些，但不容易丢失数据，适用于参数较多较复杂的情况。

比如，要单击某个按钮打开百度网站，可为其添加如下脚本：

```
on(release){
    getURL("http://www.baidu.com");
}
```

2. fscommand();

fscommand 命令主要用来控制动画播放窗口。比如把光盘放入光驱后，光盘自动运行，接着便是一段 Flash 制作的开场动画，动画是全屏播放的，且右键单击无效，动画播放结束后，出现 "关闭" 按钮，单击该按钮后，全屏动画关闭。这个效果中的全屏播放、右键单击无效以及单击按钮退出全屏都是靠 fscommand 命令实现。其格式为：

fscommand(命令，参数);

表 12-1 所示为 fscommand 命令可以执行的命令和参数。

表 12-1　fscommand 命令相关参数

命令	参数	功能说明
quit	没有参数	关闭动画播放器
fullscreen	true 或 false	用于控制是否让影片播放器成为全屏播放模式，true 为是，false 为不是
allowscale	true 或 false	false 让动画画面始终以 100% 的方式呈现，不会随着播放器窗口的缩放而跟着缩放；true 则正好相反
showmenu	true 或 false	true 表示当用户在动画画面上右击时，可以弹出带全部命令的快捷菜单，false 则表示快捷菜单里只显示 "About Shockwave" 信息
exec	应用程序的路径	从播放器执行其他应用软件
trapallkeys	true 或 false	用于控制是否让播放器锁定键盘的输入，true 为是，false 为不是。这个命令通常用在全屏幕播放的时候，避免用户按下【Esc】键解除全屏播放

　　fscommand 命令语句可以用在关键帧、影片剪辑或按钮实例上。例如要实现让动画以全屏播放、按 Esc 键无法取消全屏、鼠标右击不显示相关命令、动画播完后单击 "退出" 按钮退出动画的效果，可以执行下面操作实现。

Step 01 在动画主场景第 1 帧输入脚本：

Fscommand ("fullscreen","true");

Fscommand ("trapallkeys ","true");

Fscommand ("showmenu","false");

Step 02 在动画结束帧上放置一个 "退出" 按钮实例，并为实例输入脚本：

on(release) {

fscommand ("quit");

}

　　fscommand 命令只有在 Flash 播放器中才有效，把动画发布成网页文件时，此命令无法发挥它的功能。

综合实例 1——扬帆远航

　　下面通过制作图 12-15 所示的扬帆远航动画来熟悉动作面板、实例名称以及绝对路径的应用。

制作分析

　　打开素材文档后，先为影片剪辑实例定义名称，然后在各个影片剪辑的第 1 帧添加 "stop" 命令，最后为主场景中的影片剪辑实例添加动作脚本，完成制作。

动画开始是静止的，单击播放界面后出现风浪和帆船

制作步骤

Step 01 打开本书配套素材 "素材与实例" > "第 12 章" 文件夹> "帆船素材.fla" 文档，会发现舞台中有一个 "扬帆远航" 影片剪辑实例，如图 12-16 所示。

图 12-15　扬帆远航

Step 02 使用 "选择工具" 选中 "扬帆远航" 影片剪辑实例，在 "属性" 面板中将其实例名称定义为 "hp"，如图 12-17 所示。

图 12-16　舞台中的影片剪辑实例

图 12-17　输入实例名称

Step 03 双击 "扬帆远航" 影片剪辑实例进入其编辑状态，将 "海浪 1" 图层上的影片剪辑实例命名为 "h1"、"海浪 2" 图层上的影片剪辑实例命名为 "h2"、"海浪 3" 图层上的影片剪辑实例命名为 "h3"、"船" 图层上的影片剪辑实例命名为 "h4"，如图 12-18 所示。

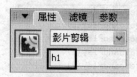  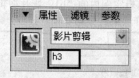 

图 12-18　为各图层的影片剪辑实例定义实例名称

Step 04 双击 "库" 面板中的 "海浪 1" 影片剪辑进入其编辑状态，选中影片剪辑中的第 1 帧，然后打开 "动作" 面板，为该关键帧添加 "stop" 命令，如图 12-19 所示。利用同样的方法为 "海浪 2"、"海浪 3" 和 "航行" 影片剪辑的第 1 帧

添加"stop"命令。

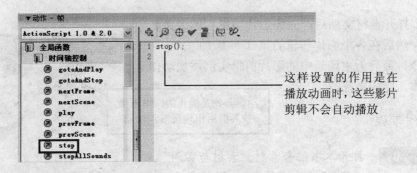

这样设置的作用是在播放动画时,这些影片剪辑不会自动播放

图 12-19　添加"stop"命令

Step 05 单击舞台左上角的 场景1 按钮返回主场景,选中"扬帆远航"影片剪辑实例,打开"动作"面板,确认"脚本助手"处于激活状态,为影片剪辑实例添加"goto"命令,并设置"帧"为"2";在脚本输入窗格中选中"onClipEvent (load)",然后在参数设置区选择"鼠标向下"单选钮,如图 12-20 所示。

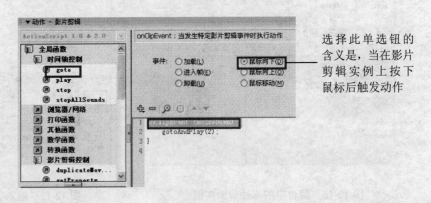

选择此单选钮的含义是,当在影片剪辑实例上按下鼠标后触发动作

图 12-20　为影片剪辑实例添加动作脚本

Step 06 取消"脚本助手"的激活状态,然后将第 2 行的脚本命令更改为图 12-21 所示的内容;接着在第 2 行命令的下方再输入 3 条图 12-22 所示的语句。

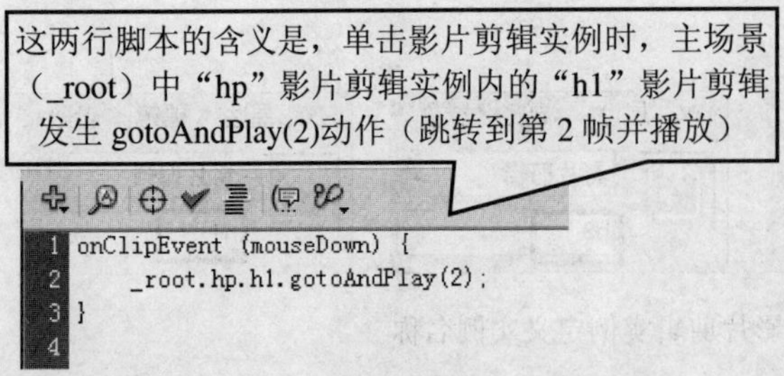

这两行脚本的含义是,单击影片剪辑实例时,主场景(_root)中"hp"影片剪辑实例内的"h1"影片剪辑发生 gotoAndPlay(2)动作(跳转到第 2 帧并播放)

```
1  onClipEvent (mouseDown) {
2      _root.hp.h1.gotoAndPlay(2);
3  }
4
```

```
1  onClipEvent (mouseDown) {
2      _root.hp.h1.gotoAndPlay(2);
3      _root.hp.h2.gotoAndPlay(2);
4      _root.hp.h3.gotoAndPlay(2);
5      _root.hp.fc.gotoAndPlay(2);
6
7
```

图 12-21　控制"海浪 1"影片剪辑的播放 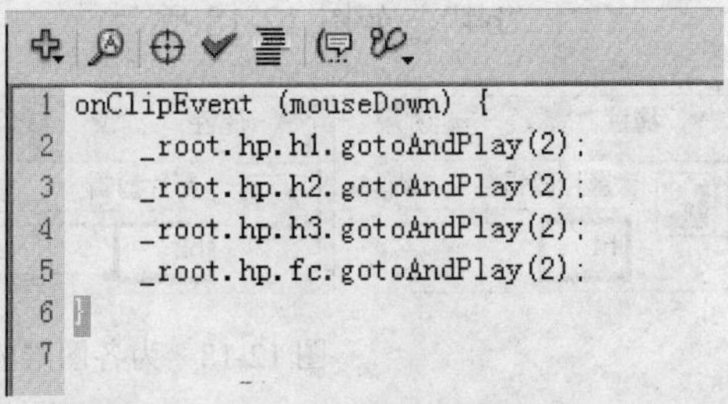　　　　图 12-22　控制多个影片剪辑的播放

Step 07 输入完毕后,单击"语法检查"按钮 ✔ 进行测试,确认无误后按【Ctrl+Enter】

组合键测试影片，我们会看到动画开始是静止的，单击播放界面后出现风浪和帆船。本例最终效果可参考本书配套素材"素材与实例"＞"第 12 章"文件夹＞"扬帆远航.fla"。

综合实例 2——制作下雪效果

下面通过制作图 12-23 所示的下雪效果，以进一步了解影片剪辑属性和控制函数的使用。

制作分析

本例主要使用了用于复制影片剪辑的 duplicateMovieClip 语句、用于设置影片剪辑属性的

图 12-23 下雪效果

setProperty 语句、用于更新舞台的 updateAfterEvent 语句，以及用于声明用户定义函数的 function 语句等，这里重点要掌握的是 duplicateMovieClip 语句和 setProperty 语句的使用。

制作步骤

Step 01 新建一个 Flash 文档，设置舞台尺寸为 550×400 像素，背景颜色为黑色。将本书配套素材"素材与实例"＞"第 12 章"文件夹＞"雪景.jpg"文件导入到舞台，并使其与舞台对齐，如图 12-24 所示。

Step 02 将"图层 1"重命名为"背景"，在"背景"图层上新建一个图层，命名为"雪花"，如图 12-25 所示。

图 12-24 导入位图

图 12-25 新建"雪花"图层

Step 03 选择"刷子工具"，将"填充颜色"设为白色，在"雪花"图层上绘制一个白点，并将其转换为名为"雪花"的图形元件，如图 12-26 所示。

Step 04 选中"雪花"图层上的"雪花"元件实例，按【F8】键将其转换为名为"下雪"的影片剪辑，如图 12-27 所示。

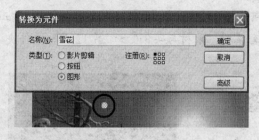

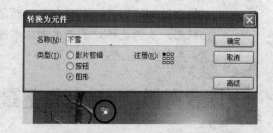

图 12-26　创建图形元件　　　　　　　　　　图 12-27　创建影片剪辑

Step 05 双击"下雪"影片剪辑实例进入其编辑状态，在"图层 1"第 15 帧处插入关键帧，然后将第 1 帧上的元件实例移动到舞台左上角，将第 15 帧上的元件实例移动到舞台左下方，之后在第 1 帧和第 25 帧之间创建动画补间动画，如图 12-28 所示。

Step 06 在"图层 1"上方新建"图层 2"，在"图层 2"第 26 帧处插入关键帧，并为其添加"stop"命令，如图 12-29 所示。这样设置的作用是让雪花下落的动画只播放一次。

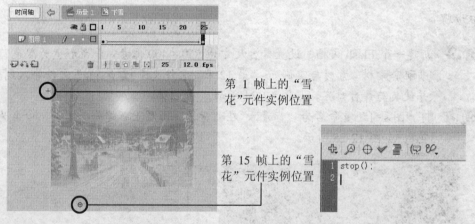

第 1 帧上的"雪花"元件实例位置

第 15 帧上的"雪花"元件实例位置

图 12-28　创建动画补间动画　　　　　　　图 12-29　为关键帧添加"stop"命令

Step 07 按【Ctrl+E】组合键返回主场景，选中"下雪"影片剪辑实例，在"属性"面板中将其"实例名称"设为"xh"，如图 12-30 所示。

Step 08 在所有图层第 60 帧处插入普通帧，然后在"雪花"图层上方新建一个图层，将其命名为"命令"，如图 12-31 所示。

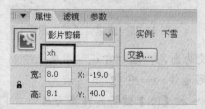

图 12-30　为影片剪辑实例设置"实例名称"　　图 12-31　新建图层

Step 09 在"命令"图层第 2 帧处插入关键帧，然后为其输入图 12-32 所示的动作脚本。

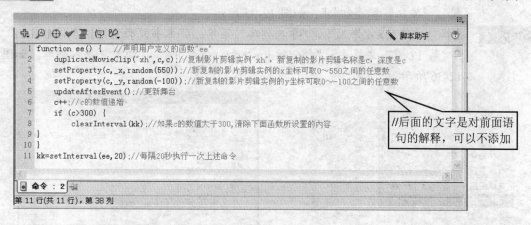

```
1  function ee() {      //声明用户定义的函数"ee"
2      duplicateMovieClip("xh",c,c);//复制影片剪辑实例"xh"，新复制的影片剪辑名称是c，深度是c
3      setProperty(c,_x,random(550));//新复制的影片剪辑实例的x坐标可取0～550之间的任意数
4      setProperty(c,_y,random(-100));//新复制的影片剪辑实例的y坐标可取0～-100之间的任意数
5      updateAfterEvent();//更新舞台
6      c++;//c的数值递增
7      if (c>300) {
8          clearInterval(kk);//如果c的数值大于300,清除下面函数所设置的内容
9      }
10  }
11  kk=setInterval(ee,20);//每隔20秒执行一次上述命令
```

//后面的文字是对前面语句的解释，可以不添加

命令：2

第 11 行(共 11 行)，第 38 列

图 12-32　为关键帧添加动作脚本

Step 10 选中"命令"图层的第 1 帧，然后为其添加图 12-33 所示的动作脚本。至此实例就完成了，最终效果可参考本书配套素材"素材与实例" > "第 12 章"文件夹> "下雪效果.fla"。

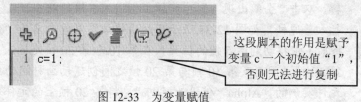

```
1  c=1;
```

这段脚本的作用是赋予变量 c 一个初始值"1"，否则无法进行复制

图 12-33　为变量赋值

综合实例 3——链接网站

下面通过制作图 12-34 所示的可以链接网站的 Flash 动画，进一步了解浏览器/网络函数的使用。

制作分析

首先新建 Flash 文档，并导入位图，利用该位图制作渐显动画，再为关键帧添加动作脚本，使在动画画面上右击时只显示"About Shockwave"信息。接着制作一个覆盖整个舞台的透明按钮，并为其添加动作脚本，使单击按钮后链接到指定网站。

图 12-34　链接网站

制作步骤

Step 01 新建一个大小为 300×120 像素、"背景颜色"为深棕色（#2A240C）的 Flash

文档，在"图层1"上方新建3个图层，将4个图层分别命名为"文字"、"企鹅"、"按钮"和"命令"，如图 12-35 所示。

Step 02 选择"文件">"导入">"导入到库"菜单，将本书配套素材"素材与实例">"第 12 章"文件夹>"金企鹅.jpg"和"企鹅.jpg"图像文件导入到库，如图 12-36 所示。

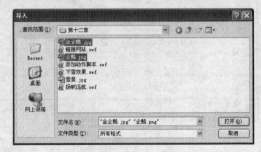

图 12-35　新建图层　　　　　　　　　　　　　图 12-36　导入位图

Step 03 将"企鹅"图片拖到"企鹅"图层的舞台中心位置，并将其转换为名为"企鹅"的图形元件，选中"企鹅"元件实例，将其转换为名为"企鹅出现"的影片剪辑，双击"企鹅出现"影片剪辑实例进入其编辑状态，在"图层1"第 30 帧处插入普通帧，如图 12-37 所示，然后将该图层重命名为"企鹅"。

Step 04 将第 1 帧移动到第 5 帧的位置，在第 10 和第 20 帧处插入关键帧，在第 5 帧和第 10 帧之间以及第 10 帧与第 20 帧之间创建动画补间动画，然后将第 5 帧上元件实例的"Alpha"值设为"0%"，将第 20 帧上的元件实例向右移动，如图 12-38 所示。

图 12-37　创建影片剪辑并插入普通帧　　　　　图 12-38　创建动画补间动画

Step 05 在"企鹅出现"影片剪辑"企鹅"图层第 30 帧插入关键帧，然后打开"动作"面板，为其添加"stop"命令，如图 12-39 所示。

Step 06 返回主场景，将"金企鹅"图像从"库"面板中拖到"文字"图层的舞台中间偏左位置，然后将其转换为名为"文字"的图形元件；选中"文字"元件实例，将其转换为名为"文字出现"的影片剪辑；双击"文字出现"影片剪辑实例进入其编辑状态，将"图层1"重命名为"文字"，然后在"文字"层第 30 帧插入普通帧，如图 12-40 所示。

图 12-39　为关键帧添加 "stop" 命令　　　　图 12-40　创建影片剪辑并插入普通帧

Step 07　将第 1 帧移动到第 20 帧的位置，在第 25 帧处插入关键帧，然后在第 20 帧与第 25 帧之间创建动画补间动画；将第 20 帧上的元件实例的 "Alpha" 值设为 "0%"，制作渐显效果；在第 30 帧处插入关键帧，并为其添加 "stop" 命令，如图 12-41 所示。

Step 08　返回主场景，利用 "矩形工具" ▢，在 "按钮" 图层中绘制一个覆盖整个舞台的任意颜色的矩形，然后将其转换为名为 "透明按钮" 的按钮元件，如图 12-42 所示。

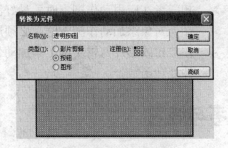

图 12-41　创建渐显效果　　　　　　　　　图 12-42　创建按钮元件

Step 09　双击 "按钮" 图层上的 "透明按钮" 按钮实例进入其编辑状态，然后将 "弹起" 帧拖动到 "点击" 帧，如图 12-43 所示。

Step 10　返回主场景，选中 "按钮" 图层上的按钮实例，打开 "动作" 面板，为其添加图 12-44 所示的动作脚本。

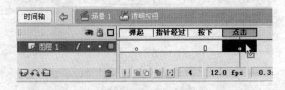

图 12-43　制作透明按钮　　　　　　　　　图 12-44　为按钮添加动作脚本

Step 11　选中 "命令" 图层第 1 帧，然后打开 "动作" 面板，为其添加图 12-45 所示的动作脚本，至此实例就完成了。本例最终效果可参考本书配套素材 "素材与实例" > "第 12 章" 文件夹> "链接网站.fla"。

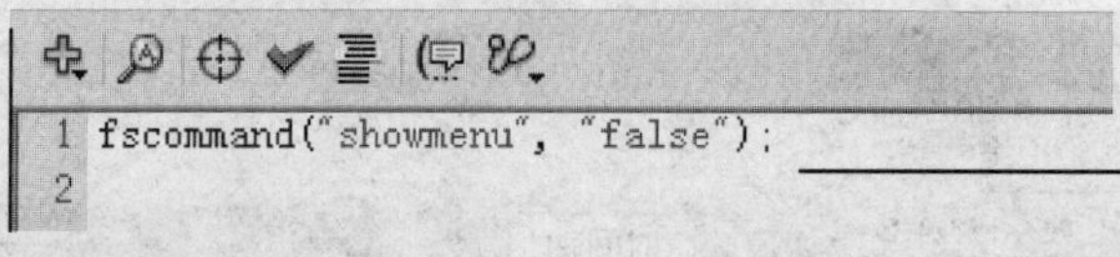

```
 ⊕ ⊕ ⊕ ✓ 〓 〒 ⊗
1 fscommand("showmenu", "false");
2
```

这段脚本的意思是，播放动画时在播放窗口中右击鼠标，只会显示"About Shockwave"信息

图 12-45 为关键帧添加动作脚本

温馨提示 在利用【Ctrl+Enter】组合键测试影片时，fscommand 命令并不起作用，要使用 FlashPlaye 播放器打开.swf 文件后该命令才会生效。

本章小结

本章主要介绍了动作脚本的基本概念、语法规则，以及时间轴控制函数、影片剪辑控制函数、浏览器/网络函数等常用的 Flash 脚本语句。在 Flash 中使用动作脚本时，需要注意以下事项。

> 为元件实例设置实例名称、绝对路径或相对路径后，才能明确将动作脚本设置给哪个对象。

> 初学者在应用动作脚本时，最好激活"脚本助手"。

> 在为对象添加动作脚本时，必须严格遵照动作脚本的格式。

> 在按钮或影片剪辑实例上添加动作脚本时，必须先为其添加 on 或 onClipEvent 事件处理函数。

思考与练习

一、填空题

1. 在 Flash 中，我们可以将动作脚本添加在_____、_____和_____上。
2. 在 Flash 中输入和编辑脚本，都是在_____面板中完成的，按_____键可打开该面板。
3. 在按钮实例上添加动作脚本时，必须先为其添加_____事件处理函数。
4. 在影片剪辑实例上添加动作脚本时，必须先为其添加_____事件处理函数。
5. _____是在播放.swf 文件时指示.swf 文件执行某些任务的语句。

二、选择题

1. 下列说法错误的是（　　）。
   A. 在 Flash 动作脚本中，所有关键字、类名、变量、方法名等均区分大小写
   B. 属性用于定义对象的特性，如是否可见、颜色和尺寸等
   C. 动作脚本语句必须以分号";"结束，否则无法正常运行
   D. 在定义函数时，需要将所有参数都放在小括号中

2．用于拖拽影片剪辑实例的脚本命令是（　　　）。

　　　A．duplicateMovieClip　　B．getProperty　　C．startDrag　　D．removeMovieClip

3．（　　　）语句可为按钮或其他事件添加网页网址。

　　　A．getURL　　　　　B．fscommand　　　　C．setProperty　　　D．stopDrag

4．（　　　）命令可以将动画跳转到指定的帧并停止播放。

　　　A．gotoAndPlay　　　B．gotoAndStop　　　C．stop　　　　D．play

5．（　　　）命令可以停止动画中所有声音的播放。

　　　A．stopSounds　　　B．stopAllSounds　　　C．stopallsounds　　D．stopsounds

三、操作题

运用本章所学知识，制作图 12-46 所示的拖拽效果。本题最终效果可参考本书配套素材"素材与实例"＞"第 12 章"文件夹＞"拖拽.fla"。

提示：

（1）新建一个 Flash 文档，导入本书配套素材"素材与实例"＞"第 12 章"文件夹＞"图片.jpg"文件，在"图层 1"上方新建"图层 2"，将"图层 1"上的位图原位复制到"图层 2"并适当放大。

（2）在"图层 2"上方新建"图层 3"，然后在"图层 3"上绘制一个正圆，并将其转换为名为"正圆"的影片剪辑。

图 12-46　拖拽

（3）选中"图层 3"上的影片剪辑实例，然后在"动作"面板中输入如下命令：

```
onClipEvent (mouseDown) {
    startDrag("", true);
}
onClipEvent (mouseUp) {
    stopDrag();
}
```

(这段脚本表示当按下鼠标左键后，可以拖动影片剪辑实例，当释放鼠标左键后结束拖动)

（4）最后将"图层 3"转换为遮罩图层，实例就完成了。

第 13 章

动画的输出与发布

本章内容提要

- 测试 Flash 作品 274
- 优化 Flash 作品 276
- 导出 Flash 作品 277
- 发布 Flash 作品 280
- 上传 Flash 作品 282

章前导读

　　要让别人欣赏你制作的 Flash 动画，需要将其导出或发布成 .swf 格式的影片，而且最好上传到 Internet 上。此外，我们还可以将动画发布为静态图像或 GIF 动画，甚至网页等。不过，为了让别人能更好地欣赏你的作品，在导出或发布动画之前，最好先测试和优化一下。本章便来介绍这些知识。

13.1　测试 Flash 作品

　　测试动画的目的是为了检查 Flash 作品在本地电脑和 Internet 上的播放效果。为了让别人能更好地欣赏你的作品，在导出或发布动画前最好先测试一下。测试 Flash 动画时，我们应考虑以下几个方面。

➢　在本地电脑上，FLash 动画的播放效果是否同预期一样。

➢　Flash 动画的体积是否已经是最小状态，是不是还可以更小。

➢　是否能在网络环境下正常地下载和观看 Flash 动画。

下面以测试第 8 章演示过的"多场景"动画为例，介绍测试动画的具体方法。

Step 01　打开本书配套素材"素材与实例">"第 8 章"文件夹>"多场景.fla"文档，然后按下【Ctrl+Enter】组合键测试动画在本地电脑中的播放效果。

Step 02　要测试动画在 Internet 的播放效果，可在动画播放窗口中选择"视图">"下载设置"菜单项，选择一个模拟下载速度，本例选择"56K（4.7KB/s）"，如图 13-1 所示。

Step 03 选择"视图">"模拟下载"菜单项，可启动或关闭模拟下载功能。启动模拟下载功能后，动画的播放情况便是根据设置的传输速率，在网络上的实际播放情况，如图 13-2 所示。

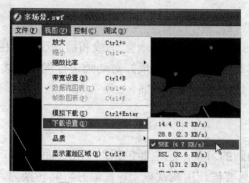 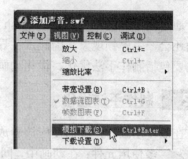

图 13-1 选择模拟下载速度　　　　　图 13-2 启动或关闭模拟下载功能

Step 04 选择"视图">"带宽设置"菜单项，再选择"视图">"数据流图表"菜单项，将出现一个图表，我们可以通过图表右侧窗格查看各帧数据下载情况，此时选择任意一帧，播放将停止，可从左边窗格中查看该帧详细信息，如图 13-3 所示。

查看文件尺寸、播放速度、文件大小、文件总播放时间、文件播放时预先加载时间

当前网络传输条件

当前帧的位置和当前帧的数据量

选择帧

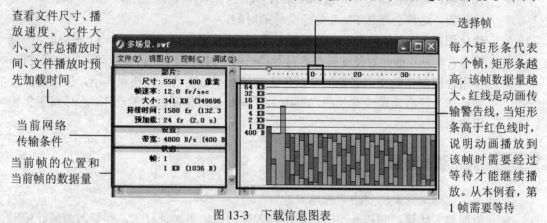

每个矩形条代表一个帧，矩形条越高，该帧数据量越大。红线是动画传输警告线，当矩形条高于红色线时，说明动画播放到该帧时需要经过等待才能继续播放。从本例看，第 1 帧需要等待

图 13-3 下载信息图表

Step 05 选择"视图">"帧数图表"菜单项，可查看哪个帧需要比较多的时间传输，如图 13-4 所示。

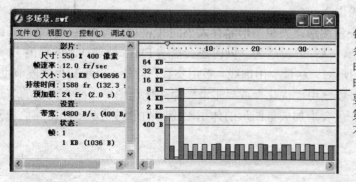

每个矩形条代表一个帧，矩形条越高，该帧在网络上传输的时间越长。当矩形条超过红线时，说明动画播放到该帧时需要经过等待才能继续播放。在第 1 帧等待加载是很正常的，不用对动画做任何修改

图 13-4 帧数图表

Step 06 测试完毕后，可记下矩形条超过红线的帧，并返回动画文档，对相关帧做相应的修改，以方便在网络上播放。关闭动画播放界面即可返回动画文档。

13.2 优化 Flash 作品

通过刚才的测试可以看出 Flash 文件体积越大，在 Internet 上下载和播放速度会越慢，中途还会产生停顿现象。因此，在导出或发布动画作品前，最好对动画进行优化。优化动画主要包括制作手法优化、优化动画元素、优化文本几个方面。

13.2.1 制作手法优化

在制作动画时，我们便应该养成优化动画的习惯，这主要包括以下几方面内容。

➤ **多使用元件**：在动画中，同一对象只要被使用两次以上，就最好将其转换为元件。重复使用元件并不会使文件增大。

➤ **尽量使用补间动画**：补间动画中的过渡帧通过系统计算得到，数据量相对较小，逐帧动画需要用户一帧一帧地添加对象，相对补间动画来说，会增大文件体积。

➤ **优化帧**：避免在同一个关键帧上放置多个包含动画片断的对象，例如放置多个影片剪辑，这样会增加 Flash 处理文件的时间。

➤ **优化图层**：不要将包含动画片断的对象与其他静态对象安排在同一个图层里。应该将包含动画片断的对象安排在各自专属的图层内，以便加速 Flash 动画的处理过程。

➤ **少用位图制作动作**：矢量图可以任意缩放而不影响动画画质和大小，位图图像一般只作为静态元素或背景图，Flash 并不擅长处理位图图像的动作，应尽量避免使用位图制作动作。

13.2.2 优化动画元素

下面是优化动画元素需要注意的地方。

➤ **位图导入优化**：制作动画时尽量少导入位图，如果必须导入，则导入前最好使用别的软件将位图尺寸修改得小一些，并使用 JPEG 格式。

➤ **声音导入优化**：使用声音时，最好导入 MP3 格式的声音，并参考我们在第 10 章讲解的方法优化输出声音。

➤ **多用结构简单的矢量图形**：矢量图形储存大小同其尺寸没有关系，而是同其结构有关，结构越复杂，储存容量越大，同时还会影响 Flash 处理动画的速度。

➤ **少用虚线**：绘制图形时，尽量少用虚线，多用实线，此外，尽量减少线段节点数。绘制好图形后，可以使用 "优化" 或 "平滑" 命令优化图形，减少图形的节点。

➤ **少用渐变色**：渐变色会增加矢量图形的体积，绘制图形时尽量多使用纯色填充。

13.2.3 优化文本

制作动画时如果使用文本，需要注意以下几个方面。

> **不要应用太多字体和样式：**使用的字体越多，Flash 文件就越大，此外，应尽可能使用 Flash 内置的字体。
> **尽量不要将字体打散：**字体打散后会使文件增大。

温馨提示　　优化动画必须以满足 Flash 动画的质量要求为前提，应该在优化与动画的精美程度之间找一个平衡点。

13.3　导出 Flash 作品

在优化动画，并进行了下载效果测试后便可以将其导出了。我们可以从 Flash 文档中导出.swf、.gif、.avi 等格式的动画影片，也可导出各种格式的静态图像。导出的作品不仅可以上传到 Internet 供人观赏，还可作为其他程序的素材。

13.3.1　导出.swf 动画影片

.swf 格式是 Flash 默认的播放格式，也是用于在网络上传输、播放，或制作网页时嵌入动画的格式。下面通过导出第 8 章所做的"两只蝴蝶.fla"为例介绍导出方法。

Step 01　打开本书配套素材"素材与实例">"第 8 章"文件夹>"两只蝴蝶.fla"文档，然后选择"文件">"导出">"导出影片"菜单项。

Step 02　在打开的"导出影片"对话框的"保存类型"下拉列表中可以设置导出影片的格式，这里我们保持默认的.swf 类型；在"保存在"列表框中选择文件保存路径，并在"文件名"文本框中为导出文件取一个名称，完成后单击"保存"按钮，如图 13-5 所示。

Step 03　在打开的"导出 Flash Player"对话框中设置相关参数后，单击"确定"按钮，即可将将动画导出为.swf 格式的影片，如图 13-6 所示。

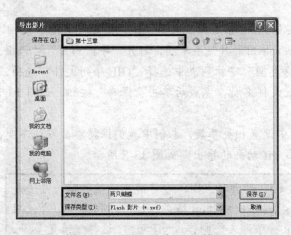

图 13-5　"导出影片"对话框

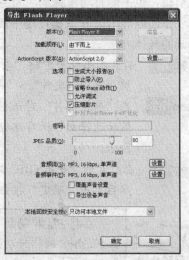

图 13-6　导出 Flash Player 对话框

➤ **版本：**可以选择以何种版本导出.swf 影片。高版本的动画不能被低版本的 Flash Player 播放器打开，例如若将动画保存为 Flash Player 9，则使用 Flash Player 8.0 播放器播放动画时会出问题。

➤ **加载顺序：**设置在动画中加载图层的顺序，可选择"由下而上"或"由上而下"。

➤ **选项：**选择该区中的"防止导入"复选框，则导出的.swf 文件不能被导入到其他 Flash 文件中；选择"压缩影片"复选框可以压缩影片。

➤ **密码：**选择"防止导入"复选框后，可以在此输入密码，这样在别的文档中导入该.swf 动画影片时，需要输入密码。

➤ **JPEG 品质：**用于调整动画中使用的所有位图的输出品质，品质越高，图像越清晰，但.swf 影片体积也会增大。

➤ **音频流：**单击该选项后的 设置 按钮，可以在打开的对话框中调整动画中所有"数据流"声音的压缩。

➤ **音频事件：**用来调整动画中所有"事件"声音的压缩。

➤ **覆盖声音设置：**若要让"音频流"、"音频事件"设置覆盖对个别声音的设置，需选择此复选框。如果取消选择此复选框，则导出.swf 文件时，Flash 会扫描文档中的所有音频（包括导入视频中的声音），然后按照各个设置中最高的设置发布所有音频流。

➤ **导出设备声音：**设备声音是一种以设备的本机音频格式（如 MIDI 或 MFi）编码的声音。一般情况下，无需选择此复选框。

13.3.2 导出 GIF 动画

我们在网络中可以看到许多精彩的 GIF 动画和 QQ 表情，它们中有些是从 Flash 文件中导出的。把 Flash 文件导出为 GIF 动画时，要注意 Flash 文件中不要有包含动画片断的影片剪辑，也不能有动作脚本，因为 Flash 只能导出主时间帧上的动画内容。

下面以导出第 6 章操作题中制作的"木偶跑步"动画为例，介绍在 Flash 中导出 GIF 动画的具体方法。

Step 01 打开本书配套素材"素材与实例" > "第 6 章"文件夹> "木偶跑步.fla"文档，然后选择"文件" > "导出" > "导出影片"菜单项，打开"导出影片"对话框。

Step 02 在"导出影片"对话框"保存类型"下拉列表中选择"GIF 序列文件"选项，然后选择文件保存路径，输入文件名称，完成后单击"保存"按钮，如图 13-7 所示。

Step 03 在打开的"导出 GIF"对话框中设置相关参数，本例中我们保持参数默认不变，然后单击"确定"按钮，完成 gif 动画的导出。如图 13-8 所示。

经验之谈

在将 Flash 动画导出成 GIF 动画时，图像有可能不清楚，解决办法是在 Flash 中制作好动画后，将其导出成 bmp 格式的位图序列文件，再使用第三方软件，如 ImageReady 将序列文件制作成 gif 动画。这样就清楚多了。

图 13-7 "导出影片"对话框

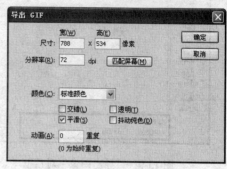

图 13-8 "导出 GIF"对话框

➢ **尺寸：**设置导出的 GIF 动画高和宽。

➢ **分辨率：**设置导出的 GIF 动画分辨率。

➢ **颜色：**设置导出的 GIF 动画的颜色，默认的"标准颜色"是 256 色。颜色越多，图像越清楚，相应的图像会越大。

➢ **交错：**在 Internet 上查看 GIF 图像时，交错图像会先以低分辨率出现，然后在下载过程中过渡到高分辨率。

➢ **透明：**勾选该复选框会去除文档背景颜色，只显示关键的图像内容。

➢ **平滑：**勾选该复选框可以消除 GIF 图像的锯齿。

➢ **抖动纯色：**选择该复选框可以补偿当前色板中没有的颜色。该选项对于具有复杂颜色的动画图像非常有用，但会使文件体积增大。

➢ **动画：**设置 GIF 动画重复播放次数，0 次表示一直不停地播放。

13.3.3 导出静态图像

有时候我们可能需要将 Flash 动画中的某个画面储存为图片格式，用于其他用途。在 Flash 中利用"导出图像"命令，可以导出各种格式的图像。下面通过导出 Flash 文件中的天鹅图像，介绍导出静态图像的方法。

Step 01 打开本书配套素材"素材与实例">"第 6 章"文件夹>"天鹅飞翔.fla"文档，在主时间轴上方单击选中第 16 帧。然后选择"文件">"导出">"导出图像"菜单项，打开"导出图像"对话框。

Step 02 在"导出图像"对话框中设置导出图像的格式、保存路径、文件名，本例中我们选择"JPEG 图像（*.jpg）"，将图像导出为 JPEG 格式，完成后单击"保存"按钮，如图 13-9 所示。

Step 03 在打开的"导出位图"对话框中单击"匹配屏幕"按钮，其他参数保持默认设置，然后单击"确定"按钮，完成位图的导出，如图 13-10 所示。

温馨提示 | 要导出元件内部的图像，可先进入元件的编辑状态，再执行前面介绍的操作。

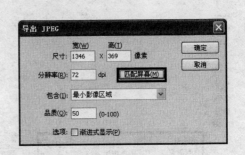

图 13-9 "导出图像"对话框   图 13-10 "导出 JPEG"对话框

13.4 发布 Flash 作品

利用 Flash 的发布功能，可以将 Flash 作品发布成 .swf 动画影片、html 网页以及各种图像格式。

13.4.1 设置发布格式

发布 Flash 作品前，可以设置将 Flash 动画发布为何种文件格式，还可具体对某种发布格式进行详细设置。下面通过实例进行说明。

Step 01　打开本书配套素材"素材与实例">"第 10 章"文件夹>"浪花一朵朵.fla"文件，然后选择"文件">"发布设置"菜单项，在打开的"发布设置"对话框中的"格式"选项卡中选择需要发布为的文件格式，如图 13-11 所示。

Step 02　选中某格式后，对话框顶部会出现该格式的选项卡，用来设置该格式的发布选项。例如切换到"HTML"选项卡，然后设置相关参数，如图 13-12 所示。

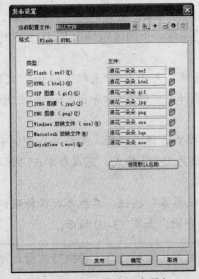

图 13-11 "格式"选项卡   图 13-12 "HTML"选项卡

> ➤ **模板：**用于选择网页使用的模板，单击后面的"信息"按钮，会显示选中的模板信息。

> ➤ **检测 Flash 版本：**选择该复选框，则网页中的动画影片会自动检测浏览者使用的 Flash Player 播放器版本，并以浏览者的播放器版本播放影片。

> ➤ **尺寸：**设置网页中影片的宽度和高度。选择"匹配影片"选项，则发布的动画尺寸与原文件相同。选择"像素"选项，可在下面的文本框中设置发布影片的高度和宽度。选择"百分比"选项，可以设置影片相对于浏览器窗口的百分比大小。

> ➤ **回放：**用来设置影片在网页中的播放情况。选择"开始时暂停"复选框，则网页中的动画开始时处于暂停状态，单击动画中的"播放"按钮，或右击动画，选择"播放"菜单项，动画才开始播放；不选择"显示菜单"复选框，用户右击动画弹出的菜单命令将无效；选择"循环"复选框，动画会反复循环播放；选择"设备字体"复选框，在影片中会用设备字体替换用户系统上未安装的字体。

> ➤ **品质：**让影片在播放品质和播放速度之间取得一个平衡点。如果选择"低"，则不考虑影片播放质量，不消除影片锯齿，只考虑播放速度；选择"最佳"，则提供最佳的显示品质，不考虑播放速度，而且始终对位图进行光滑处理。

> ➤ **窗口模式：**设置影片同网页中其他内容的关系。选择"窗口"选项，则影片的背景不透明，且网页其他内容不能位于影片上方或下方；选择"不透明无窗口"选项，则影片的背景不透明，网页其他内容可以在影片下方移动，但不会穿过影片显示出来；选择"不透明无窗口"选项，则影片的背景为透明，网页中的其他内容可以位于影片上方和下方。

> ➤ **HTML 对齐：**用来设置影片在浏览器窗口中的位置。其中，选择"默认"选项可使影片在浏览器中居中显示；其他几个选项的作用与它们名称相同。

> ➤ **缩放：**如果在前面的"尺寸"选项中设置了与动画原始大小不同的尺寸，则通过该选项可以将影片放在指定的网页区域内。

> ➤ **Flash 对齐：**设置如何在应用程序窗口内放置影片内容，以及在必要时将影片裁减到与窗口相同的尺寸。

> ➤ **显示警告信息：**设计网页时，设置 HTML 标签代码出现错误时是否发出警告信息。

温馨提示　　将动画发布为网页主要有两个作用，一是可以测试动画在网页中的播放效果；二是在做网站的时候可以直接使用这个网页。

13.4.2　发布动画

设置好发布格式后，单击"发布设置"对话框底部的"发布"按钮，即可完成动画的发布。动画发布后，发布的影片或网页等将保存在动画文档所在的文件夹中，如图 13-13 所示，双击这些文件即可播放发布的影片。

如果要重新发布动画，直接选择"文件">"发布"菜单项即可；此外，制作动画过程中按下【Ctrl＋Enter】组合键预览动画时，也会自动在动画文档所在的文件夹中生成一个.swf 格式的影片。我们还可以预览发布的效果,方法是选择"文件" > "发布预览"菜单项,然后选择相关发布格式即可。

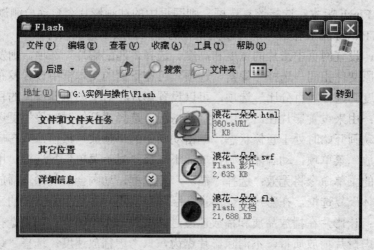

图 13-13   发布的影片和网页

13.5   上传 Flash 作品

将 Flash 动画导出或发布为.swf 格式的影片后,便可以找一个 Flash 动画网站将作品上传上去。下面以将"浪花一朵朵.swf"文件上传到 TOM 网站的 Flash 频道(flash.tom.com)为例,说明上传动画的方法。

Step 01   大多数提供动画上传的网站都要求上传者为该网站用户,所以我们需要先在网站注册一个用户名。各个网站的注册方法大同小异,在此不再赘述。

Step 02   在 TOM 网站的 Flash 频道主页输入用户名和密码,然后单击"登录"按钮,如图 13-14 所示。此时,会出现图 13-15 所示的画面。

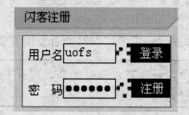

图 13-14   登录用户

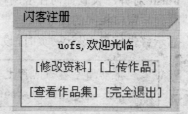

图 13-15   单击"上传作品"按钮

Step 03   单击"上传作品"超链接,在打开的页面中单击选择要上传的作品类型,这里单击"上传原创作品"按钮,如图 13-16 所示;在打开的页面中单击"我同意"按钮,如图 13-17 所示。

Step 04   在打开的页面中根据提示输入相关选项,以及选择要上传的 Flash 影片和动画截图,单击"确定上传"按钮,如图 13-18 所示。此时会弹出图 13-19 所示的对话框,提示上传成功,单击"确定"按钮即可完成上传。

图 13-16 选择要上传的作品类

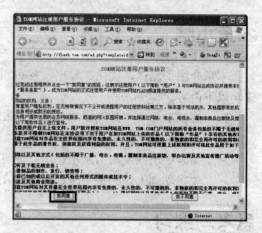

图 13-17 单击"我同意"按钮

单击"浏览"按钮,提供一张小于20K的.jpg格式的动画截图(上传前参照13.3.3节的内容导出)

在这里输入作品的中文名称

在这里输入作品的简介

单击"浏览"按钮,提供发布的.swf格式影片

在这里根据实际情况输入动画文档高和宽

图 13-18 "上传作品"页面

图 13-19 弹出提示框

本章小结

本章介绍了测试、优化、导出、发布和上传 Flash 动画的方法。学完本章内容后，应理解以下内容。

➢ 测试动画主要是测试动画在本地和网络上的播放效果。

➢ 优化动画是为了减小动画体积。

➢ 动画导出或发布为.swf 影片后便可在本机欣赏或上传到 Internet 上。

➢ 要将动画上传到某个网站，应先在该网站注册。

思考与练习

一、填空题

1．测试动画主要是为了检查 Flash 作品在_____和_____的播放效果。

2．优化动画主要包括优化_____、优化_____和优化_____几个方面。

3．同一个关键帧上放置多个影片剪辑，会_____Flash 处理文件的时间。

4．字体打散后，会使文件的体积_____。

5．可以从 Flash 动画中导出_____、_____、_____等格式的动画影片，也可导出各种格式的静态图像。

6．利用 Flash 的发布功能，可以将 Flash 作品发布成_____动画影片、_____网页以及各种图像形式。

7．要将 Flash 动画上传到网络，首先需要将它导出或发布为_____格式的影片。

二、选择题

1．测试动画时选择"视图">（   ）菜单项，可在打开的图表中查看各帧数据下载情况。

    A．下载设置   B．数据流图表   C．帧数图表   D．模拟下载

2．下列不属于减小 Flash 文件容量大小的方法是（   ）。

    A．多使用元件   B．使用尽量少的字体   C．少使用位图   D．分离字体

3．要测试动画在网页中的播放效果，应将 Flash 动画发布为（   ）。

    A．Flash（.swf）   B．HTML（.html）

    C．GIF 图像（.gif）   D．Windows 放映文件（.exe）

三、操作题

运用本章所学知识，对自己制作的 Flash 动画进行测试和优化，然后导出.swf 格式的影片，以及上传所需的静态图片，再参考 13.5 节的内容将其上传到网站中。